津波防災地域づくりに関する法律の解説

編著／津波防災地域づくりに関する法律研究会

大成出版社

目 次

津波防災地域づくりに関する法律の解説　目次

第1章　津波防災地域づくり法の考え方　　*1*
1　津波防災地域づくりに関する法律の制定経緯　　*1*
（1）東日本大震災とその対応　　*1*
（2）「多重防御」の考え方　　*3*
（3）津波防災地域づくりに関する法律の制定　　*10*
2　津波防災地域づくりに関する法律の目的等　　*14*
（1）法の目的（第1条）　　*14*
（2）津波防災地域づくりの考え方　　*15*
（3）基本指針の策定（第3条）　　*16*
（4）国及び地方公共団体の責務や配慮（第4条・第5条）　　*18*

第2章　津波浸水想定　　*21*
1　概要　　*21*
2　基礎調査について　　*22*
3　津波浸水シミュレーションについて　　*25*
4　「津波浸水想定の設定の手引き」の概要について　　*26*
（1）最大クラスの津波の設定について　　*27*
（2）津波の断層モデルの設定について　　*27*
（3）津波浸水シミュレーションにおける各種条件の設定について　　*29*
（4）津波浸水シミュレーションにおける精度の確保　　*30*

第3章　推進計画　　*31*
1　概要　　*31*
2　記載事項　　*33*
（1）推進計画区域（第10条第2項）　　*33*
（2）津波防災地域づくりの総合的な推進に関する基本的な方針
　　（第10条第3項第1号）　　*34*

目　次

　　（3）浸水想定区域における土地利用及び警戒避難体制の整備に関する事項（第10条第3項第2号） ･････････････････････････ *35*
　　（4）津波防災地域づくりの推進のために行う事業又は事務に関する事項（第10条第3項第3号） ････････････････････････････ *36*
　　（5）推進計画における期間の考え方について ･････････････････ *39*
　　（6）関係者との調整について（第10条・第11条） ･････････････ *39*
　　（7）協議会（第11条） ･･････････････････････････････････････ *40*
　　（8）推進計画の公表・送付（第10条第9項〜第12項） ････････ *42*
　　（9）東日本大震災復興特別区域法における特例（復興特区法第76条） ････ *43*

第4章　推進計画区域における特別の措置　　*47*

1　土地区画整理事業に関する特例(津波防災住宅等建設区)（第12条〜第14条） ･･･ *47*
　（1）概要 ･･･ *47*
　（2）津波防災住宅等建設区の設定（第12条） ･････････････････ *48*
　（3）換地の申出等（第13条） ･･･････････････････････････････ *48*
　（4）津波防災住宅等建設区への換地（第14条） ･･･････････････ *50*
　（5）留意事項 ･･･ *50*
2　津波からの避難に資する建築物の容積率の特例（第15条） ････ *50*
　（1）概要 ･･･ *50*
　（2）運用の方針 ･･･ *51*
3　集団移転促進事業に関する特例（第16条） ･････････････････ *52*

第5章　一団地の津波防災拠点市街地形成施設に関する都市計画　　*53*

1　概要 ･･･ *53*
2　一団地の津波防災拠点市街地形成施設の都市計画の考え方 ･････ *53*
　（1）一団地の津波防災拠点市街地形成施設の基本的な考え方 ･･ *53*
　（2）津波による災害の想定の考え方 ･･･････････････････････････ *55*

（3）一団地の津波防災拠点市街地形成施設の都市計画の効果と理由
　　　の明確化 ………………………………………………………………… *55*
　（4）被災復興時における対応 ……………………………………………… *55*
3　一団地の津波防災拠点市街地形成施設の都市計画の取扱い ………… *56*
　（1）一団地の津波防災拠点市街地形成施設の都市計画に定める区域
　　　（第17条第1項）………………………………………………………… *56*
　（2）一団地の津波防災拠点市街地形成施設に関する都市計画に定め
　　　る事項（第17条第2項）………………………………………………… *57*
　（3）一団地の津波防災拠点市街地形成施設の都市計画の策定基準
　　　（第17条第3項）………………………………………………………… *57*
4　配慮すべき事項 ……………………………………………………………… *58*
5　津波復興拠点整備事業 …………………………………………………… *58*
6　東日本大震災復興特別区域法との関係について ……………………… *59*

第6章　津波防護施設　　　　　　　　　　　　　　　　*61*

1　津波防護施設 ……………………………………………………………… *61*
　（1）概要 ……………………………………………………………………… *61*
　（2）津波防護施設管理者（第18条）……………………………………… *62*
　（3）推進計画への位置付け ………………………………………………… *63*
　（4）津波防護施設区域の指定（第21条）………………………………… *63*
　（5）津波防護施設区域の占用（第22条・第37条）……………………… *64*
　（6）津波防護施設区域における行為の制限（第23条・第37条）……… *64*
　（7）技術上の基準（第29条）……………………………………………… *65*
　（8）兼用工作物の協議（第30条）………………………………………… *65*
　（9）津波防護施設台帳（第36条）………………………………………… *65*
2　指定津波防護施設 ………………………………………………………… *66*
　（1）概要 ……………………………………………………………………… *66*
　（2）指定津波防護施設の指定の考え方 …………………………………… *67*
　（3）指定津波防護施設の標識（第51条）………………………………… *67*

目 次

　　（4）指定津波防護施設に係る届出（第52条）……………………… *68*

第7章　津波災害警戒区域 　　　　　　　　　　　　　　　　　　*69*
　1　概要………………………………………………………………………… *69*
　2　警戒区域（第53条）…………………………………………………… *70*
　　（1）警戒区域の指定………………………………………………………… *70*
　　（2）基準水位…………………………………………………………………… *71*
　　（3）警戒区域指定後の対応………………………………………………… *73*
　3　市町村地域防災計画に定めるべき事項等（第54条・第57条・第66
　　　条）………………………………………………………………………… *73*
　4　住民等に対する周知のための措置（津波ハザードマップの作成）
　　　（第55条）………………………………………………………………… *76*
　5　避難施設………………………………………………………………… *77*
　　（1）概要………………………………………………………………………… *77*
　　（2）指定避難施設（第56条〜第59条・第70条）……………………… *78*
　　（3）管理協定が締結された避難施設（第60条〜第68条）…………… *79*
　　（4）施行規則第31条に定める技術的基準……………………………… *85*
　6　避難確保計画の作成等（第71条）…………………………………… *88*
　　（1）避難確保計画の作成…………………………………………………… *88*
　　（2）避難訓練………………………………………………………………… *91*
　　（3）その他…………………………………………………………………… *91*
　7　津波災害警戒区域等についての宅地建物取引業法に基づく重要事
　　　項説明……………………………………………………………………… *91*

第8章　津波災害特別警戒区域　　　　　　　　　　　　　　　　　*93*
　1　概要………………………………………………………………………… *93*
　2　特別警戒区域（第72条）……………………………………………… *95*
　　（1）特別警戒区域の指定…………………………………………………… *95*
　　（2）特別警戒区域指定後の対応…………………………………………… *96*

3	特別警戒区域における特定開発行為の制限等（第73条～第81条）……	*97*
	（1）特定開発行為の制限（第73条）………………………………………	*97*
	（2）特定開発行為の許可の申請の手続（第74条）………………………	*100*
	（3）特定開発行為の許可の基準（第75条）………………………………	*106*
	（4）許可の特例（第76条）…………………………………………………	*114*
	（5）許可又は不許可の通知（第77条）……………………………………	*116*
	（6）変更の許可等（第78条）………………………………………………	*116*
	（7）工事完了の検査（第79条）……………………………………………	*118*
	（8）建築制限等（第80条）…………………………………………………	*118*
	（9）特定開発行為の廃止（第81条）………………………………………	*119*
4	特別警戒区域における特定建築行為の制限等（第82条～第84条）……	*119*
	（1）特定建築行為の制限（第82条）………………………………………	*119*
	（2）特定建築行為の申請の手続（第83条）………………………………	*119*
	（3）特定建築行為の許可の基準（第84条）………………………………	*121*
	（4）施行規則第55条に定める特定建築行為に係る建築物の技術的基準…………………………………………………………………………	*122*
	（5）法第73条第2項第1号に掲げる用途の建築物（一定の社会福祉施設、学校、病院等）に係る基準（第84条第1項第2号）………	*123*
	（6）法第73条第2項第2号に掲げる用途の建築物（市町村が条例で定めた用途の建築物）に係る基準（第84条第2項第2号）………	*124*
5	許可の特例（第85条）………………………………………………………	*125*
6	許可証の交付又は不許可の通知（第86条）………………………………	*125*
7	変更の許可等（第87条）……………………………………………………	*126*
8	監督処分（第88条）…………………………………………………………	*127*
9	立入検査（第89条）…………………………………………………………	*128*
10	報告の徴収等（第90条）……………………………………………………	*129*
11	許可の条件（第91条）………………………………………………………	*129*
12	移転等の勧告（第92条）……………………………………………………	*130*

目　次

第9章　雑則　　*131*
　（1）監視区域の指定（第94条）……………………………………… *131*
　（2）地籍調査の推進に資する調査の国の努力義務（第95条）……… *131*

第10章　罰則　　*137*

参考（津波防災地域づくりに関する法律に係る支援措置等）
　……………………………………………………………………………… *139*

参考資料
1　関係法令 ……………………………………………………………… *147*
　（1）津波防災地域づくりに関する法律（平成23年12月14日法律第
　　　123号）…………………………………………………………… *147*
　（2）津波防災地域づくりに関する法律施行令（平成23年12月26日政
　　　令第426号）……………………………………………………… *184*
　（3）津波防災地域づくりに関する法律施行規則（平成23年12月26日
　　　国土交通省令第99号）…………………………………………… *191*
2　関係例規 ……………………………………………………………… *237*
　（1）津波防災地域づくりの推進に関する基本的な指針（平成24年1
　　　月16日国土交通省告示第51号）………………………………… *237*
　（2）津波防災地域づくりに関する法律等の施行について（平成24年
　　　3月9日国総参社第5号他）……………………………………… *252*
　（3）津波防災地域づくりに関する法律（第9章関係）の施行につい
　　　て（平成24年7月31日国都計第41号他）……………………… *275*
　（4）津波浸水想定を設定する際に想定した津波に対して安全な構造
　　　方法等を定める件（平成23年12月27日国土交通省告示第1318号）…… *286*
　（5）津波防護施設の技術上の基準について（平成24年3月28日国水
　　　海第76号）………………………………………………………… *290*
3　その他 ………………………………………………………………… *295*

目　次

（1）津波防災まちづくりの考え方（平成23年7月6日社会資本整備
　　審議会・交通政策審議会交通体系分科会計画部会　緊急提言）……***295***
（2）津波防災地域づくりに関する法律案及び津波防災地域づくりに
　　関する法律の施行に伴う関係法律の整備等に関する法律案に対
　　する附帯決議（平成23年12月6日参議院国土交通委員会）………***304***

第1章　津波防災地域づくり法の考え方

1　津波防災地域づくりに関する法律の制定経緯

（1）東日本大震災とその対応

　平成23年3月11日（金）14時46分、三陸沖を震源域として発生したマグニチュード9.0の巨大地震（東北地方太平洋沖地震）は、東日本各地域の沿岸域に大津波をもたらし、死者15,883名、行方不明2,667名（平成25年7月10日現在）という、未曾有の大災害となった。

　政府の中央防災会議が設置した「東北地方太平洋沖地震を教訓とした地震・津波対策に関する専門調査会」が平成23年9月28日に取りまとめた報告によると、「今回の地震・津波被害の特徴と検証」として、以下の3点をあげている。

① 　巨大な地震・津波による甚大な人的・物的被害が発生
② 　想定できなかったM9.0の巨大な地震
③ 　実際と大きくかけ離れていた従前の想定／海岸保全施設等に過度に依した防災対策／実現象を下回った津波警報など

　我が国は四方を海に囲まれた国土を有し、39都道府県が海に面しており、過去、何度も大きな津波災害に見舞われてきたという歴史をもつ。また、海に面していない地方公共団体においても、津波の河川遡上による被害が報告

されている。東日本大震災の辛い経験と厳しい教訓を踏まえて、③にあるとおり、これまでの津波防災対策を真摯に見直し、真に津波災害に強い国土、地域づくりを進めることが求められている。

特に、東海・東南海・南海地震等津波を伴う大規模地震の発生が高い確率で予想されているほか、現時点の最新の科学的知見に基づき発生しうる最大クラスの津波として南海トラフの巨大地震による津波が想定されている。被害の想定される地域は我が国の人口・産業の集中地であり、ひとたび津波災害が発生すれば人的・経済的被害は甚大になる可能性が高いことから、被災地以外の地域においても津波災害に強い地域づくりを早急に進める必要がある。

東日本大震災の教訓は、「低頻度大規模災害」にどう備えるか、ということである。これまでの海岸堤防等の海岸保全施設等による防災対策は、一定の頻度で想定される災害に対して、人命保護、住民財産の保護、地域経済活動の安定化等の観点から計画されてきたが、今後は、東日本大震災のように発生頻度は極めて低いものの、甚大な被害をもたらす最大クラスの津波に対して、どのような対策をとるべきか検討していかなければならない。

このような中、津波対策に関する基本法ともいうべき津波対策の推進に関する法律（平成23年法律第77号）が議員立法により成立し、平成23年6月24日に公布、施行された。多数の人命を奪った東日本大震災の惨禍を二度と繰り返すことのないよう、津波に関する基本的認識が示されるとともに、津波に関する防災上必要な教育及び訓練の実施、津波からの迅速かつ円滑な避難を確保するための措置、津波対策のための施設の整備、津波対策に配慮したまちづくりの推進等により、津波対策は総合的かつ効果的に推進されなければならないこととされた。また、国民の間に広く津波対策についての理解と関心を深めるようにするため、1854年に発生した安政南海地震の津波の際に稲に火を付けて暗闇の中で逃げ遅れていた人たちを高台に避難させて救った「稲むらの火」の逸話にちなみ、11月5日を「津波防災の日」とすることとされた。

1　津波防災地域づくりに関する法律の制定経緯

(2)「多重防御」の考え方
① 審議会緊急提言

　東日本大震災発生から2ヶ月余りがたった平成23年5月18日、国土交通省で社会資本整備審議会・交通政策審議会の合同計画部会（以下「計画部会」という。）が開催された。計画部会では、今後の社会資本整備のあり方について震災前から審議を行っていたが、震災後初の会合となったこの日、大畠国土交通大臣（当時）が出席し、委員に対し次のような発言・要請を行った。

　　「3月11日の大震災を受けて、これまでの発想を超えて、災害に強い国土づくりを進める必要があると認識している。特に、首都直下地震、東海・東南海・南海地震等の発生が懸念されること、また被災地においても、津波災害に強い地域づくりという観点から復興を進めなければならないことから、津波防災地域づくり・まちづくりの基本的な考え方を早急に取りまとめる必要があり、本部会において、できるだけ早期に方向性を提示していただきたい。」

　これを受けて、計画部会は、平成23年7月6日に「津波防災まちづくりの考え方」（参考資料3（1）参照）と題する緊急提言を国土交通大臣に提出した。そのエッセンスは、以下のとおり要約される（図1－1）。

　Ⅰ　津波災害に対しては、今回のような大規模な津波災害が発生した場合でも、なんとしても人命を守るという考え方に基づき、ハード・ソフトの施策の適切な組み合わせにより、減災（人命を守りつつ、被害をできる限り軽減する）のための対策を実施する。

　Ⅱ　このうち、海岸保全施設等の構造物による防災対策については、社会経済的な観点を十分に考慮し、比較的頻度の高い一定程度の津波レベルを想定して、人命・財産や種々の産業・経済活動を守り、国土を保全することを目標とする。

　Ⅲ　以下のような新たな発想による津波防災まちづくりのための施策を

3

計画的、総合的に推進する仕組みを構築する。
1) 地域ごとの特性を踏まえ、ハード・ソフトの施策を柔軟に組み合わせ、総動員させる「多重防御」の発想による津波防災・減災対策。
2) 従来の、海岸保全施設等の「線」による防御から、「面」の発想により、河川、道路や、土地利用規制等を組み合わせたまちづくりの中での津波防災・減災対策。
3) 避難が迅速かつ安全に行われるための、実効性のある対策。
4) 地域住民の生活基盤となっている産業や都市機能、コミュニティ・商店街、さらには歴史・文化・伝統などを生かしつつ、津波のリスクと共存することで、地域の再生・活性化を目指す。

また、具体的に、ハード・ソフトの対策として、緊急提言は、「土地利用・建築構造規制」「津波防災のための施設の整備」等をあげている。さら

図1－1　社会資本整備審議会・交通政策審議会計画部会緊急提言概要

津波防災まちづくりの考え方 ～社会資本整備審議会・交通政策審議会計画部会緊急提言(7月6日)概要～

今後の津波防災・減災についての考え方

【基本姿勢】
○ 今回のような大規模な災害を想定し、「なんとしても人命を守る」という考え方により、ハード、ソフト施策を総動員して「減災」を目指す。
○ また、「災害に上限はない」ことを今回の教訓とし、日常の対策を持続させる。

【新しい発想による防災・減災対策】
○ 防波堤・防潮堤による「一線防御」からハード・ソフト施策の総動員による「多重防御」への転換。
○ 平地を利用したまちづくりを求める意見も多い。土地利用規制について、一律的な規制でなく、立地場所の安全度等を踏まえ、地域の多様な実態・ニーズや施設整備の進ちょく状況等を反映させた柔軟な制度を構築。

(参考：施策のイメージ)
・防波堤・防潮堤等の復旧・整備
・市街地の整備・集団移転
・土地利用・建築規制
　[海岸部において避難ビルの整備、居室の高層化　等]

・ハザードマップの作成

・避難路・避難場所の確保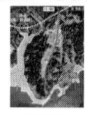
避難路　避難タワー

○ 二線堤等の「津波防護施設(仮称)」や、地域の実情、安全度等を踏まえた土地利用・建築構造規制など、新たな法制度の検討
○ 現在見直しを行っている社会資本整備重点計画への反映

(国土交通省資料)

に、提言の中でも重要な部分として、高台への移転に加え「暮らしを元に戻すために平地を利用したまちづくりを求める意見も多い」とした上で、地域コミュニティ・商店街や歴史・伝統・文化等を大切にしつつ、生活基盤となる住居や地域の産業、都市機能等が確保され、地域の再生と活性化が展望できるまちづくりを進めるために、「公共公益施設・生活利便施設・交通インフラを含む市街地の整備（復興を先導する拠点的な市街地の整備）」「土地区画整理事業等における街区の嵩上げ」「避難路、避難場所等の計画的確保」等を推進する枠組みの整備を求めている。

　これまで津波対策については、一定頻度の津波レベルを想定し、主に海岸堤防等のハードを中心とした対策を行ってきた。もちろん、これまでも「ハード・ソフト一体となった総合防災対策」の重要性は指摘されてきたが、そのイメージを端的に示したものが図1−2である。

　図1−2は、平成18年の国土審議会に提出された資料にあるものだが、ハードな対策でカバーしきれない超過部分をソフト対策が担うようなイメージで書かれている。これに対し、平成23年5月18日に開催された計画部会では、図1−3が紹介された。

　図1−3は、津波防災に資する様々な施策・対策を、ハード（上）とソフト（下）、減災（左）と事前の備え（右）という軸で整理したものである。なお、ここでいう「減災」とは、津波による被害を軽減することに何らかの直接的効果があるもの、「事前の備え」は、災害全般に関する備えをする中

図1−2　これまでの「ハード・ソフト一体の考え方」

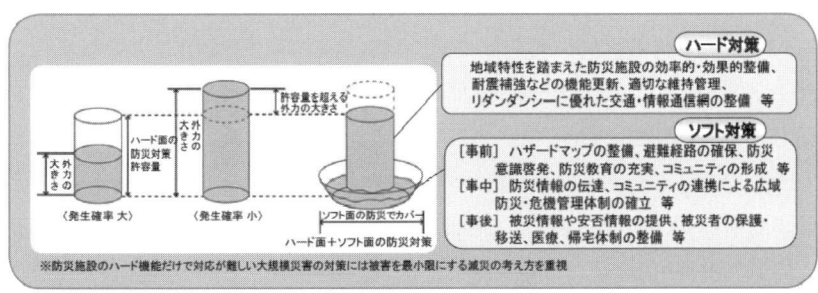

（国土交通省資料）

第1章　津波防災地域づくり法の考え方

図1－3　津波防災地域・まちづくりに関連する手法のイメージ
津波防災まちづくりに関連する手法のイメージ

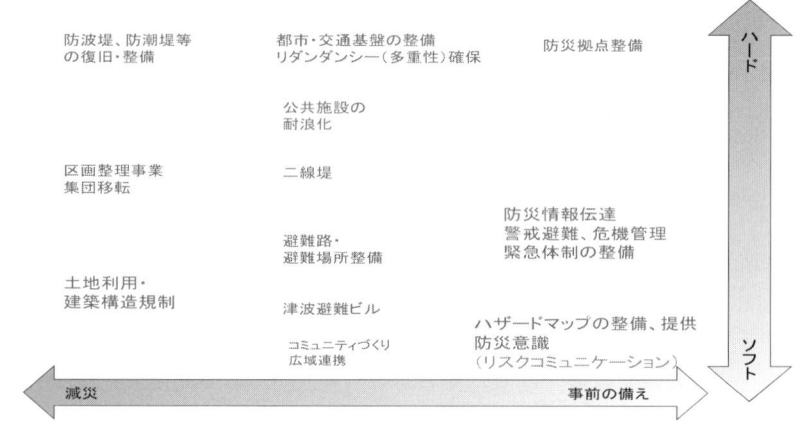

（国土交通省資料）

で、津波災害にも効果が期待できるものである。ここに掲げられている施策・対策は、これまでも様々な形で対応されてきたものばかりであるが、これらをパッケージで、どのように組み合わせて地域の防災力を強化するかというトータルの仕組みが十分ではなかったのではないか、というのが計画部会での基本認識であった。「多重防御」は、これらの施策・対策を戦略的にマネジメントするものであると説明された。

これまで、一定の頻度で想定される津波災害に対して、図1－2のような考え方で対応してきたが、緊急提言は、東日本大震災のような低頻度ではあるが大規模な津波災害に対しては、「災害には上限がない」ことを教訓に、図1－3が示すようなハード・ソフトの様々な施策・対策を、地域の特性を活かしつつ総合的に組み合わせて実施していくという減災の考え方を明確にしたものである。従来の海岸堤防等を中心とする対策を仮に「一線防御」と呼ぶとすると、提言で示された多様な減災対策の組み合わせが、まさに「多重防御」と呼べるものといえる。

② 中央防災会議

　一方、政府の中央防災会議は「東北地方太平洋沖地震を教訓とした地震・津波対策に関する専門調査会」を設置、平成23年6月26日に、中間取りまとめ及び提言「今後の津波防災対策の基本的考え方について」が公表された（最終報告は同年9月28日）。その中で、津波対策を構築するにあたってのこれからの想定津波の考え方について、今後、二つのレベルの津波を想定するとしている（図1-4）。

　図1-4の「比較的頻度の高い津波」が、これまで海岸保全施設等の建設を行う上で想定していたものである。海岸保全施設等は、人命保護に加え、住民財産の保護、地域の経済活動の安定化、効率的な生産拠点の確保という観点から建設されるもので、比較的頻度の高い一定程度の津波高を想定して、引き続き整備を進めていくことを基本とすべきであるとしている。なお、設計対象の津波高を超えても、施設の効果が粘り強く発揮できるような構造物の技術開発を進め、整備していく必要があることも特記されている。

図1-4　津波対策を構築するにあたって想定すべき津波レベルと対策の基本的考え方

比較的頻度の高い津波

津波レベル ： 発生頻度は高く、津波高は低いものの大きな被害をもたらす津波
　住民財産の保護、地域経済の安定化、効率的な生産拠点の確保の観点から、海岸保全施設等を整備

基本的考え方 ： 海岸保全施設等については、引き続き、発生頻度の高い一定程度の津波高に対して整備を進めるとともに、設計対象の津波高を超えた場合でも、施設の効果が粘り強く発揮できるような構造物の技術開発を進め、整備していく。

最大クラスの津波

津波レベル ： 発生頻度は極めて低いものの、発生すれば甚大な被害をもたらす津波
　住民等の生命を守ることを最優先とし、住民の避難を軸に、とりうる手段を尽くした総合的な津波対策を確立

基本的考え方 ： 被害の最小化を主眼とする「減災」の考え方に基づき、対策を講ずることが重要である。そのため、海岸保全施設等のハード対策によって津波による被害をできるだけ軽減するとともに、それを超える津波に対しては、ハザードマップの整備など、避難することを中心とするソフト対策を重視しなければならない。

中央防災会議「東北地方太平洋沖地震を教訓とした地震・津波対策に関する専門調査会」報告（平成23年9月28日）より作成

（国土交通省資料）

第1章　津波防災地域づくり法の考え方

　これに対し、今後の津波防災対策は、発生頻度が極めて低いものであっても、東日本大震災のような「最大クラスの津波」を想定して、様々な施策を講じるよう検討していく必要があるとしている。しかし、このような津波高に対して、海岸保全施設等の整備の対象とする津波高を大幅に高くすることは現実的ではないことから、住民等（住民、勤務する者、観光旅客その他の者をいう。以下同じ。）の避難を軸に、土地利用、避難施設、防災施設の整備等のハード・ソフトのとりうる手段を尽くした総合的な津波対策の確立が必要であるとしている。この部分は、計画部会緊急提言の「多重防御」に通じるものであるといえる。

③　復興構想会議提言・復興基本方針等
　計画部会が前述のような提言に向けた検討と並行して、政府の「東日本大震災復興構想会議」においても、同様の問題意識で議論がなされ、平成23年6月25日に提言「復興への提言〜悲惨のなかの希望〜」が取りまとめられた。その中で、津波防災に関して、以下のように記述されている。

　　「今後の津波対策は、これまでの防波堤・防潮堤等の「線」による防御から、河川、道路、まちづくりも含めた「面」による「多重防御」への転換が必要である。このため、既存の枠組みにとらわれない総合的な対策を進めなければならない。（中略）、ハード・ソフトの施策を総動員し、地域づくり全体で津波に対する安全を確保するための制度を検討しなければならない。」

　また、政府においても、平成23年6月24日に東日本大震災復興基本法（平成23年法律第76号）（以下「復興基本法」という。）が施行され、それに基づき東日本大震災復興対策本部（本部長は内閣総理大臣、全閣僚等が本部員）が設置された。7月29日には復興基本法に基づく「東日本大震災からの復興の基本方針」が決定され、同基本方針には、津波防災について、以下のように記述されている。

1　津波防災地域づくりに関する法律の制定経緯

　「津波災害に対しては、たとえ被災したとしても人命が失われないことを最重視し、災害時の被害を最小化する「減災」の考え方に基づき、「逃げる」ことを前提とした地域づくりを基本に、地域ごとの特性を踏まえ、ハード・ソフトの施策を組み合わせた「多重防御」による「津波防災まちづくり」を推進する。具体的には（中略）以下のハード・ソフトの施策を柔軟に組み合わせ実施する。（イ）海岸・河川堤防等の復旧・整備、水門・樋管等の防災・排水施設の機能強化、（ロ）想定浸水区域等の設定、ハザードマップの作成、避難計画の策定、避難訓練の実施等の警戒避難体制の確立、（ハ）中高層の避難建築物の整備、避難場所の確保、避難ビル・避難路・防災拠点施設の整備・機能向上、（ニ）二線堤の機能を有する道路、鉄道等の活用、（ホ）被災時における支援活動に不可欠な幹線交通網へのアクセス確保、（ヘ）被災都市の中枢機能の復興のための市街地の整備・集団移転、（ト）土地利用規制・建築規制等の柔軟な適用、（チ）災害対応に不可欠な無線の高度化等（中略）津波災害に強い地域づくりを推進するにあたっては、今回の大震災からの復興のみならず、将来起こりうる災害からの復興にも役立つよう、全国で活用可能な一般的な制度を創設する。このため、社会資本整備審議会・交通政策審議会計画部会の緊急提言（平成23年7月6日）を踏まえ、ハード・ソフトの施策を組み合わせた「多重防御」による「津波防災まちづくり制度」を、早急に具体化する。」

　なお、平成23年12月27日開催された中央防災会議において、防災基本計画が修正された。従来なかった「第3編　津波災害対策編」が新設され、その中にも、「多重防御」に通じる以下のような記述がある。

　「最大クラスの津波に対しては、住民等の生命を守ることを最優先として、住民等の避難を軸に、そのための住民の防災意識の向上及び海岸保全施設等の整備、浸水を防止する機能を有する交通インフラなどの活用、土地のかさ上げ、避難場所・津波避難ビル等や避難路・避難階段の

9

第1章　津波防災地域づくり法の考え方

整備・確保などの警戒避難体制の整備、津波浸水想定を踏まえた土地利用・建築規制などを組み合わせるとともに、臨海部の産業・物流機能への被害軽減など、地域の状況に応じた総合的な対策を講じるものとする。」

（3）津波防災地域づくりに関する法律の制定
　上記の計画部会緊急提言、復興基本方針等を踏まえ、国土交通省において法制度の検討を関係部局が連携して集中的に行い、「津波防災地域づくりに関する法律案」及び「津波防災地域づくりに関する法律の施行に伴う関係法律の整備等に関する法律案」が平成23年10月28日に閣議決定され、第179回国会（臨時国会）に提出された。
　両法案の提出理由は以下のとおりである。

　　○津波防災地域づくりに関する法律案
　　　「津波による災害を防止し、又は軽減する効果が高く、将来にわたって安心して暮らすことのできる安全な地域の整備、利用及び保全を総合的に推進することにより、津波による災害から国民の生命、身体及び財産の保護を図るため、国土交通大臣による基本指針の策定、市町村による推進計画の作成、推進計画区域における特別の措置及び一団地の津波防災拠点市街地形成施設に関する都市計画に関する事項について定めるとともに、津波防護施設の管理、津波災害警戒区域における警戒避難体制の整備並びに津波災害特別警戒区域における一定の開発行為及び建築物の建築等の制限に関する措置等について定める必要がある。これが、この法律案を提出する理由である。」（図1－5）

　　○津波防災地域づくりに関する法律の施行に伴う関係法律の整備等に関する法律案
　　　「津波防災地域づくりに関する法律の施行に伴い、国土交通大臣が洪水、津波又は高潮による著しく激甚な災害が発生した場合において浸入

1　津波防災地域づくりに関する法律の制定経緯

図1－5　津波防災地域づくりに関する法律の概要
津波防災地域づくりに関する法律の概要

> 将来起こりうる津波災害の防止・軽減のため、全国で活用可能な一般的な制度を創設し、ハード・ソフトの施策を組み合わせた「多重防御」による「津波防災地域づくり」を推進。

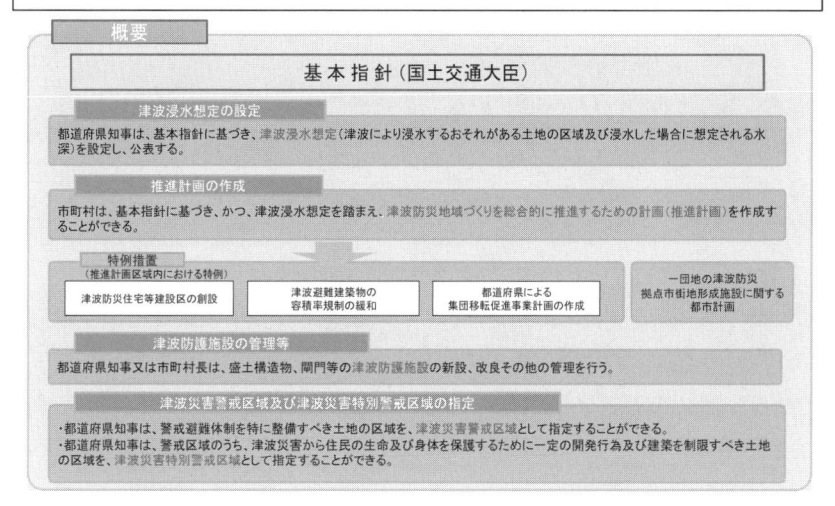

【概要】

基本指針（国土交通大臣）

- **津波浸水想定の設定**
  都道府県知事は、基本指針に基づき、津波浸水想定（津波により浸水するおそれがある土地の区域及び浸水した場合に想定される水深）を設定し、公表する。

- **推進計画の作成**
  市町村は、基本指針に基づき、かつ、津波浸水想定を踏まえ、津波防災地域づくりを総合的に推進するための計画（推進計画）を作成することができる。

- **特例措置（推進計画区域内における特例）**
  - 津波防災住宅等建設区の創設
  - 津波避難建築物の容積率規制の緩和
  - 都道府県による集団移転促進事業計画の作成
  - 一団地の津波防災拠点市街地形成施設に関する都市計画

- **津波防護施設の管理等**
  都道府県知事又は市町村長は、盛土構造物、閘門等の津波防護施設の新設、改良その他の管理を行う。

- **津波災害警戒区域及び津波災害特別警戒区域の指定**
  ・都道府県知事は、警戒避難体制を特に整備すべき土地の区域を、津波災害警戒区域として指定することができる。
  ・都道府県知事は、警戒区域のうち、津波災害から住民の生命及び身体を保護するために一定の開発行為及び建築を制限すべき土地の区域を、津波災害特別警戒区域として指定することができる。

（国土交通省資料）

　した水の排除等の特定緊急水防活動を行うことができることとする等関係法律の規定の整備等を行う必要がある。これが、この法律案を提出する理由である。」（図1－6）

　両法案は衆議院・参議院での審議を経て、12月7日、全会一致をもって成立し、14日に公布された。なお、衆議院・参議院の審議の際には、両院ともに附帯決議がされており、国民等に対する本法に基づく制度の周知徹底や海岸堤防の整備の着実な推進、津波浸水想定の設定の際の国による都道府県に対する必要な支援措置等が決議されている（**参考資料3（2）参照**）。
　同法は、12月27日に津波災害特別警戒区域関連の規定を除き施行され、翌平成24年6月13日に、津波災害特別警戒区域関連の規定も含めて完全施行された（図1－7）。
　津波防災地域づくりに関する法律（以下「津波防災地域づくり法」又は

第1章　津波防災地域づくり法の考え方

図1－6　津波防災地域づくりに関する法律の施行に伴う関係法律の整備等に関する法律の概要

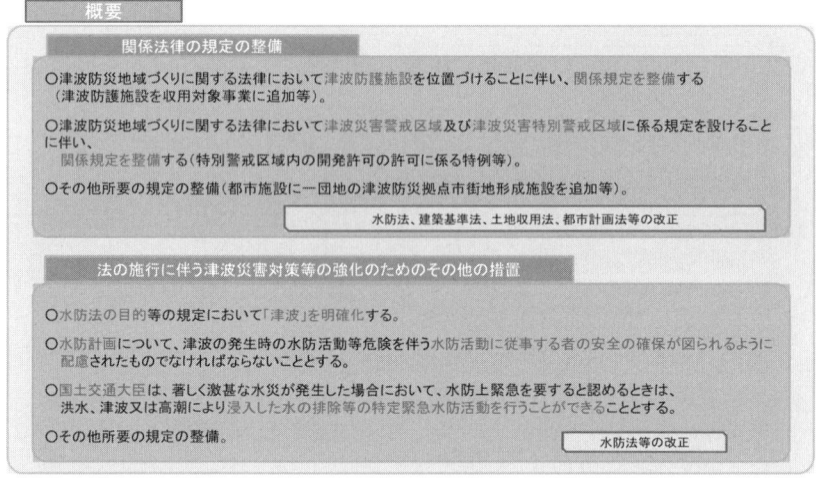

(国土交通省資料)

「法」という。)において国土交通大臣が定めることとされている「津波防災地域づくりの推進に関する基本的な指針」(参考資料2(1)参照)も、法施行と同日の平成23年12月27日に、社会資本整備審議会の意見を聴いて決定された。この日の記者会見で、前田国土交通大臣(当時)は次のように発言している。

　「12月7日に成立した「津波防災地域づくりに関する法律」が本日から施行されることになりました。また、この法律に基づき、国土交通大臣が定める基本指針についても、先ほど社会資本整備審議会からご意見をいただき、決定をいたしました。3月11日の大震災があった本年中に、なんとか津波防災の新たな枠組みを作ることができたと思います。今後は、全国において津波防災地域づくりを推進していくわけでございます。『災害には上限がない』『なんとしても人命を守る』という基本的な哲学

12

1　津波防災地域づくりに関する法律の制定経緯

図1－7　津波防災地域づくりに関する法律の制定経緯

津波防災地域づくりに関する法律の制定経緯　　国土交通省

平成23年
- 3月11日　東北地方太平洋沖地震
- 6月24日　「津波対策の推進に関する法律（平成23年法律第77号）」公布・施行
- 6月25日　「復興への提言～悲惨の中の希望」（東日本大震災復興構想会議）
- 7月 6日　緊急提言「津波防災まちづくりに関する考え方」（社会資本整備審議会・交通政策審議会計画部会）
- 7月29日　「東日本大震災からの復興の基本方針」（東日本大震災復興対策本部）
- 9月28日　「東北地方太平洋沖地震を教訓とした地震・津波対策に関する専門調査会」報告・提言（中央防災会議）
- 10月28日　閣議決定
- 12月 1日　衆議院本会議において全会一致で可決（附帯決議あり）
- 12月 7日　参議院本会議において全会一致で可決・成立（附帯決議あり）
- 12月14日　公布
- 12月27日　施行（津波災害特別警戒区域関連の規定を除く）
- 12月27日　「津波防災地域づくりの推進に関する基本的な指針」を決定

平成24年
- 1月16日　基本指針の告示（国土交通省告示第51号）
- 6月13日　全部施行

（国土交通省資料）

をベースにして、地方公共団体との連携を密にしながら、ハード・ソフトの施策を総動員して進めてまいります。」

　また、法と同日に成立した東日本大震災復興特別区域法（平成23年法律第122号）（以下「復興特区法」という。）は、被災地域において、東日本大震災からの復興を円滑かつ迅速に進めるための措置を定めたものである。これに対し、法は、ハード・ソフトの施策を総動員し、被災地に限らず全国において、多重防御による津波防災地域づくりを推進するための措置を定めている。ただし、復興特区法によって創設された「復興交付金」は、法が定める「一団地の津波防災拠点市街地形成施設」を前提とした津波復興拠点整備事業を対象に含んでいる。さらに、復興特区法の復興整備計画の区域内において適用される津波避難建築物の容積率規制の緩和及び津波防護施設に係る制

度も、法の規定が前提となっており、被災地の復興という観点からは、両法が一体的に運用される必要があるものである。

2 津波防災地域づくりに関する法律の目的等

(1) 法の目的（第1条）

　法第1条にあるとおり、本法は、津波による災害を防止し、又は軽減する効果が高く、将来にわたって安心して暮らすことのできる安全な地域の整備、利用及び保全（以下「津波防災地域づくり」という。）を総合的に推進することにより、津波による災害から国民の生命、身体及び財産の保護を図り、もって公共の福祉の確保及び地域社会の健全な発展に寄与することを目的としており、東日本大震災の被災地における復興に寄与するだけではなく、全国で、津波災害に強い地域づくりを進める上で効果的な対策を盛り込んだものである。

　本条における「公共の福祉の確保」は、災害対策基本法（昭和36年法律第223号）、大規模地震対策特別措置法（昭和53年法律第73号）、土砂災害警戒区域等における土砂災害防止対策の推進に関する法律（平成12年法律第57号）等に同様な規定があるもので、いずれも国民の生命、身体の保護を保護法益としている法律である。本法においても、各種施策が適正に実施されることにより、津波による災害が防止又は軽減され、その結果として公共の福祉が確保されることが期待されているものである。

　また、津波防災地域づくりは、将来の津波による災害への取組として、持続的に行わなければならないが、持続的な取組を実現するためには、住民の生活の安定及び福祉の向上並びに地域経済の活性化等を阻害しない健全な地域社会の発展に寄与する津波防災地域づくりでなければならない。よって、法においては「地域社会の健全な発展」に寄与することを目的とするとともに、これを具体化するために、津波防災住宅等建設区の創設、一団地の津波防災拠点市街地形成施設に関する都市計画等の措置を講じているものである。

　なお、法第1条に書かれている「津波による災害」は、国民の生命、身体

及び財産への被害を広く指している。法全体の目的は、「津波による災害」からの被害を軽減することであるが、法第7章から第9章に規定されている津波防護施設の管理、津波災害警戒区域制度による警戒避難体制の整備、津波災害特別警戒区域における一定の開発行為及び建築物の建築等の制限に関する措置等については、最大規模の津波に対して「人命」を守ることを主たる目的とするものであることから、条文上は、「津波による人的災害」という表現が使われており、財産等への被害は含まれていないことに注意を要する。

(2) 津波防災地域づくりの考え方

　津波防災地域づくりにおいては、最大クラスの津波が発生した場合でも「人の命が第一」「災害に上限はない」という考え方で、地域ごとの特性を踏まえ、既存の公共施設や民間施設も活用しながら、ハード・ソフトの施策を柔軟に組み合わせて総動員させる「多重防御」の発想により、国、都道府県及び市町村の連携・協力の下、地域活性化の観点も含めた総合的な地域づくりの中で津波防災を効率的かつ効果的に推進することを基本理念とする。

　このため、津波防災地域づくりを推進するに当たっては、国が、広域的な見地からの基礎調査の結果や津波を発生させる津波の断層モデル（波源域及びその変動量）をはじめ、津波浸水想定の設定に必要な情報提供、技術的助言等を都道府県に行い、都道府県知事が、これらの情報提供等を踏まえて、津波防災地域づくりを実施するための基礎となる法第8条第1項の津波浸水想定を設定する。

　その上で、当該津波浸水想定を踏まえて、法第10条第1項のハード・ソフトの施策を組み合わせた市町村の推進計画の作成、推進計画に定められた事業・事務の実施、法第5章の推進計画区域における特別の措置の活用、法第7章の津波防護施設の管理等、都道府県知事による警戒避難体制の整備を行う法第53条第1項の津波災害警戒区域（以下「警戒区域」という。）や一定の建築物の建築及びそのための開発行為の制限を行う法第72条第1項の津波災害特別警戒区域（以下「特別警戒区域」という。）の指定等を、地域の実

15

情に応じ、適切かつ総合的に組み合わせることにより、発生頻度は低いが地域によっては近い将来に発生する確率が高まっている最大クラスの津波への対策を効率的かつ効果的に講ずるよう努めるものとする。

　また、海岸堤防等については、引き続き、比較的発生頻度の高い一定程度の津波高に対して整備を進めるとともに、海岸堤防等を超えた場合でも、施設の効果が粘り強く発揮できるような構造物の技術開発を進め、整備していくものとする。

　これらの施策を立案・実施する際には、地域における創意工夫を尊重するとともに、生活基盤となる住居や地域の産業、都市機能の確保等を図ることにより、地域の発展を展望できる津波防災地域づくりを推進するよう努めるものとする。

　また、これらの施策を実施するに当たっては、国、都道府県、市町村等様々な主体が緊密な連携・協力を図る必要があるが、なかでも地域の実情を最も把握している市町村が、地域の特性に応じた推進計画の作成を通じて、当該市町村の区域における津波防災地域づくりにおいて主体的な役割を果たすことが重要である。その上で、国及び都道府県は、それぞれが実施主体となる事業を検討すること等を通じて、積極的に推進計画の作成に参画することが重要である。

　さらに、過去の歴史や経験を生かしながら、防災教育や避難訓練の実施、避難場所や避難経路を記載した津波ハザードマップの周知等を通じて、津波に対する住民等の意識を常に高く保つよう努めることや、担い手となる地域住民、民間事業者等の理解と協力を得るよう努めることが極めて重要である。

　本法は、このような様々な施策を組み合わせ、ハード・ソフトの対策を総合的に運用することにより、地域の実情に応じた総合的な津波防災地域づくりの強力な推進を図ろうとするものである。

（3）基本指針の策定（第3条）

　国土交通大臣は、津波防災地域づくりの推進に関する基本的な指針（以下「基本指針」という。）を定めなければならないこととされている。図1－8

2 津波防災地域づくりに関する法律の目的等

図1−8 基本指針の仕組み

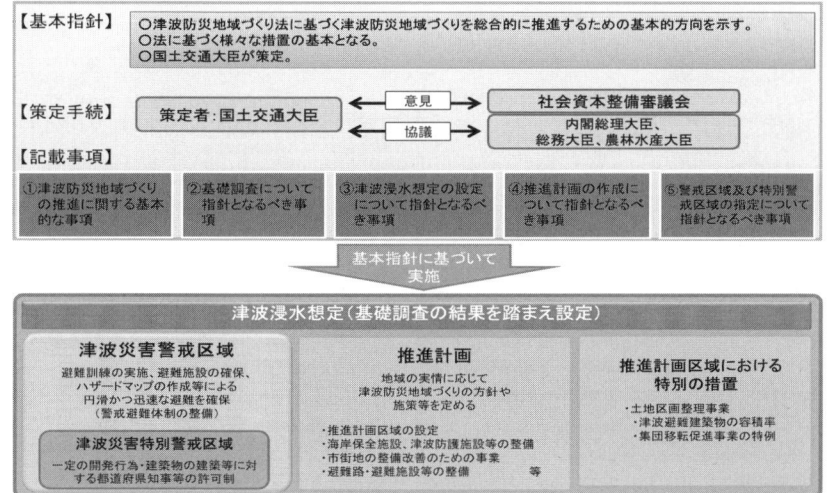

(国土交通省資料)

に示すように、基本指針とは、法において、津波防災地域づくりを総合的に推進するための基本的方向性を示すものであり、津波浸水想定の設定、推進計画の策定、警戒区域や特別警戒区域の指定等については、基本指針に基づいて行われることとなる。

基本指針では、以下の①～⑤に掲げる事項を定めるものとされている。

① 津波防災地域づくりの推進に関する基本的な事項
② 基礎調査について指針となるべき事項
③ 津波浸水想定の設定について指針となるべき事項
④ 推進計画の作成について指針となるべき事項
⑤ 津波災害警戒区域及び津波災害特別警戒区域の指定について指針となるべき事項

基本指針については、法が施行された平成23年12月27日、国土交通省で社会資本整備審議会計画部会及び河川分科会合同会議が開催され、同審議会での議論を経て、法第3条第1項に基づく「津波防災地域づくりの推進に関す

第1章 津波防災地域づくり法の考え方

図1−9 基本指針の概要

基本指針の概要

基本指針とは
津波防災地域づくりを総合的に推進するための基本的な指針として国土交通大臣が定める。

記載事項

1. 津波防災地域づくりの推進に関する基本的な事項
   - 東日本大震災の経験や津波対策推進法を踏まえた対応
   - 最大クラスの津波が発生した際も「なんとしても人命を守る」
   - ハード・ソフトの施策を総動員させる「多重防御」
   - 地域活性化も含めた総合的な地域づくりの中で効果的に推進
   - 津波に対する住民等の意識を常に高く保つよう努力
   - ハード事業と警戒区域の指定等のソフト施策を効果的に連携
   - 効率性を考えた津波防護施設の整備
   - 防災性と生活の利便性を備えた市街地の形成
   - 民間施設も活用して避難施設を効率的に確保
   - 記載する事業等の関係者とは、協議会も活用して十分に調整
   - 対策に必要な期間を考慮して将来の危機に対し効果的に対応

2. 基礎調査について指針となるべき事項
   - 津波対策の基礎となる津波浸水想定の設定等のための調査
   - 都道府県が、国・市町村と連携・協力して計画的に実施
   - 海域・陸域の地形、過去に発生した地震・津波に係る地盤沈下、土地利用の状況等を調査
   - 広域的な見地から必要なもの（航空レーザ測量等）については国が実施

3. 津波浸水想定の設定について指針となるべき事項
   - 都道府県知事が、最大クラスの津波を想定し、悪条件下を前提に浸水の区域及び水深を設定
   - 津波浸水シミュレーションに必要な断層モデルは、中央防災会議等の検討結果を参考に国が提示
   - 中央防災会議等で断層モデルが検討されていない海域でも、今後、過去の津波の痕跡調査等を実施し、逆算して断層モデルを設定
   - 広報、印刷物配布、インターネット等により、住民等に十分周知

4. 推進計画の作成について指針となるべき事項
   - 市町村が、ハード・ソフトの施策を組み合わせ、津波防災地域づくりの姿を地域の実情に応じて総合的に描く
   - 既存のまちづくりに関する方針等との整合性を図る

5. 警戒区域・特別警戒区域の指定について指針となるべき事項

   ＜津波災害警戒区域＞
   - 住民等が津波から「逃げる」ことができるよう警戒避難体制を特に整備するため、都道府県知事が指定する区域
   - 避難施設や特別警戒区域内の制限用途の建築物に制限を加える際の基準となる水位（基準水位）の公示
   - 警戒区域内で市町村が以下を措置
     - 実践的な内容を盛り込んだ市町村防災計画の作成・避難訓練の実施
     - 住民の協力等による津波ハザードマップの作成・周知
     - 指定・管理協定により、地域の実情に応じて避難施設を確保
     - 社会福祉施設等で避難確保計画の作成・避難訓練の実施

   ＜津波災害特別警戒区域＞
   - 防災上の配慮を要する者等が建築物の中に居ても津波を「避ける」ことができるよう、都道府県知事が指定する区域
   - 生命・身体に著しい危害が生ずる恐れがあり、一定の建築行為・開発行為を制限すべき区域を指定
   - 指定の際には、公衆の縦覧、関係市町村の意見聴取等により、地域の実情を勘案し、地域住民の理解を深めつつ実施

右上に続く

（国土交通省資料）

る基本的な指針」を国土交通大臣が定め、翌年1月16日に公表した。

　基本指針においては、最大クラスの津波が悪条件下で発生した場合でも「なんとしても人命を守る」という考え方で、ハード・ソフトの施策を総動員させる「多重防御」の発想によって津波防災地域づくりを推進することが、基本理念として明示された。基本指針の記載事項の概要は、図1−9のとおりである。

（4）国及び地方公共団体の責務や配慮（第4条・第5条）

① 国及び地方公共団体の責務（第4条）

　津波防災地域づくりを効果的に推進するためには、ハード・ソフトの施策を地域の実情に応じて適切に組み合わせるとともに、官民が一体となって取り組む必要がある。このため、法においては、国及び地方公共団体は、津波による災害の防止又は軽減が効果的に図られるようにするため、津波防災地

2　津波防災地域づくりに関する法律の目的等

域づくりに関する施策を、民間の資金、経営能力及び技術的能力の活用に配慮しつつ、地域の実情に応じ適切に組み合わせて一体的に講ずるよう努めるものとしている。

なお、本条の規定を踏まえ、民間の資金、経営能力及び技術的能力の活用の促進に関する事項については、推進計画の記載事項として位置づけられている。

② 施策における配慮（第5条）

津波防災地域づくりの推進は、国と地方公共団体のみによって行えるものではなく、警戒区域における警戒避難体制の整備や特別警戒区域における一定の建築物の建築とそのための開発行為の制限をはじめとして、地域住民、民間事業者等の理解と協力が不可欠である。

また、防災の観点を重視するあまり、地域の発展を阻害するような対策にならないよう、地域の創意工夫を活かすとともに、住民の生活の安定や地域経済の活性化に配慮する必要がある。

このため、法においては、国及び地方公共団体は、法に規定する津波防災地域づくりを推進するための施策の策定及び実施に当たっては、地域における創意工夫を尊重し、並びに住民の生活の安定及び福祉の向上並びに地域経済の活性化に配慮するとともに、地域住民、民間事業者等の理解と協力を得るよう努めるものとしている。

第2章　津波浸水想定

1　概要

　津波浸水想定は、都道府県知事が、基本指針の「三　法第八条第一項に規定する津波浸水想定の設定について指針となるべき事項」に基づき、かつ、法第6条の基礎調査の結果を踏まえ、最大クラスの津波を想定して、その津波が悪条件下で発生した場合に想定される浸水の区域及び水深を津波浸水シミュレーションにより設定するものである。

　市町村による「津波防災地域づくりを総合的に推進するための計画」(以下「推進計画」という。)の作成や、都道府県知事による警戒区域及び特別警戒区域の指定においては、「津波浸水想定」を踏まえることとされている(図2−1)。

　都道府県知事は、国からの情報提供等を踏まえて、各都道府県の各沿岸にとって最大クラスとなる津波を念頭において、津波浸水想定を設定するが、その設定に当たっては、法第8条第2項に基づき、国土交通大臣に対して、必要な情報の提供、技術的助言その他の援助を求めることができることとしている。

　また、都道府県知事は、津波浸水想定を設定又は変更した場合には、法第8条第4項又は第6項に基づき、速やかに、国土交通大臣へ報告し、かつ、関係市町村長へ通知するとともに、公表しなければならないこととされている。

第 2 章　津波浸水想定

図 2 － 1　　津波防災地域づくりにおける津波浸水想定の位置付け

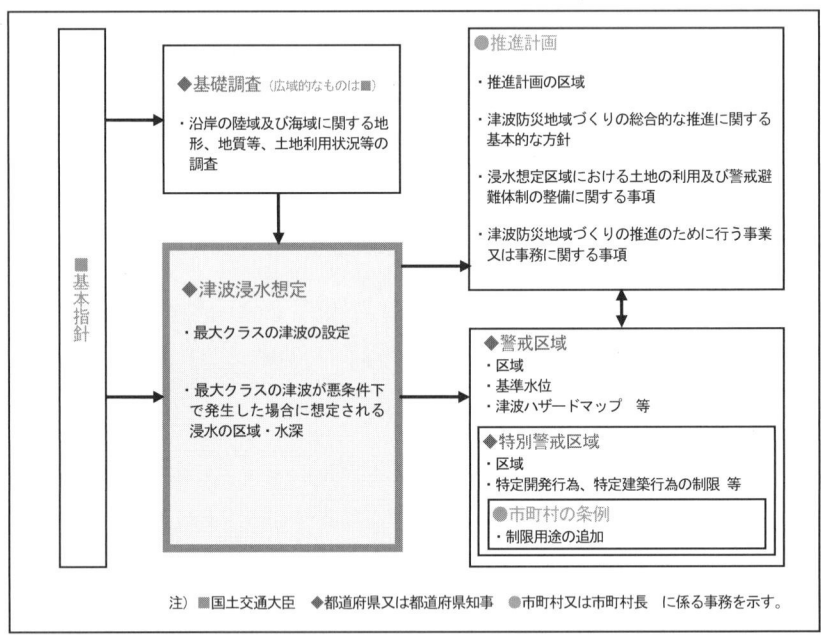

　津波浸水想定は、津波防災地域づくりの基本ともなるものであることから、公表に当たっては、都道府県の広報、印刷物の配布、インターネット等により十分な周知が図られるよう努めるものとする。

2　基礎調査について

　基礎調査は、国土交通大臣及び都道府県が、基本指針の「二　法第六条第一項の基礎調査について指針となるべき事項」に基づき、津波による災害の発生のおそれがある地域を対象に、法第 8 条第 1 項に規定する津波浸水想定の設定又は変更のために、法第 6 条及び第 7 条に基づき実施するものである（図 2 － 2 ）。
　都道府県が法第 6 条第 1 項の基礎調査を実施するに当たっては、津波による災害の発生のおそれがある地域のうち、過去に津波による災害が発生した

図2-2　「基礎調査」から「津波浸水想定」の設定までの流れ

基礎調査、津波浸水想定

基礎調査（都道府県、国土交通大臣） 第6条及び第7条関係
- 地形データの作成（海域及び陸域）
- 地質等に関する調査
- 土地利用状況の把握等
- 広域的な見地から必要とされるもの（航空レーザ測量等）は国土交通大臣が実施し、都道府県に提供

津波浸水想定の設定・公表（都道府県） 第8条関係

最大クラスの津波の断層モデル（波源域及びその変動量）の設定
- 国（中央防災会議等）において検討された断層モデルを都道府県に提示（都道府県独自に設定することも可）

津波浸水シミュレーション
- 海域及び陸域の津波の伝播を津波浸水シミュレーション（平面2次元モデル）により表現
- 地形データをシミュレーションに反映
- 建築物等による流れの阻害を土地利用状況に応じた粗度係数として設定
- 安全マップとならないように悪条件のもとで設定（朔望平均満潮位※、海岸堤防の倒壊等）

※朔（新月）と望（満月）の日から5日以内にあらわれる各月の最高満潮位の平均値

最大クラスの津波があった場合に想定される浸水の区域及び水深
- 最大の浸水域及び浸水深を表示

公　表
- 国土交通大臣への報告
- 関係市町村長への通知
- 公表（都道府県の広報、印刷物、インターネットなど）

（国土交通省資料）

地域等について優先的に調査を行うなど、計画的な調査の実施に努める。

　また、都道府県は、調査を実施するに当たっては、津波災害関連情報を有する国及び地域開発の動向をより詳細に把握する市町村の関係部局との連携・協力体制を強化することが重要である。

　津波による災害のおそれがある地域について、津波浸水想定を設定し又は変更するために必要な調査として次に掲げるものを行う。

① 　海域、陸域の地形に関する調査

　海域や陸域の地形は津波が波源域から海上及び陸上へどのような挙動で伝播、遡上するかに大きく影響を与えるため、こうした津波の挙動を予測するためには地形に関する情報が不可欠である。

　このため、基本指針の二の2の「ア　海域、陸域の地形に関する調査」においては、都道府県が津波の伝播や遡上について、適切に津波浸水シミュレーションで予測をするため、海底及び陸上の地形データの調査を実施し、格子状の数値情報からなる地形データを作成することとしている。

第2章　津波浸水想定

　津波浸水想定の設定又は変更に当たっては、津波浸水シミュレーションによって得られる浸水の区域や水深が基となるため、本調査の結果が浸水の広がりや深さに影響を与えることとなることから、公開されている海底及び陸上の地形データを収集するとともに、航空レーザ測量等のより詳細な標高データを取得し、最新の地形データとなるように努めるとともに、東北地方太平洋沖地震等による地盤変動等についてもできる限り考慮する必要がある。

　地形データの基となる海域の水深データ（海底地形データ）については、日本海洋データセンターや財団法人日本水路協会が提供している各種データのほか、海岸管理者、港湾管理者及び漁港管理者等が保有する測量成果や工事用図面等を活用することが可能である。また、陸域の標高データについては、国土交通大臣等による航空レーザ測量の結果や国土地理院が提供している数値地図等を活用することが可能である。

　これらのデータから格子状の数値情報からなる地形データを作成するに当たっては、実際の地形や地図と比較して不自然なものとなっていないか留意する必要がある。

　なお、広域的な見地から、航空レーザ測量等については、国が実施し、その調査結果を都道府県に提供することとしている。これらに基づき、各都道府県において、地形に関する数値情報を構築したうえで、津波浸水の挙動を精度よく再現できるよう適切な格子間隔を設定することとなる。

② 　過去に発生した地震・津波に係る地質等に関する調査

　最大クラスの津波を想定するためには、被害をもたらした過去の津波の履歴を可能な限り把握することが重要であることから、都道府県において、津波高に関する文献調査、痕跡調査、津波堆積物調査等を実施する。

　歴史記録等の資料を使用する際には、国の中央防災会議等が検討に当たって用いた資料や気象庁、国土地理院、地方整備局、都道府県等の調査結果等の公的な調査資料等を用いることとする。また、将来発生の可能性が高いとされた想定地震、津波に関する調査研究成果の収集を行う。

　国土交通大臣においては、各都道府県による調査結果を集約し、津波高に

関する断片的な記録を広域的かつ分布的に扱うことで、当該津波を発生させる断層モデルの設定に係る調査を今後中長期にわたって継続的に行っていくものとする。

③ 土地利用等に関する調査
　陸上に浸水した津波が、市街地等の建築物等により阻害影響を受ける挙動を、建物の立地等土地利用の状況に応じた粗度として表現し、津波浸水シミュレーションを行うため、都道府県において、土地利用の状況について調査を行い、既存の研究成果を用い、調査結果を踏まえた適切な粗度係数を数段階で設定する。
　その際、建物の立地状況、建物の用途・構造・階数、土地の開発動向、道路の有無、人口動態や構成、資産の分布状況、地域の産業の状況等のほか、海岸保全施設、港湾施設、漁港施設、河川管理施設、保安施設事業に係る施設の整備状況等津波の浸水に影響のある施設の状況について調査・把握し、これらの調査結果を、避難経路や避難場所の設定等の検討の際の参考として活用することとする。

3　津波浸水シミュレーションについて

　津波浸水想定の結果として示される最大の浸水の区域や水深は、警戒区域の指定等に活用されることから、その設定に当たっては津波による浸水が的確に再現できる津波浸水シミュレーションを活用する必要がある。
　津波浸水シミュレーションは、波源域で発生した津波が海域を伝播し、沿岸に到達して陸域に遡上する一連の挙動を数値計算によって再現・予測できるもので、
・　津波の痕跡のみでは浸水域の一部の「点」を捉えているに過ぎず、浸水深の空間分布等浸水域全体の様相を「面」で把握するには不十分であること
・　特に近代以前に発生した津波については、津波の痕跡高に関する記録

第2章　津波浸水想定

　　が残っていない場合が多いこと
　・　これまでに発生した津波だけでなく、今後発生が予想される地震による津波を対象とした津波対策の立案の必要性があること

から、有効な手法と考えられる。

　津波浸水シミュレーションにおいては、津波浸水想定で定める津波があった場合に想定される浸水の区域及び水深のほか、津波が沿岸まで到達する時間や到達経路、法第53条第1項の基準水位[*1]についても計算結果として得ることができることから、最大クラスの津波に対する避難計画等の検討にも活用できるが、その際、例えば、最大クラスの場合よりも到達時間が短くなる津波の発生があることにも留意が必要である。

4 「津波浸水想定の設定の手引き」の概要について

　都道府県知事による津波浸水想定の設定を促進するため、国土交通省水管理・国土保全局海岸室及び国土技術政策総合研究所河川研究部海岸研究室によって、津波防災や海岸工学等に関する学識者から助言を得て、平成24年2月に「津波浸水想定の設定の手引き」が取りまとめられている。

　この手引きについては、順次バージョンアップされてきており、常に最新版が国土交通省のホームページ[*2]からダウンロードできるほか、津波浸水想定に関する相談窓口・連絡窓口が国土交通省水管理・国土保全局海岸室や国土技術政策総合研究所河川研究部海岸研究室、各地方整備局河川部等に設けられている。

　詳細については、手引きを参照するか、手引きにも記載のある相談窓口等で確認することが可能である。

[*1] 津波浸水想定として設定する水深に相当する水位に建築物等への衝突による津波の水位の上昇を考慮して必要と認められる値を加えて定める水位のこと（第7章2（2）「基準水位」参照）。
[*2] http://www.mlit.go.jp/river/shishin_guideline/bousai/saigai/tsunami/shinsui_settei.pdf

4 「津波浸水想定の設定の手引き」の概要について

(1) 最大クラスの津波の設定について
　第2章2②で述べたとおり「中央防災会議東北地方太平洋沖地震を教訓とした地震・津波対策に関する専門調査会」による報告（平成23年9月）において、今後の津波対策を構築するに当たり、二つのレベルの津波を想定する必要があるとされ、津波防災地域づくりにおいては発生頻度は極めて低いものの、発生すれば甚大な被害をもたらす最大クラスの津波を対象とすることとしているが、都道府県知事が最大クラスの津波を設定するにあたっては、あらゆる可能性を考慮するとともに、現在の科学的知見に基づくことを設定の考え方としている。
　最大クラスの津波を発生させる地震としては、日本海溝・千島海溝や南海トラフを震源とする地震等の海溝型巨大地震があり、例えば、東北地方太平洋沖地震が該当する。
　これらの地震によって発生する最大クラスの津波は、国の中央防災会議等により公表された津波の断層モデルも参考にして設定する。
　また、設定の手順としては、「地域海岸[*3]」単位で、
・　過去に発生した津波の実績津波高
・　過去に発生した津波のシミュレーションにより推定した津波高
・　今後発生が想定される津波の津波高

を整理し、その中から津波高が最も大きい津波を最大クラスの津波として設定することを基本としている。
　なお、国の各種機関による今後の調査研究等により、最大クラスの津波について、過去に発生した津波や今後発生が想定される津波の津波高に関する津波の断層モデルの新たな知見が得られた場合には、それを適宜検討対象に加え、必要に応じて対象とする津波等を適切に見直す必要がある。

(2) 津波の断層モデルの設定について
　津波浸水シミュレーションでは、波源域で発生した津波が海域を伝播し、

[*3] 海岸保全基本計画を作成すべき一体の海岸の区分（沿岸）を同一の津波外力を設定しうると判断される一連の海岸線に分割したもの。大きさの概念としては沿岸といわゆる地区海岸との間に相当。

第2章　津波浸水想定

図2-3　断層モデルの諸元（パラメータ）の概念図

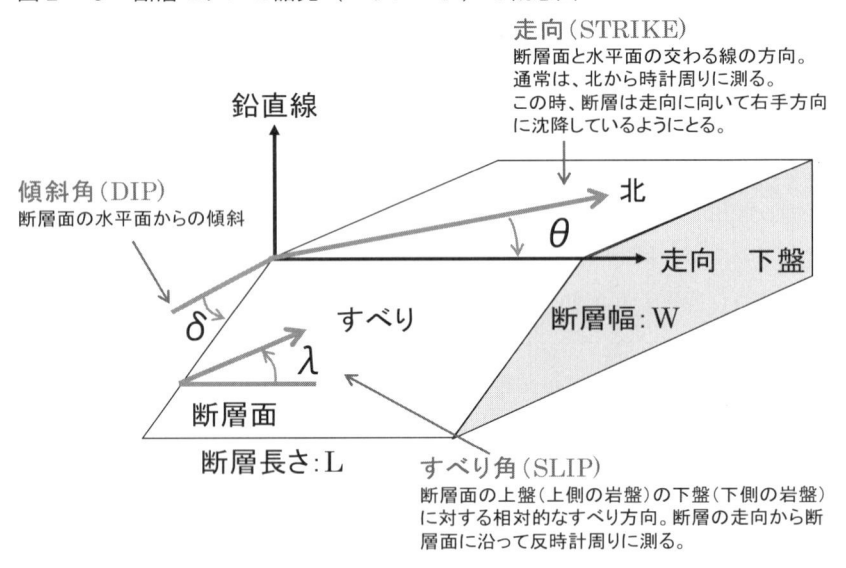

（図中ラベル）
走向（STRIKE）：断層面と水平面の交わる線の方向。通常は、北から時計周りに測る。この時、断層は走向に向いて右手方向に沈降しているようにとる。
傾斜角（DIP）：断層面の水平面からの傾斜
鉛直線
北
走向　下盤
断層幅：W
すべり
θ、δ、λ
断層面
断層長さ：L
すべり角（SLIP）：断層面の上盤（上側の岩盤）の下盤（下側の岩盤）に対する相対的なすべり方向。断層の走向から断層面に沿って反時計周りに測る。

沿岸に到達して陸域に遡上する一連の挙動を数値計算によって再現・予測することから、津波発生時の波源域における初期水位（海面の鉛直変位の平面分布）を設定する必要がある。

　この初期水位は、シミュレーションの結果として得られる浸水の区域や水深を左右するものであり、本手引きにおいても、発生割合が最も多く、広範囲で発生している地震による津波を対象に、その設定方法を紹介している。

　具体的には、地震の要因となった断層運動から初期水位を設定することが一般的であることから、これを表現する断層モデル及びその諸元（パラメータ）（図2-3）を設定することになる。

　最大クラスの津波の断層モデルは、国の中央防災会議等により公表されたモデルも参考にして設定する。

　中央防災会議等により津波の断層モデルが公表されていない海域については、現時点で十分な調査結果が揃っていない場合が多く、過去発生した津波の痕跡調査、文献調査、津波堆積物調査等から、最大クラスの津波高を推定し、その津波を発生させる津波の断層モデルの逆算を今後行っていくものと

する。

　上記による最大クラスの津波の断層モデルの設定等については、高度な知見と広域的な見地を要することから、国において検討し都道府県に示すこととするが、これを待たずに都道府県独自の考え方に基づき最大クラスの津波の断層モデルを設定することもある。

　特に都道府県独自の考え方に基づき設定する場合には、対象とする最大クラスの津波やそれを引き起こす断層モデルの設定に当たっては、モデルの妥当性の検証のほか、隣接する都道府県間等で齟齬が生じないよう留意する必要がある。

（3）津波浸水シミュレーションにおける各種条件の設定について

　津波浸水シミュレーションを行うためには、各種条件を設定することが必要となるが、東北地方太平洋沖地震の津波で見られたような海岸堤防、河川堤防等の破壊事例等を考慮し、最大クラスの津波が悪条件下において発生し浸水が生じることを前提に、一定の悪条件下として、設定潮位は朔望平均満潮位を設定すること、海岸堤防、河川堤防等は津波が越流した場合には破壊されることを想定すること等の設定を基本とする。

　設定潮位については津波が沿岸に到達した際、潮位（天文潮）や河川内の水位が高いほど陸域や河川を遡上しやすくなり、浸水の区域や水深が増大する恐れがあることから、朔望平均満潮位とすることを、河川内の水位については河口付近における潮位を出発水位にして平水流量から不等流計算によって求められた水位を設定することを基本としている。

　海岸堤防や河川堤防等については、東北地方太平洋沖地震による津波のような最大クラスの津波で見られたように、各管理者が想定している設計レベルを超過した場合には施設が破壊されないことが担保できないと考えられることから、越流した場合には破壊されることを基本設定とすることとする。

　なお、港湾等における津波防波堤等については、最大クラスの津波に対する構造、強度、減災効果等を考慮する必要があるため、当該施設に係る地域における津波浸水想定の設定に当たっては、法第8条第3項に基づき関係海

岸管理者等の意見を聴くものとする。この際、津波防波堤を有する港湾のみならず、三大湾等の港湾の海岸管理者の意見を聴くものとする。

　また、海域や陸域の自然地形は津波の伝播や遡上に影響を与えるため、こうした津波の挙動を再現・予測するためには、地形に関する情報が不可欠であり、津波浸水シミュレーションにおいても、格子状の数値情報からなる地形データを用いるが、最大クラスの津波を発生させる海溝型巨大地震により想定される地盤変動については、特に地盤沈下が大きい場合にはこれを考慮することとしている。

　こうした各種条件については、津波浸水想定は、建築物等の立地状況、盛土構造物等の整備状況等により変化することが想定されるため、津波浸水の挙動に影響を与えるような状況の変化があった場合には、改めて再設定した上で、再度津波浸水シミュレーションを実施し、適宜変更していくことが求められる。

(4) 津波浸水シミュレーションにおける精度の確保

　津波浸水シミュレーションに用いる格子状の数値情報からなる地形データについては、外洋においては津波の伝播が速いことから比較的大きな格子間隔で十分だが、沿岸部や陸域においては局所的な地形等を考慮する必要があることから格子間隔も小さいものが要求される。このため、シミュレーションから得られる結果の精度とシミュレーションに要する時間等を総合的に検討した上で、適切な格子間隔を設定するものとする。

　また、予測のための津波浸水シミュレーションを実施する前には、過去に発生した津波による痕跡等を用いて、シミュレーションモデルの再現性を考察することが望ましい。

第3章　推進計画

1　概要

　法第10条第1項の規定により、市町村が、基本指針の「四　法第十条第一項に規定する推進計画の作成について指針となるべき事項」に基づき、かつ、津波浸水想定を踏まえ、単独で又は複数の市町村が共同して、当該市町村の区域内について、推進計画を作成することができることとしたものである。

　推進計画を作成する意義は、最大クラスの津波に対する地域ごとの危険度・安全度を示した津波浸水想定を踏まえ、様々な主体が実施するハード・ソフトの施策を総合的に組み合わせることで低頻度ではあるが大規模な被害をもたらす津波に対応してどのような津波防災地域づくりを進めていくのか、市町村がその具体の姿を地域の実情に応じて総合的に描き、住民をはじめ地域全体で共有することにある。これにより、大規模な津波災害に対する防災・減災対策を効率的かつ効果的に図りながら、地域の発展を展望できる津波防災地域づくりを実現しようとするものである。

　津波防災地域づくりにおいては、地域の防災性の向上を追求することで地域の発展が見通せなくなるような事態が生じないよう推進計画を作成する市町村が総合的な視点から検討する必要がある。具体的には、推進計画は、住民の生活の安定や地域経済の活性化等既存のまちづくりに関する方針との整合性が図られたものである必要がある。このため、地域のあるべき市街地像、地域の都市生活、経済活動等を支える諸施設の計画等を総合的に定めている

第3章　推進計画

市町村マスタープラン（都市計画法（昭和43年法律第100号）第18条の2第1項の市町村の都市計画に関する基本的な方針をいう。以下同じ。）との調和が保たれている必要がある。また、景観法（平成16年法律第110号）第8条第1項に基づく景観計画その他の既存のまちづくりに関する計画や、災害対策基本法に基づく地域防災計画等とも相互に整合性が保たれるよう留意する必要がある。

　なお、隣接する市町村と連携した対策を行う場合等、地域の選択により、複数の市町村が共同で推進計画を作成することもできる。

　このため、推進計画の作成に当たっては、避難路や避難施設等の整備といったハード施策や警戒避難体制の整備や一定の建築物の建築及びそのための開発行為の制限といったソフト施策を地域の実情に応じて適切に組み合わせ、かつ、計画の内容を住民等にわかりやすく示すことに十分に配慮する必要がある。

　また、推進計画の区域においては、津波防災地域づくりを推進するための特例措置が適用されることとなる。各種の特例措置を含めた様々なハード・

図3-1　推進計画の概要

推進計画とは
○津波防災地域づくりを総合的に推進するため市町村が作成する計画。
○様々な主体が実施するハード・ソフト施策を総合的に組み合わせ津波防災地域づくりの姿を地域の実情に応じて描く。

推進計画の記載事項
○推進計画の区域
○津波防災地域づくりの総合的な推進に関する基本的な方針
○浸水想定区域における土地利用・警戒避難体制の整備
○津波防災地域づくりの推進のために行う事業又は事務
・海岸保全施設、港湾施設、漁港施設、河川管理施設、保安施設事業に係る施設の整備
・津波防護施設の整備
・一団地の津波防災拠点市街地形成施設の整備に関する事業、土地区画整理事業、市街地再開発事業その他の市街地の整備改善のための事業
・避難路、避難施設、公園、緑地、地域防災拠点施設その他の津波の発生時における円滑な避難の確保のための施設の整備及び管理
・集団移転促進事業
・地籍調査の実施
・津波防災地域づくりの推進のために行う事業に係る民間の資金、経営能力及び技術的能力の活用の促進

（国土交通省資料）

図3-2　推進計画のポイント

```
推進計画のポイント

・ソフト・ハード施策を組み合わせた津波防災地域
　づくりの総合ビジョンを示す計画。
　　＜津波防災地域づくり法のソフト・ハード施策＞
　　　　－各種施設の整備（ハード）
　　　　－まちづくり関係（ソフト・ハード）
　　　　－警戒避難体制の確保（ソフト）
　　　　－建築等の制限（ソフト）
・行政だけでなく地域住民等とビジョンを共有する。
・将来にわたって取組を継続する。
　　　→　計画に終期はない。ただし適切なフォローアップを
```

（国土交通省資料）

ソフトの施策を適切に組み合わせることにより、効果的な津波防災地域づくりが実現されることが期待される。
　推進計画の概要及びポイントは、図3-1、図3-2のとおりである。

2　記載事項

(1) 推進計画区域（第10条第2項）

　推進計画には、推進計画区域を必ず定める必要がある。推進計画区域は、市町村単位で設定することを基本とするが、設定する市町村が地域の実情に応じて柔軟に定めることができるもので、津波浸水想定に定める浸水区域や警戒区域の外の区域も対象となることがある。
　このため、推進計画区域を定める際には、浸水想定区域（津波浸水想定に定める浸水の区域をいう。以下同じ。）外において行われる事業等もあること、推進計画の区域内において、土地区画整理事業に関する特例、津波避難建築物の容積率の特例及び集団移転促進事業に関する特例が適用されること、

図3－3　推進計画の作成にあたっての留意事項

推進計画の作成にあたっての留意事項

```
┌─────────────────────────────────┐      ┌─────────────────────────────────┐
│ 推進計画の作成にあたっての留意事項 │      │        協議会とは               │
│ <作成時>                         │      │ 推進計画の作成に関する協議及び推進│
│ ○市町村マスタープランとの調和    │─────▶│ 計画の実施に係る連絡調整を行う協議│
│ ○協議会が組織されていないときは、│      │ 会で、推進計画を作成しようとする │
│  都道府県や関係管理者等その他事業│      │ 市町村が組織するもの            │
│  ・事務を実施すると見込まれる者と│      └─────────────────────────────────┘
│  の協議                          │      ┌─────────────────────────────────┐
│ ○海岸保全施設、津波防護施設等の整│      │        協議会の構成員           │
│  備に関する事項については、関係管│      │ ○推進計画を作成しようとする市町村│
│  理者等の案に基づいて作成        │      │ ○当該市町村の区域をその区域に含む│
│ ○関係管理者等の案の作成に当たり、│      │  都道府県                       │
│  市町村が津波防災地域づくりを総合│      │ ○関係管理者等その他事業・事務を │
│  的に推進する観点から配慮すべき事│      │  実施すると見込まれる者         │
│  項を申出                        │      │ ○学識経験者その他当該市町村が必要│
│ ○市町村からの申出を受けた関係管理│      │  と認める者                     │
│  者等は当該申出を尊重            │      └─────────────────────────────────┘
│ <作成後>                         │      ┌─────────────────────────────────┐
│ ○市町村は遅滞なく、計画を公表する│      │      協議会を組織した場合       │
│  とともに、国土交通大臣、都道府県│      │ ○協議会を組織する市町村は、協議を│
│  、関係管理者等その他事業・事務を│      │  行う旨協議会の構成員に通知しなけ│
│  実施すると見込まれる者に送付    │      │  ればならない                   │
│ ○国土交通大臣・都道府県は推進計画│      │ ○通知を受けた者は、正当な理由がある│
│  の送付を受けたときは、市町村に対│      │  場合を除き、当該通知に係る協議に│
│  して、必要な助言が可能          │      │  応じなければならない           │
│ ○国土交通大臣は、助言を行う際に必│      │ ○協議会において協議が整った事項に│
│  要であれば、農林水産大臣その関係│      │  ついては、協議会の構成員はその協│
│  行政機関の長に諮問              │      │  議の結果を尊重しなければならない│
└─────────────────────────────────┘      └─────────────────────────────────┘
```

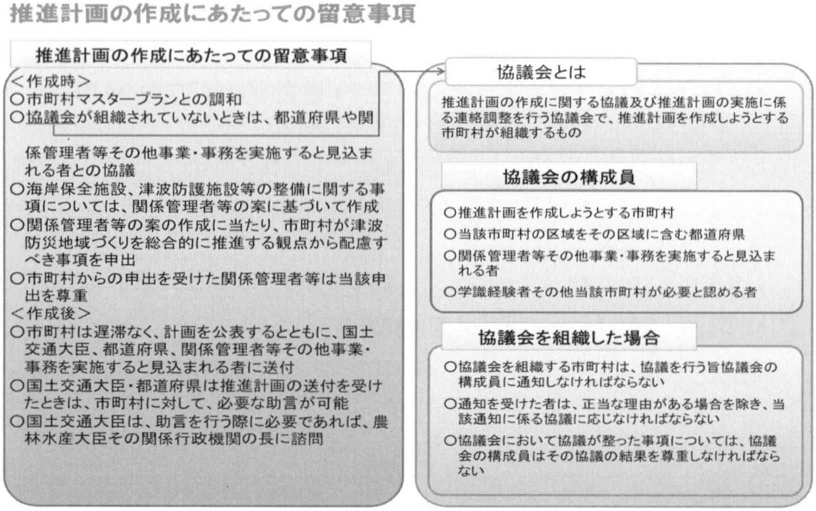

（国土交通省資料）

津波防護施設の整備に関する事項を推進計画に定めることができることに留意するとともに、推進計画に定める事業・事務の範囲がすべて含まれるようにする必要がある（図3－3）。

（2）津波防災地域づくりの総合的な推進に関する基本的な方針（第10条第3項第1号）

　本事項は、推進計画の策定主体である市町村の津波防災地域づくりの基本的な考え方を記載することを想定したものである。また、津波浸水想定を踏まえ、様々な主体が実施する様々なハード・ソフトの施策を総合的に組み合わせ、市町村が津波防災地域づくりの姿を総合的に描くという推進計画の目的を達成するために必要な事項である。

　このため、推進計画を作成する市町村の概況（人口、交通、土地利用、海岸等の状況）、津波浸水想定により示される地域ごとの危険度・安全度、想定被害規模等について分析を行った上で、その分析結果及び地域の目指すべき姿を踏まえたまちづくりの方針、施設整備、警戒避難体制等津波防災・減

災対策の基本的な方向性や重点的に推進する施策を記載することが望ましい。

また、市町村の津波防災地域づくりの考え方を住民等に広く周知し、推進計画区域内で津波防災地域づくりに参画する公共・民間の様々な主体が、推進計画の方向に沿って取り組むことができるよう、図面等で分かりやすく推進計画の全体像を示すなどの工夫を行うことが望ましい。

（3）浸水想定区域における土地利用及び警戒避難体制の整備に関する事項（第10条第3項第2号）

本事項は、推進計画と浸水想定区域における土地利用と警戒避難体制の整備に関する施策、例えば警戒区域や特別警戒区域の指定との整合的・効果的な運用を図るために必要な事項を記載することを想定したものである。

警戒区域においては避難訓練の実施、避難場所及び避難経路等を定める市町村地域防災計画の充実を市町村が行う一方、推進計画区域においては推進計画に基づき、避難路や避難施設等避難の確保のための施設の整備等が行われるため、これらの施策・事業間及び実施主体間の整合を図る必要がある。

また、頻度は低いが大規模な被害をもたらす最大クラスの津波に対して、土地区画整理事業等の市街地の整備改善のための事業や避難路や避難施設等の避難の確保のための施設等のハード整備を行う区域、ハード整備の状況等を踏まえ警戒避難体制の整備を特に推進する必要がある区域、ハード整備や警戒避難体制の整備に加えて一定の建築物の建築とそのための開発行為を制限することにより対応する必要がある区域等、地域ごとの特性とハード整備の状況に応じて、必要となる手法を分かりやすく示しておくことが重要である。

そこで、本事項においては、推進計画に定める市街地の整備改善のための事業、避難路や避難施設等の整備等に係る事業・事務と、警戒避難体制を整備する警戒区域や一定の建築物の建築とそのための開発行為を制限する特別警戒区域の指定等を、推進計画区域内において、地域の特性に応じて区域ごとにどのように組み合わせることが適当であるか、基本的な考え方を記載することが望ましい。また、これらの組み合わせを検討するに当たっては、津

波浸水想定により示されるその地域の津波に対する危険度・安全度を踏まえるとともに、津波被害が想定される沿岸地域は市街化が進んだ都市的機能が集中するエリアであったり、水産業等の地域の重要な産業が立地するエリアであることも多いことから、市街化や土地利用の現状、地域の再生・活性化の方向性を含めた地域づくりの方針等多様な地域の実態・ニーズに適合するように努めることが望ましい。

(4) 津波防災地域づくりの推進のために行う事業又は事務に関する事項（第10条第3項第3号）

本事項は、推進計画の区域内において実施する事業又は事務を列挙することを想定したものである。

法第10条第3項第3号イの海岸保全施設、港湾施設、漁港施設及び河川管理施設並びに保安施設事業に係る施設の整備に関する事項をはじめ、同号イからへまでに掲げられた事項については、基本指針に示した基本的な考え方を踏まえ、実施する事業等の全体としての位置と規模、実施時期、期待される効果等を網羅的に記載し、津波防災地域づくりの全体像と各事業等がもつ意義が分かるように記載することとする。また、他の事業・事務との関係性についても記載することが望ましい。

ただし、事業・事務についての詳細が固まっていない段階においては、必要に応じて関係者と調整の上、記載する事項を判断することとなる。

また、推進計画には、推進計画の作成主体となる市町村以外の者が実施する事業・事務についても記載できるが、記載する場合は、あらかじめ、これらの者と協議を行う必要がある。

同号ロの津波防護施設は、盛土構造物、護岸、胸壁、閘門（海岸保全施設、漁港施設、河川管理施設、保安施設事業に係る施設を除く。）であって、津波浸水想定を踏まえて津波による人的災害を防止し、又は軽減するために都道府県知事又は市町村長が管理する施設として、本法において新たに規定されることとなったものである。

津波防護施設は、津波そのものを海岸で防ぐことを目的とする海岸保全施

設等を代替するものではなく、発生頻度が極めて低い最大クラスの津波が、海岸保全施設等を乗り越えて内陸に浸入するという場合に、その浸水の拡大を防止しようとするために内陸部に設ける施設である。このため、津波防護施設は、ソフト施策との組み合わせによる津波防災地域づくり全体の将来的なあり方の中で、当該施設により浸水の拡大が防止される区域・整備効果等を十分に検討した上で、地域の選択として市町村が定める推進計画に位置付け、整備する必要がある。また、発生頻度が極めて低い津波に対応するものであるため、後背地の状況等を踏まえ、道路・鉄道等の施設を活用できる場合には、当該施設管理者の協力を得ながら、これらの施設を活用して小規模盛土や閘門を設置するなど効率的に整備し一体的に管理していくことが適当である。なお、推進計画区域内の道路・鉄道等の施設が、人的災害を防止・軽減するため有用であると認めるときは、当該施設の所有者の同意を得て、指定津波防護施設に指定できることとしており、指定の考え方等については国が助言するものとする。

　なお、法第19条の規定により、津波防護施設の新設又は改良は、推進計画区域内において、推進計画に即して行うものとされているため、津波防護施設の新設又は改良を行うに当たっては、あらかじめ、推進計画に津波防護施設について記載する必要がある。

　同号ハの一団地の津波防災拠点市街地形成施設の整備に関する事業、土地区画整理事業、市街地再開発事業その他の市街地の整備改善のための事業は、津波が発生した場合においても都市機能の維持が図られるなど、津波による災害を防止・軽減できる防災性の高い市街地を形成するためのものであり、住宅、教育施設、医療施設等の居住者の共同の福祉又は利便のために必要な公益的施設・公共施設等の位置について十分勘案して実施する必要がある。「その他の市街地の整備改善のための事業」としては、特定利用斜面保全事業、密集市街地の整備改善に関する事業等が含まれる。また、同号ホにより、住民の生命、身体及び財産を保護することを目的に集団移転促進事業について定めることができ、推進計画に定めた場合には、津波による災害の広域性に鑑み、都道府県が計画の策定主体となることも可能である。

同号ニの避難路、避難施設、公園、緑地、地域防災拠点施設その他の津波の発生時における円滑な避難の確保のための施設は、最大クラスの津波が海岸保全施設等を乗り越えて内陸に来襲してきたときに、住民等の命をなんとしても守るための役割を果たすものであり、津波浸水想定を踏まえ、土地利用の状況等を十分に勘案して適切な位置に定める必要がある。また、警戒区域内では、法第56条第１項に基づく指定避難施設及び法第60条第１項又は法第61条第１項に基づく管理協定の締結により、市町村が民間の建築物等を避難施設として確保することができることから、当該制度の積極的な活用を図ることが適当である。特に、人口が集中する地域等多くの避難施設が必要な地域にあっては、指定避難施設等の制度のほか、法第15条の津波避難建築物の容積率規制の緩和等の支援施策を活用し、民間の施設や既存の施設を活用して、必要な避難施設を効率的に確保するよう努める必要がある。なお、推進計画に記載するに当たっては、夜間や荒天時といった悪条件下においても津波の発生のおそれがあることにも留意しつつ定めることが望ましい。

　同号ホの地籍調査は、津波による災害の防止・軽減のための事業の円滑な施行等に寄与するために行うものであり、また、法第95条により、国は、推進計画区域における地籍調査の推進を図るため、その推進に資する調査を行うよう努めることとしている。なお、地籍調査の実施に関する事項を記載する場合には、国土調査法（昭和26年法律第180号）第６条の３第２項の規定により定める事業計画等と十分に整合を図るよう留意する必要がある。

　同号トは、同号イからヘまでに掲げられた事業等を実施する際に、民間の資金、経営能力等を活用するための事項を記載することを想定した項目である。例えば、民間資金等の活用による公共施設等の整備等の促進に関する法律（平成11年法律第117号）（PFI法）に基づく公共施設の整備、指定管理者制度の活用等が考えられる。なお、具体的な事業名を記載することができない場合においても、民間資金等を積極的に活用するという方針そのものを掲げることも含めて検討することが望ましい。

　なお、法第５章第１節の土地区画整理事業に関する特例及び同章第３節の集団移転促進事業に関する特例を適用するためには、本事項に関係する事業

を推進計画に記載する必要があるので注意が必要である。

（5）推進計画における期間の考え方について
　津波防災地域づくりは、発生頻度は低いが大規模かつ広範囲にわたる被害をもたらす最大クラスの津波に対応するものであるため、中長期的な視点に立ちつつ、近い将来に発生する確率が高まっている地域はもちろんのこと、近い将来のいつ発生するか分からない危険性に対して迅速に対応するとともに、警戒避難体制の整備については常に高い意識を持続させていくことが必要である。
　このため、それぞれの対策に必要な期間等を考慮して、複数の選択肢の中から効果的な組み合わせを検討することが必要である。例えば、警戒避難体制のためのハード整備・ソフト施策の実施整備や特別警戒区域の指定等のソフト施策等が想定される。
　なお、津波防災地域づくりを持続的に推進するため、推進計画には計画期間を設定することとしていないが、個々の施策には実施期間を伴うものがあるため、定期的にフォローアップを行うなど適時適切に計画の進捗状況を検証し、ハード・ソフトの施策の組み合わせを必要に応じて見直していくことが望ましい。

（6）関係者との調整について（第10条・第11条）
　推進計画を作成する際には、推進計画の実効性を確実なものとする観点から、関係者との十分な調整を図る必要がある。このため、市町村は推進計画の作成に当たって、関係管理者等（関係する海岸管理者、港湾管理者、漁港管理者、河川管理者、保安施設事業を行う農林水産大臣若しくは都道府県又は津波防護施設管理者をいう。）や民間事業者を含めた計画に定めようとする事業・事務を実施することになる者と協議しなければならないこととしている。なお、事業・事務を実施することになる者の範囲については、推進計画の策定主体である市町村において十分に検討し、協議等が必要となるかどうか当事者に確認することが望ましい。

第3章 推進計画

　推進計画を作成しようとするときには、津波防災地域づくりの推進のための事業・事務について、警戒区域及び特別警戒区域の指定を行う都道府県と協議を行う必要があるが、都道府県との協議は、事業・事務を実施することになる者である都道府県とは別途、必要となることに留意するものとする。なお、津波防災地域づくりにおける避難誘導等の重要性に鑑み、法第10条第5項及び第11条第2項第2号の都道府県には、知事部局だけでなく、都道府県公安委員会が含まれることにも留意する必要がある（（7）協議会（第11条）において同じ。）。

　また、本法の施策は主として防災の観点から行われるものであるが、住民の生活の安定や地域経済の活性化等、まちづくりの観点を含んでおり、既存の市町村のまちづくりに関する方針である市町村マスタープランとの調和を図る観点から、当該市町村の都市計画部局と十分な調整を図る必要があることにも留意が必要である。

　なお、市町村は、協議の円滑化・効率化を図るため、推進計画の作成前の構想の段階から、関係者と十分に相談することが望ましい。

　法第10条第6項においては、市町村長は、推進計画のうち、海岸保全施設、港湾施設、漁港施設、河川管理施設、保安施設事業に係る施設及び津波防護施設の整備に関する事項については、これらの施設の関係管理者等が作成した案に基づいて定めることとし、市町村の方針とこれらの施設の事業計画との調整を図ることとしているため、十分な時間的余裕をもってこれらの関係管理者等と相談する必要がある。この際、市町村は、必要に応じて、関係管理者等に対し、津波防災地域づくりを総合的に推進する観点から配慮すべき事項を申し出ることができる。申出を受けた関係管理者等は、予算上の制約や隣接する地域の事情、各施設の整備計画等との整合性等を総合的に勘案して事業計画を作成する必要があるが、市町村から申出があった場合には、可能な限り申出を尊重することが求められる。

(7) 協議会（第11条）

　推進計画を作成しようとする市町村は、関係者との協議等を円滑かつ効率

的に進めるための場として協議会を活用することができる。この協議会では、推進計画の作成に関する協議とともに実施に係る連絡調整も行うことができるため、特に、複数の市町村が共同で作成する場合には、協議会を活用する利点は大きいと考えられる。

協議会の構成員には、①推進計画の作成主体となる市町村、②市町村の区域を含む都道府県、③関係管理者等の推進計画に記載しようとしている事業・事務の実施主体のほか、④学識経験者や住民の代表者等の市町村が必要と判断した者を加えることができることとしている。なお、④としては、津波によって被災した場合、周辺地域の被害を拡大させるおそれのある施設（石油コンビナート等）の管理者等を加えることも検討することが望ましい。

協議会の構成員のうち、都道府県と事業又は事務の関係者に対しては、市町村は協議を行う旨を通知するとともに、通知を受けた者は協議に応じなければならないこととされており、協議会において協議の調った事項については、協議会の構成員はその結果を尊重しなければならないこととされている（図３－４）。

また、協議会において協議を行う場合は、あらかじめ、定足数、議決等の協議会の運営に必要となる事項を協議会で定めておくものとする。推進計画

図３－４　協議会の概要

協議会とは

推進計画の作成に関する協議及び推進計画の実施に係る連絡調整を行う協議会で、推進計画を作成しようとする市町村が組織するもの

協議会の構成員

○推進計画を作成しようとする市町村
○当該市町村の区域をその区域に含む都道府県
○関係管理者等その他事業・事務を実施すると見込まれる者
○学識経験者その他当該市町村が必要と認める者

協議会を組織した場合

○協議会を組織する市町村は、協議を行う旨協議会の構成員に通知しなければならない
○通知を受けた者は、正当な理由がある場合を除き、当該通知に係る協議に応じなければならない
○協議会において協議が調った事項については、協議会の構成員はその協議の結果を尊重しなければならない

（国土交通省資料改変）

図3-5　関係者との調整に当たっての注意事項

```
関係者との調整に当たっての注意事項

・計画の作成に当たり実質的な相談を十分に行う。
　　→　推進計画の実効性が高まる

・津波防護施設の整備の際は道路管理者等にも十
　分な相談が必要。

・国交省と都道府県には二つの役割がある。
　①　海岸、河川などの事業者・管理者
　②　制度を所管、広域的視点、警戒区域等の指定
　　　　→　協議や推進計画を送付する際に注意が必要
```

(国土交通省資料)

を作成するにあたっての留意事項や注意事項は、図3-5のとおりである。

(8) 推進計画の公表・送付（第10条第9項～第12項）
　市町村は、推進計画を作成したときは、遅滞なく、これを公表するものとする。公表に当たっては、市町村の広報、インターネット等を活用し十分に周知されるよう努めるとともに、計画の内容をわかりやすく示すように配慮するものとする。
　また、作成した推進計画の写しを国土交通大臣、都道府県及び関係管理者等をはじめとする事業・事務の実施主体に書面で送付するものとする。なお、国土交通大臣、都道府県が事業・事務の実施主体となっている場合には、事業・事務の実施主体としての送付とは別途、国土交通大臣（総合政策局参事官（社会資本整備）室）、都道府県への送付が必要となる。このため、都道府県は事業・事務の実施主体としての送付先とは別途、送付を受けることとなる担当部局を定めるとともに、関係市町村に対して当該担当部局を速やか

に周知するものとする。

　なお、推進計画の送付を受けた都道府県は、市町村に対して、事業実施にあたっての助成制度の紹介や近隣の地方公共団体の取組に関する情報提供等の必要な助言を行うことができる。

　また、推進計画を変更した際の扱いも、上記に準ずることとする。

（9）東日本大震災復興特別区域法における特例（復興特区法第76条）

　津波防災地域づくり法に基づいて、推進計画の区域内において適用される津波防護施設の整備、指定津波防護施設の指定及び津波からの避難に資する建築物の容積率の特例を、被災地域において速やかに適用させることは、早期復興に資するが、津波による被害によって行政機能が低下していることから、復興整備計画と推進計画の2つの計画を作成する負担を軽減する必要がある。

　このため、復興特区法第76条において、東北地方太平洋沖地震の津波による被害を受けた市町村が、津波防災地域づくり法に規定する基本指針に基づき、一定の事項を記載した復興整備計画を作成した場合においては、津波防護施設管理者は、推進計画によらず、当該復興整備計画に即して、津波防護施設の新設又は改良を行うことができることとし、また、当該復興整備計画の計画区域を推進計画区域とみなして、津波からの避難に資する建築物の容積率の特例の規定（法第15条）及び指定津波防護施設の指定の規定（法第50条第1項）を適用できることとしている。

　本特例の適用に当たっては、次の要件を満たす必要がある。

① 被災関連市町村のうち津波による被害を受けた市町村が復興整備計画を定める場合であること
② 津波防災地域づくり法の基本指針に基づき、津波防災地域づくりの総合的な推進に関する基本的な方針に相当する事項（津波防災地域づくり法第10条第3項第1号）を復興整備計画に記載していること
③ 浸水想定区域における土地の利用及び警戒避難体制の整備に関する事項（津波防災地域づくり法第10条第3項第2号）を復興整備計画に記載

第3章　推進計画

しｔていること
④　復興特区法第46条第2項第4号に規定されている復興整備事業のうち、津波による災害を防止し、又は軽減することを目的として実施する以下のいずれかの事業について、
　　・津波防護施設の新設又は改良の場合（復興特区法第76条第1項）
　　　　復興特区法第46条第2項第4号トの津波防護施設の整備に関する事業に関する事項を必ず定めた上で、併せて、復興特区法第46条第2項第4号イ又はハ～ヘのいずれかの事業に関する事項を定めること
　　・建築物の容積率の特例及び指定津波防護施設の指定の場合（復興特区法第76条第2項）
　　　　復興特区法第46条第2項第4号イ又はハ～トのいずれかの事業に関する事項を定めること
とされている。

○復興特区法第46条第2項第4号
　　イ　市街地開発事業
　　ハ　復興一体事業
　　ニ　集団移転促進事業
　　ホ　住宅地区改良事業
　　ヘ　都市計画法第11条第1項各号に掲げる施設の整備に関する事業
　　ト　津波防護施設の整備に関する事業

なお、復興特区法の復興整備計画は復興のための有期限の計画であるが、推進計画は津波防災地域づくりを推進するための無期限の計画であることから、復興後も津波防災地域づくりを継続するため、この特例にかかわらず、最終的には推進計画を作成することが望ましい。
　また、津波防護施設については、津波防災地域づくり法第2条第10項の規定により、津波浸水想定を踏まえて管理することとされていることから、本

2　記載事項

図3－6　東日本大震災復興特別区域法における特例

東日本大震災復興特別区域法における特例

- 復興整備計画を作成した場合、推進計画を作成しなくても以下が可能（復興特区法第76条）。
    - 津波防護施設の新設・改良
    - 指定津波防護施設の指定
    - 津波避難建築物の容積率特例の適用

- 上記の特例を受けるための条件　※詳細は復興特区法を参照して下さい
    - 津波による被害を受けた市町村であること
    - 推進計画の記載事項に相当する以下の事項を復興整備計画に記載していること
        - 「津波防災地域づくりに関する基津波浸水想定に定める浸水の区域における土地の利用及び警戒避難体制の整備に関する事項
        - 本的な方針」
    - 津波防災地域づくりに関係する事業（市街地開発事業、集団移転促進事業、都市施設の整備事業等）を定めていること

- 復興整備計画は有期の計画。復興後も津波防災地域づくりを継続するためいずれは推進計画を作成することが望ましい。

（国土交通省資料）

特例を適用する場合であっても、復興整備計画に津波防護施設の新設、改良について記載する場合には、あらかじめ津波浸水想定を設定する必要がある。

第4章　推進計画区域における特別の措置

1　土地区画整理事業に関する特例（津波防災住宅等建設区）（第12条～第14条）

（1）概要

　東日本大震災の被災地域において、津波により、住宅及び居住者の生活に基盤となる市役所、学校、病院、商店等の公益的施設が壊滅的な被害を受けたことを受け、宅地の盛土・嵩上げ等の措置を講じた、又は講じられる土地

図4－1　津波防災住宅等建設区制度の創設

趣旨　今般の震災の被災地域では、津波により、住宅や当該住宅の居住者の共同の福祉又は利便のために必要な市役所、学校、病院、商店等が壊滅的な被害を受けている。津波による災害の発生のおそれの著しい地域では、宅地の盛土・嵩上げ等、津波災害の防止措置を講じた、又は講じられる土地へ住宅及び公益的施設を集約し、津波被害に対する安全性の向上を図ることが喫緊の課題である。

内容　推進計画区域内で施行される土地区画整理事業の施行地区内の津波災害の防止措置を講じられた又は講じられる土地に、住宅及び公益的施設の宅地を集約するための区域を定め、住宅及び公益的施設の宅地の所有者が、当該区域内への換地の申出をすることができる申出換地の特例を設ける。

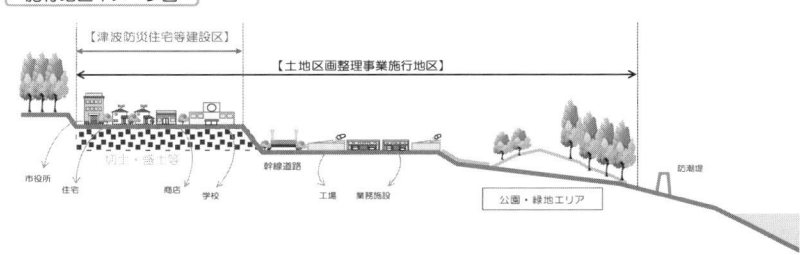

（国土交通省資料）

に住宅及び公益的施設を集約するための区域を定め、住宅及び公益的施設の宅地の所有者が、当該区域内への換地の申出をすることができる特例を設けることにより、津波被害に対する安全性の向上を図ることとしたものである（図4－1）。

（2）津波防災住宅等建設区の設定（第12条）

　推進計画区域内であって、津波災害の発生のおそれが著しく、かつ、当該災害を防止し、又は軽減する必要性が高いと認められる区域において、津波による災害を防止し、又は軽減することを目的とする土地区画整理事業の事業計画に、津波災害の防止措置を講じた又は講じられる土地の区域の住宅及び公益的施設の建設を促進する必要がある場合には、当該土地の区域であって住宅及び公益的施設の建設を促進すべき区域（以下「津波防災住宅等建設区」という。）を定めることができるものとする。なお、公益的施設とは、教育施設、医療施設、官公庁施設、購買施設その他の施設で、居住者の共同の福祉又は利便のために必要なものをいう（法第12条第1項）。

　津波防災住宅等建設区は、施行地区（土地区画整理法第2条第4項に規定する施行地区をいう。以下同じ。）における津波による災害を防止し、又は軽減し、かつ、住宅及び公益的施設の建設を促進する上で効果的な位置に定め、その面積は、住宅及び公益的施設が建設される見込みを考慮して相当と認められる規模とすることとする（法第12条第2項）。

　津波防災住宅等建設区を定める土地区画整理事業の事業計画は、推進計画に記載された土地区画整理事業に関する事項に適合するものでなければならない（法第12条第3項）。

（3）換地の申出等（第13条）

　津波防災住宅等建設区が定められたときは、施行地区内の住宅又は公益的施設の宅地の所有者は、施行者（津波防災住宅等建設区に係る土地区画整理事業を施行する者をいう。以下同じ。）に対し、換地計画に当該宅地の換地を津波防災住宅等建設区内に定めるべき旨の申出をすることができる。なお、

1 土地区画整理事業に関する特例（津波防災住宅等建設区）（第12条～第14条）

当該申出に係る宅地について住宅又は公益的施設の所有を目的とする借地権を有する者があるときは、当該申出についてその者の同意が必要である。

　上記の申出は、以下に掲げる場合の区分に応じ、㈠～㈢のそれぞれに定める公告があった日から起算して60日以内に行うこととする。

　㈠　事業計画が定められた場合　土地区画整理法第76条第１項各号に掲げる公告（事業計画の変更の公告又は事業計画の変更についての認可の公告を除く。）

　㈡　事業計画の変更により新たに津波防災住宅等建設区が定められた場合　当該事業計画の変更の公告又は当該事業計画の変更についての認可の公告

　㈢　事業計画の変更により従前の施行地区外の土地が新たに施行地区に編入されたことに伴い津波防災住宅等建設区の面積が拡張された場合　当該事業計画の変更の公告又は当該事業計画の変更についての認可の公告

　施行者は、前述の申出があった場合には、遅滞なく、当該申出が以下の要件に該当するときは、換地計画において当該申出に係る宅地を津波防災住宅等建設区内に定められるべき宅地として指定し、当該申出をした者に通知するとともに、その旨を公告するものとする。また、当該申出が以下の要件に該当しないときは、当該申出に応じない旨を決定し、遅滞なく、当該申出をした者に通知するものとする。

　㈠　当該申出に係る宅地に建築物（住宅及び公益的施設を除く。）その他の工作物（容易に移転し、又は除却することができるもので国土交通省令で定めるものを除く。）が存しないこと。

　㈡　当該申出に係る宅地に地上権、永小作権、賃借権その他の当該宅地を使用し、又は収益することができる権利（住宅又は公益的施設の所有を目的とする借地権及び地役権を除く。）が存しないこと。

　なお、施行者が土地区画整理法第14条第１項の規定により設立された土地区画整理組合である場合においては、最初の役員が選挙され、又は選任されるまでの間は、上記の申出は、同条第１項の規定による認可を受けた者が受理するものとする。

第4章　推進計画区域における特別の措置

（4）津波防災住宅等建設区への換地（第14条）

　申出に係る宅地が津波防災住宅等建設区内に定められるべき宅地として指定された場合には、換地計画において換地を津波防災住宅等建設区に定めるものとする。

（5）留意事項

　津波防災住宅等建設区の設定に当たっては、あらかじめ施行予定地区内の需要の動向、土地の所有者等の意向等を十分調査することにより、住宅及び公益的施設の建設の見込みを把握することが必要である。また、津波防災住宅等建設区に定められる換地の概ねの総面積に、事業計画において定める津波防災住宅等建設区の宅地の面積が相応しない場合には、施行者は速やかに事業計画の変更を行い、津波防災住宅等建設区の区域等の変更を行う必要がある。

2　津波からの避難に資する建築物の容積率の特例（第15条）

（1）概要

　本特例は、津波防災地域づくりを推進する観点から、推進計画区域内（警戒区域である区域に限る。）において、津波からの避難に資する一定の建築物（以下「津波避難建築物」という。）の防災上有効な備蓄倉庫、自家発電設備室等の部分について、特定行政庁（建築基準法（昭和25年法律第201号）第2条第35号に規定する特定行政庁をいう。）が交通上、安全上、防火上及び衛生上支障がないと認める範囲で、当該部分の床面積を容積率算定の基礎となる延べ面積から不算入とするとともに、その手続に際し、建築審査会（建築基準法第73条に規定する建築審査会をいう。）の同意を不要とすることにより、備蓄倉庫等の迅速な整備を推進することを目的としたものである。

2　津波からの避難に資する建築物の容積率の特例（第15条）

（2）運用の方針

　本特例の適用対象は、津波防災地域づくりを総合的に推進する観点から、以下の①及び②に掲げる基準に適合する建築物に設けられる防災上有効な備蓄倉庫、自家発電設備室等であり、公共施設（道路、上下水道等）への負荷の増大のない部分が対象となる。

① 当該建築物が津波に対して安全な構造のものとして津波防災地域づくりに関する法律施行規則（平成23年国土交通省令第99号）（以下「施行規則」という。）第31条で定める技術的基準に適合するものであること（法第56条第1項第1号）。

② 法第53条第2項に規定する基準水位以上の高さに避難上有効な屋上その他の場所が配置され、かつ、当該場所までの避難上有効な階段その他の経路があること（法第56条第1項第2号）。

　ここでいう「防災上有効」とは、津波災害が発生した際に防災上有効な機能が確保されるという趣旨であり、具体的には、基準水位以上に配置される

図4-2　津波避難建築物の容積率規制の緩和

特例の目的
津波避難建築物の整備を推進するため、建築基準法の特例として、容積率規制を緩和するもの

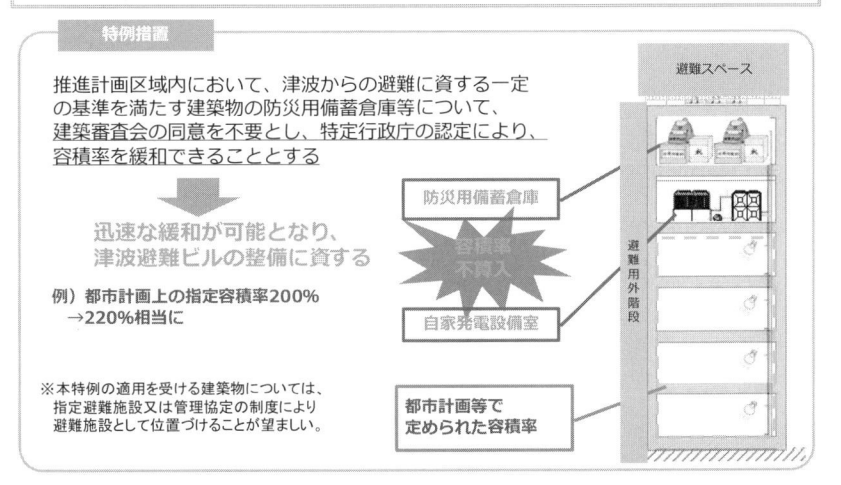

特例措置
推進計画区域内において、津波からの避難に資する一定の基準を満たす建築物の防災用備蓄倉庫等について、建築審査会の同意を不要とし、特定行政庁の認定により、容積率を緩和できることとする

迅速な緩和が可能となり、津波避難ビルの整備に資する

例）都市計画上の指定容積率200%
→220%相当に

※本特例の適用を受ける建築物については、指定避難施設又は管理協定の制度により避難施設として位置づけることが望ましい。

防災用備蓄倉庫
自家発電設備室
容積率不算入
都市計画等で定められた容積率
避難スペース
避難用外階段

（国土交通省資料）

第4章　推進計画区域における特別の措置

こと又は密閉性の高い地下室に設けること等が考えられる。また、災害時に避難スペース等となるが、通常時において体育館や集会場等の用途に供する等、居住、執務、作業、集会、娯楽等の目的のために継続的に使用される部分である場合、公共施設に対する負荷の増大がないとはいえず、本特例の対象とはならない。

　また、本特例に係る特定行政庁の認定は、行政不服審査法上異議申立の対象として整理されている。

3　集団移転促進事業に関する特例（第16条）

　推進計画区域内に存する防災のための集団移転促進事業に係る国の財政上の特別措置等に関する法律（昭和47年法律第132号）第2条第1項に規定する移転促進区域に係るものであって、住民の生命、身体及び財産を津波による災害から保護することを目的とする集団移転促進事業について、都道府県は、一の市町村の区域を超える広域の見地からの調整を図る必要があることにより、市町村から集団移転促進事業計画を定めることが困難である旨の申出を受けた場合においては、例外的に都道府県が当該申出に係る集団移転促進事業計画を定めることができる。それに伴い、市町村が策定主体の場合にのみ必要な当該計画の策定に係る手続の不要化、市町村の意見聴取等の必要が生じるため、所要の読替規定を設けている。

　また、集団移転促進事業は、推進計画の記載事項として、推進計画区域内における津波防災地域づくりの実現手段の一つとして位置付けられており、推進計画全体の整合性を図る趣旨から、当該事業に係る集団移転促進事業計画は、推進計画の記載内容に適合しなければならないこととされている。

第5章 一団地の津波防災拠点市街地形成施設に関する都市計画

1 概要

東日本大震災の被災地域では、津波により、住宅施設や業務施設のみならず、学校・医療施設・官公庁施設といった公益的施設も甚大な被害を受けている地域が多く、地域の都市機能全体が失われる事態も生じたところである。

今後、上記のような事態が発生することを防止するためには、津波による災害の発生のおそれが著しく、かつ、当該災害を防止し、又は軽減する必要性が高いと認められる区域内の都市機能を津波が発生した場合においても維持するための拠点となる市街地の整備が喫緊の課題となっており、当該市街地の整備には高い公益性が認められる。

このため、当該市街地が有すべき諸機能に係る施設を一団の施設としてとらえ、一体的に整備するための枠組みが必要であることから、当該一団の施設を一団地の津波防災拠点市街地形成施設として都市施設の類型に追加し、これを都市計画に定めることができることとしたものである（図5-1）。

2 一団地の津波防災拠点市街地形成施設の都市計画の考え方

(1) 一団地の津波防災拠点市街地形成施設の基本的な考え方

一団地の津波防災拠点市街地形成施設は、津波による災害の発生のおそれが著しく、かつ、当該災害を防止し、又は軽減する必要性が高いと認められ

第5章　一団地の津波防災拠点市街地形成施設に関する都市計画

る区域（当該区域に隣接し、又は近接する区域を含む。）内の都市機能を津波が発生した場合においても維持するための拠点となる市街地の整備を図る観点から、当該市街地が有すべき諸機能に係る施設を一団の施設としてとらえて一体的に整備することを目的とするものであり、当該市街地が有すべき機能に応じて住宅施設、特定業務施設（法第２条第14項に規定する特定業務施設をいう。）又は公益的施設を組み合わせるとともに、これらと一体的に確保する必要のある公共施設とを併せたものとして構成される。

一団地の津波防災拠点市街地形成施設の都市計画決定に当たっては、津波発生時の都市機能維持の拠点として当該市街地がどのような機能（住宅・業務・公益）を有すべきかをあらかじめ明確にするとともに、当該機能が十分に確保されるよう、公共施設も含めた各施設の組み合わせ並びにこれら施設の配置及び規模において、適切な計画とすることが望ましい。

また、現に津波により甚大な被害を受けた地域をはじめとして、津波によ

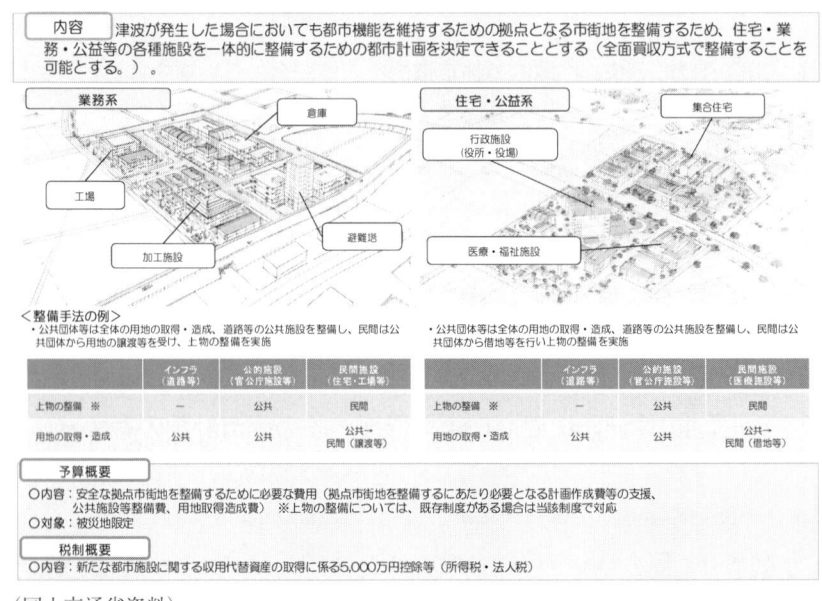

図５−１　津波防災拠点市街地の整備に関する制度

（国土交通省資料）

2　一団地の津波防災拠点市街地形成施設の都市計画の考え方

る浸水を受け得る土地の区域を含んで都市計画決定する場合には、住宅・業務・公益・公共の各施設の位置及び規模並びに建築物の高さ等の制限を都市計画に適切に定めることのみならず、必要に応じて、被害の防止・軽減のための措置をあわせて講じることにより、津波発生時の都市機能維持の拠点となる市街地としての機能を確保することも考えられる。

(2) 津波による災害の想定の考え方

　法第2条第14項の「津波による災害の発生のおそれが著しく、かつ、当該災害を防止し、又は軽減する必要性の高い区域」については、津波浸水想定をはじめ、地域の実情に応じて適切に条件設定された津波による浸水等に係る想定を根拠とすること等により、地域において適切に判断されることが望ましい。

(3) 一団地の津波防災拠点市街地形成施設の都市計画の効果と理由の明確化

　(1)のとおり、一団地の津波防災拠点市街地形成施設の都市計画決定に当たっては、これにより形成される市街地が有すべき機能をあらかじめ明確にすることが望ましく、このため、都市計画決定の際の理由書においては、その必要性や住宅・業務・公益の施設の組み合わせ等の妥当性について、わかりやすい記述が求められる。

(4) 被災復興時における対応

　一団地の津波防災拠点市街地形成施設に関する都市計画は、現に津波により甚大な被害を受けた地域における市街地の復興に当たって、将来の津波発生時の都市機能維持の拠点となる市街地として整備を図る場合に活用されることが想定されるが、このような場合には、被災時という特殊事情を踏まえ、被災者の生活再建に十分配慮しつつ、平常時とは異なる機動的な対応が求められる。具体的には、早期に都市計画決定する必要がある一方で、復興に当たって目指す市街地像の全体や詳細が明らかでないといった状況も想定され

るため、都市計画決定に当たって柔軟な対応をとることが望ましく、例えば、まずは早期の事業の実施が見込まれる区域を対象に都市計画決定し、その後の状況の進展に応じて、都市計画の変更を行い、区域を拡大することや、建築物の高さの制限等の都市計画において定める事項について、目指す市街地像が明らかとなる段階に応じて、都市計画の変更を行い、その必要な詳細化を図るといった方法等が考えられる。

3　一団地の津波防災拠点市街地形成施設の都市計画の取扱い

　一団地の津波防災拠点市街地形成施設の都市計画については以下により取り扱うことが望ましい。

(1) 一団地の津波防災拠点市街地形成施設の都市計画に定める区域（第17条第1項）

　一団地の津波防災拠点市街地形成施設を定め得る区域としては、津波による災害の発生のおそれが著しく、かつ、当該災害を防止し、又は軽減する必要性が高いと認められる区域（当該区域に隣接し、又は近接する区域を含む。）であって、次の二つの要件をいずれも満たすとともに、当該区域内の都市機能を津波が発生した場合においても維持するための拠点となる市街地を形成することが必要であると認められることが必要である。

① 当該区域内の都市機能を津波が発生した場合においても維持するための拠点として一体的に整備される自然的経済的社会的条件を備えていること。例えば、主として居住機能の維持のための拠点となる市街地については、津波による災害の防止・軽減のために講じる措置にもよるが、一般的には、比較的海沿いから離れた位置であること等が考えられる。

② 当該区域内の土地の大部分が建築物（津波による災害により建築物が損傷した場合における当該損傷した建築物を除く。）の敷地として利用されていないこと。

3 一団地の津波防災拠点市街地形成施設の都市計画の取扱い

（2）一団地の津波防災拠点市街地形成施設に関する都市計画に定める事項（第17条第2項）

一団地の津波防災拠点市街地形成施設に関する都市計画には、下記の事項を定めることとする。
① 住宅施設、特定業務施設又は公益的施設及び公共施設の位置及び規模
② 建築物の高さの最高限度若しくは最低限度、容積率の最高限度若しくは最低限度又は建ぺい率の最高限度

（3）一団地の津波防災拠点市街地形成施設の都市計画の策定基準（第17条第3項）

① 共通事項

一団地の津波防災拠点市街地形成施設に関する都市計画は、次に従って定めることが必要である。

イ 住宅施設、特定業務施設又は公益的施設及び公共施設の位置及び規模は、当該区域内の都市機能を津波が発生した場合においても維持するための拠点としての機能が確保されるよう、必要な位置に適切な規模で配置すること。

ロ 建築物の高さ、容積率及び建ぺい率の制限については、当該区域内の都市機能が津波が発生した場合においても維持することが可能となるよう定めること。

ハ 当該区域が、法第10条第1項に規定する推進計画の区域である場合には、推進計画に適合するよう定めること。

② 住宅施設

住宅施設については、拠点となる市街地において確保すべき居住機能に応じて、適切な規模とするとともに、良好な居住環境が確保されるように配置することが望ましい。

③ 公益的施設

公益的施設については、教育施設、医療施設、官公庁施設、購買施設、避難施設その他の施設で、居住者の共同の福祉又は利便のために必要なものを、居住者の有効な利用が確保されるように配置することが望ましい。

④　特定業務施設

特定業務施設については、事務所、事業所その他の業務施設で、当該区域の基幹的な産業の振興、当該区域内の地域における雇用機会の創出及び良好な市街地の形成に寄与するもののうち公益的施設以外のものを、当該特定業務施設について必要な業務の利便が確保されるように配置することが望ましい。

⑤　公共施設

公共施設については、道路、公園、下水道その他の施設で、②から④により配置される住宅施設、特定業務施設又は公益的施設と一体的に確保する必要のあるものを、これら施設によって形成される市街地が全体として拠点としての機能を十分に確保できるように配置することが望ましい。また、道路や公園等は避難路の機能や避難場所としての機能を有する施設となり得ることも踏まえ、当該区域の津波防災機能の向上が図られるよう適切な位置及び規模で配置することが望ましい。

4　配慮すべき事項

用途地域が定められている区域以外の区域において定める一団地の津波防災拠点市街地形成施設の区域に農用地が含まれるときは、農林漁業との健全な調和を図る観点から、市町村の都市計画担当部局と農林水産担当部局との間において十分に連絡調整を図ることが望ましい。

5　津波復興拠点整備事業

一団地の津波防災拠点市街地形成施設の枠組みを活用し、都市の津波からの防災性を高める拠点であるとともに、被災地の復興を先導する拠点となる市街地の形成を支援するための制度として、津波復興拠点整備事業が創設された。

津波復興拠点整備事業は、津波災害の被災度等に応じた以下の①又は②の採択要件を満たす市町村に限定されており、基本的には復興特区法第77条に規定する復興交付金事業計画の区域内で復興交付金事業として行われる事業に限られる。

① 浸水により被災した面積が概ね20ヘクタール以上であり、かつ、浸水により被災した建物の棟数が概ね1,000棟以上であること
② 国土交通大臣が①の要件と同等の被災規模であると認めるもの

6　東日本大震災復興特別区域法との関係について

一団地の津波防災拠点市街地形成施設の整備に関する事業は、復興特区法の復興整備計画及び復興交付金事業計画の対象となる事業であり、両計画制度をそれぞれ活用することで、都市計画の決定手続と農地や林地に係るゾーニングの変更手続とのワンストップでの処理、農地転用に係る基準緩和、復興交付金の活用等といった各種の措置を受けることが可能となる。

第6章 津波防護施設

1 津波防護施設

(1) 概要

　第3章2(4)で述べたとおり、津波防護施設は、津波そのものを海岸で防ぐことを目的とする海岸保全施設等を代替するものではなく、発生頻度が極めて低い最大クラスの津波が、海岸保全施設等を乗り越えて内陸に浸入するという場合に、その浸水の拡大を防止しようとするために内陸部に設ける施設である（図6－1）。

　具体的には、盛土構造物（津波による浸水を防止する機能を有するものに限る。）、護岸、胸壁及び閘門（海岸保全施設、港湾施設、漁港施設及び河川管理施設並びに保安施設事業に係る施設であるものを除く。）であって、法第8条第1項に規定する津波浸水想定を踏まえて津波による人的災害を防止し、又は軽減するために都道府県知事又は市町村長が管理するものをいう（図6－2）。

図6－1　津波防護施設の概要

津波防護施設
◆①盛土構造物・護岸・胸壁・閘門（海岸保全施設、港湾施設、漁港施設及び河川管理施設並びに保安施設事業に係る施設であるものを除く。）であって、 　②津波浸水想定を踏まえて津波による人的災害を防止・軽減するため都道府県知事又は市町村長が管理するもの ◆津波防護施設の新設・改良は、推進計画区域内において、推進計画に即して行うものとする。

（国土交通省資料改変）

第6章　津波防護施設

図6-2　津波防護施設のイメージ

津波防護施設のイメージ

「津波防護施設」とは、津波浸水想定を踏まえ津波による人的災害を防止し、又は軽減するために都道府県知事又は市町村長が管理する盛土構造物、閘門、護岸及び胸壁（海岸保全施設、港湾施設、漁港施設、河川管理施設、保安施設事業に係る施設であるものを除く。）をいう。

○既存道路盛土への閘門の設置　　○既存道路盛土への胸壁の設置

○兼用工作物としての盛土構造物（津波防護施設、道路）

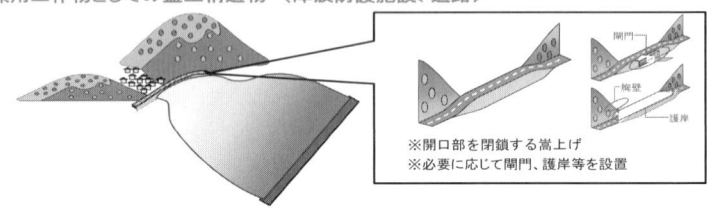

※開口部を閉鎖する嵩上げ
※必要に応じて閘門、護岸等を設置

（国土交通省資料）

　発生頻度が極めて低い津波に対応するものであるため、法第71条第1項の避難促進施設（第7章6（1）【参考】参照）や住家の立地状況等背後地の市街地の状況等を踏まえ、道路・鉄道等の施設を活用できる場合には、当該施設管理者の協力を得ながら、これらの施設を活用して延長の短い小規模盛土や閘門を設置するなど、効率的に整備し、一体的に管理していくことが適当である（図6-3）。

（2）津波防護施設管理者（第18条）

　津波防護施設は、広域的な効果が期待できるものであること、津波浸水想定を踏まえて整備・管理するものであることから、法第18条第1項により、その管理は、原則都道府県知事が行うこととしている。

　また、津波防護施設の管理は、当該津波防護施設の存する都道府県の知事が行うことが原則であるが、二以上の都府県にわたる場合においてその境界に係る部分については、関係都府県知事が相互に協議し、その管理方法を定め、合理的区分により統一的管理を行うことが適当であるため、法第20条第

1　津波防護施設

1項に境界に係る津波防護施設の管理の特例を設けている。

なお、小規模な津波防護施設については、地域づくりと一体で整備される場合等市町村長が管理することが適切な場合があることから、法第18条第2項により、都道府県知事が指定したものについては、市町村長が管理を行うこととしている。

（3）推進計画への位置付け

第3章2（4）で述べたとおり、津波防護施設は、ソフト施策との組み合わせによる津波防災地域づくり全体の将来的なあり方の中で、当該施設により浸水の拡大が防止される区域・整備効果等を十分に検討した上で、地域の選択として、市町村が定める推進計画に位置付け、整備する必要がある。

津波防護施設の整備に関する事項を推進計画に記載する場合には、津波浸水想定を踏まえた上で、法第71条第1項の避難促進施設や住家の立地状況等背後地の市街地の状況等を考慮して定めることとする。

なお、既存の道路や鉄道を津波防護施設との兼用工作物として推進計画に位置付けようとする場合には、津波防護施設管理者が案を作成する際に、あらかじめ当該道路や鉄道の管理者とも十分に協議を行うこととする。協議を実施するに当たっては、できる限り早い段階から協議を行い、道路や鉄道の整備の計画や管理等に支障をきたさないように配慮するものとする。

なお、東日本大震災の被災地域については、復興特区法第76条第1項により、推進計画に代えて、復興整備計画に津波防護施設の整備に関する事業を位置付け、当該復興整備計画に即して、復興交付金を活用して、津波防護施設の新設又は改良を行うことができる（第3章2（9）参照）。

（4）津波防護施設区域の指定（第21条）

津波防護施設は、地域における津波災害を防止し、又は軽減するために重要な機能を果たすものであるため、その保全に支障を及ぼすおそれがある行為を制限し施設を適切に管理するため、法第21条により、津波防護施設区域を指定するものとしている。

なお、当該施設に隣接する土地の区域については、権利を過度に制限することがないよう十分配慮し、施設の保全上必要な最小限度に限り津波防護施設区域に指定する。また、その際には、津波防護施設管理者と当該土地の所有者・管理者との間で、十分な調整を行うことが必要である。

(5) 津波防護施設区域の占用（第22条・第37条）

法第22条第1項の規定による津波防護施設区域内の土地（津波防護施設管理者以外の者がその権原に基づき管理する土地を除く。）の占用は、津波防護施設管理者の許可を受けなければならないが、津波防護施設の保全に著しい支障を及ぼすおそれがある場合には許可されない。

また、許可には、管理上必要があると認められる場合に条件を付することができる（法第37条）。

(6) 津波防護施設区域における行為の制限（第23条・第37条）

法第23条第1項各号に掲げる行為を許可するに当たっては、区域内の地形、地質及び掘削等の行為の態様を十分に考慮し、当該行為が津波防護施設の保全に支障を及ぼすおそれがないと認められる場合に限り許可するようにする必要がある。

また、許可には、管理上必要があると認められる場合に条件を付することができる。

なお、法第23条第1項第3号により定められる津波防災地域づくりに関する法律施行令（平成23年政令第426号）（以下「施行令」という。）第6条第1項の規定により津波防護施設管理者が指定する津波防護施設を損壊するおそれがある行為としては、例えば、土石、竹木等を堆積し、設置する行為等が想定されるが、津波防護施設が設置される地形、地質等の状況を踏まえて、必要な行為を指定することが望ましい。

なお、ある行為が法第22条の占用及び第23条の制限に係る行為の両方に該当する場合は、法第22条及び第23条の許可をそれぞれ受ける必要がある。

1　津波防護施設

（7）技術上の基準（第29条）

　津波防護施設の技術上の基準については、都道府県（法第18条第2項の規定により市町村長が津波防護施設を管理する場合にあっては、当該市町村長が統括する市町村）において、施行規則第18条で定める技術上の基準を参酌するとともに、「津波防護施設の技術上の基準について」（平成24年3月28日国水海第76号）（参考資料2（5）参照）による技術的な助言に十分留意して、津波防護施設の形状、構造及び位置についての技術上の基準を条例で定めることとしている。

（8）兼用工作物の協議（第30条）

　津波防護施設は、発生頻度が極めて低い津波に対応するものであるため、後背地の状況等を踏まえ、道路・鉄道等の施設を活用できる場合には、当該施設管理者の協力を得ながら、これらの施設を活用して小規模盛土や閘門を設置するなど効率的に整備し、一体的に管理していくことが適当である。

　津波防護施設としての機能が発揮されるかどうかについては、津波防護施設管理者の所掌であり、道路や鉄道等の施設管理者に責任が及ぶものではないが、道路や鉄道等の他の既存施設を津波防護施設との兼用工作物とする場合には、法第30条第1項により、管理方法等に関して協議して定めることとしており、協議に際しては、可能な限り早期の段階から他の施設等の管理者と調整を行うとともに、他の施設等が有する本来の目的を阻害しないよう調整を行うといった点に配慮するものとする。

　また、津波防護施設が発生頻度の極めて低い最大クラスの津波に対してその効果を発現する施設であることに鑑み、できる限り効率的に施設の管理を行うものとする。

（9）津波防護施設台帳（第36条）

　津波防護施設台帳の調製及び記載事項等は、施行規則第20条に規定するところであるが、当該津波防護施設台帳は、津波防護施設及び津波防護施設区域を把握する唯一のものであり、津波防護施設の保全及び国民の権利に重大

第6章　津波防護施設

図6－3　津波防護施設の管理等

(1) 津波防護施設管理者 ─ 都道府県知事
又は
市町村長（市町村長が管理することが適当であると認め、都道府県知事が指定した津波防護施設）

(2) 津波防護施設の位置づけ
・津波防護施設は、発生頻度が極めて低い最大クラスの津波（L2津波）が、海岸保全施設等を乗り越えて内陸に浸入する場合に、浸水拡大を防止するための施設。
・ソフト施策との組み合わせによる津波防災地域づくり全体の将来的なあり方の中で、当該施設により浸水拡大が防止される区域・整備効果等を十分に検討の上、推進計画に位置づけ整備。
　※「東日本大震災復興特別区域法」の復興整備計画に位置づけることでも整備可能（推進計画への位置づけ不要）。
・発生頻度が極めて低い津波に対応するものであるため、後背地の状況等を踏まえ、道路・鉄道等の施設を活用できる場合に、これらを活用して小規模盛土や閘門を設置するなど効率的に整備し一体的に管理することが適当。

(3) 津波防護施設区域の指定
・津波防護施設の敷地である土地
・必要に応じ、隣接する土地の区域で施設の保全上必要な最小限度のもの

(4) 許可を要する行為
1. 津波防護施設区域の占用
2. 津波防護施設区域における行為の制限
　・津波防護施設以外の施設又は工作物の新築又は改築
　・土地の掘削、盛土又は切土　　　　　等

(5) 技術上の基準
・地形、地質、地盤の変動等を考慮し、自重、水圧及び波力並びに地震の発生、漂流物の衝突等による振動・衝撃に対して安全な構造（L2津波による浸水拡大を防止）
　※詳細は津波防災地域づくりに係る技術検討報告書を参照（http://www.mlit.go.jp/river/shinngikai_blog/tsunamibousaitiiki/index.html）

(6) 工事の施行
　・兼用工作物（道路・鉄道等との兼用）の工事等の協議　・工事原因者の工事の施行等　・附帯工事の施行

（国土交通省資料改変）

な関係があるので、その正確を期するとともに、速やかに調製する必要がある。

2　指定津波防護施設

(1) 概要

　指定津波防護施設とは、推進計画区域内の浸水想定区域において、津波による人的災害を防止し、又は軽減するために有用であると認める施設（海岸保全施設、港湾施設、漁港施設、河川管理施設、保安施設事業に係る施設及び津波防護施設であるものを除く。）について、法第50条第1項に基づき都道府県知事が指定するものである。あくまで、当該施設により浸水範囲・浸水深が減少するなど、有用と認められる場合に指定が可能なものであり、津

2　指定津波防護施設

図6－4　指定津波防護施設の概要

指定津波防護施設
◆都道府県知事が、浸水想定区域内に存する津波災害を防止・軽減するため有用な施設(海岸保全施設、港湾施設、漁港施設及び河川管理施設並びに保安施設事業に係る施設であるものを除く。)を指定。 ◆当該施設の所有者の同意が必要。
○浸水想定区域(推進計画区域内のものに限る)内に存する施設が対象。 　※「東日本大震災復興特別区域法」の復興整備計画の計画区域を推進計画区域とみなすことが可。 ○当該施設の有無により浸水範囲・浸水深が減少するなど、有用と認められる場合に指定可能(津波防護施設と同様の機能までは求めない)。 ○施設管理者による届出が必要な行為 　・当該施設の敷地である土地の区域における土地の掘削・盛土・切土その他土地の形状の変更行為 　・当該施設の改築又は除却

(国土交通省資料改変)

波防護施設と同等の機能は求められていない（図6－4）。

なお、東日本大震災の被災地については、復興特区法第76条第2項により、一定の復興整備計画の区域を推進計画区域とみなして、本措置を適用することができる。

（2）指定津波防護施設の指定の考え方

推進計画区域内の道路・鉄道等の施設を指定津波防護施設として指定するに当たっては、津波浸水想定を踏まえ、当該施設の有無により浸水範囲、浸水深等に有意な差があり、当該施設が浸水拡大の防止に有用であると認められる場合に、避難促進施設（第7章6（1）参照）や住家の立地状況等背後地の市街地の状況等を考慮し、当該施設の所有者の同意を得て指定するものである。

指定に当たり指定津波防護施設の形状等を確認する際は、法第29条及び施行規則第18条に定める津波防護施設の技術上の基準並びに「津波防護施設の技術上の基準について」(参考資料2（5）参照)を目安として参照することが適当である。

（3）指定津波防護施設の標識（第51条）

指定津波防護施設の指定を受けた施設は、法第51条第1項により、施行規則第24条で定める基準を参酌して都道府県の条例で定めるところにより、標識を設けなければならないこととされている。

67

第6章　津波防護施設

　なお、道路、鉄道が指定津波防護施設に指定されたものの、交通安全上、盛土上の道路、鉄道の敷地内に避難すると危険な場合には、その旨を記載することが望ましい。

（4）指定津波防護施設に係る届出（第52条）

　法第52条により、指定津波防護施設の敷地である土地の区域において土地の掘削等や施設の改築等の一定の行為をしようとする者は、都道府県知事に届け出なければならないこととされている。

　当該届出を要しない通常の管理行為、軽易な行為等として施行令第17条で定める指定津波防護施設の維持管理のためにする行為には、指定津波防護施設の修繕、電線、水道管等の埋設、信号、防風壁等の設置等のために行うものが該当する。

　なお、都道府県知事は、届出があった場合に、当該指定津波防護施設が有する津波による人的災害を防止し、又は軽減する機能の保全のため必要があると認めるときは、法第52条第3項に基づき必要な助言又は勧告をすることができるが、当該助言又は勧告の内容は、届出をした者が通常行っている管理行為の範囲内で対応できるものであることが望ましい。また、当該助言又は勧告に対し、届出をした者による対応が困難である場合は、津波防護の観点から代替的な対応の要否について十分に検討することが望ましい。

　さらに、指定津波防護施設の管理者から同条に基づく届出に先立って事前に相談があった場合には、都道府県知事は必要な助言を行うことが望ましい。

第7章　津波災害警戒区域

1　概要

　法第53条第1項により、都道府県知事が、基本指針の「第四　警戒区域及び特別警戒区域の指定について指針となるべき事項」に基づき、かつ、津波浸水想定を踏まえ、津波が発生した場合には住民等の生命又は身体に危害が生ずるおそれがあると認められる土地の区域で、当該区域における津波による人的被害を防止するために警戒避難体制を特に整備すべき土地の区域を、警戒区域として指定することができることとした。

　具体的には、警戒区域は、最大クラスの津波が悪条件下で発生した場合の当該区域の危険度・安全度を津波浸水想定や法第53条第2項に規定する基準水位により住民等に「知らせ」、いざというときに津波から住民等が円滑かつ迅速に逃げることができるよう、予報又は警報の発令及び伝達、津波避難訓練の実施、避難施設等の避難場所や避難経路の確保、津波ハザードマップの作成、避難確保計画（法第71条の避難確保計画をいう。以下同じ。）の作成等の警戒避難体制の整備を行う区域である（図7-1）。

第7章 津波災害警戒区域

図7-1 津波災害警戒区域の概要

◆津波が発生した場合に、住民等の生命・身体に危害が生ずるおそれがある区域で、津波災害を防止するために警戒避難体制を特に整備すべき区域
◆指定する区域の範囲は、津波浸水想定に定める浸水の区域を基本とするが、周囲の地形、土地利用状況等を考慮し、隣接する区域も含めて検討。
◆また、指定に当たっては、基準水位(津波浸水想定に定める水深に係る水位に建築物等への衝突による津波の水位の上昇を考慮して必要と認められる値を加えて定める水位)も併せて公表
◆指定に当たっては、関係市町村への意見聴取等が必要

＜基準水位＞
○津波浸水想定を設定するための津波浸水シミュレーションで、想定される津波のせき上げ高を算出
○原則として地盤面からの高さで表示
○津波の発生時における避難並びに特定開発行為及び特定建築行為の制限の基準となる

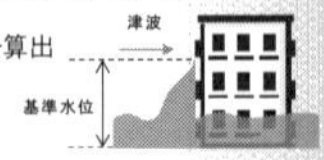

※詳細は津波防災地域づくりに係る技術検討報告書を参照(http://www.mlit.go.jp/river/shinngikai_blog/tsunamibousaitiki/index.html)

(1)市町村地域防災計画の拡充
　①津波に関する予報又は警報の発令及び伝達　②避難場所・避難経路
　③市町村長が行う津波避難訓練の実施　④地下街等・防災上の配慮を要する者の利用施設の名称・所在地
　※水防法により、水防団・消防機関・水防協力団体は、③の訓練への参加を義務づけ

(2)市町村による津波ハザードマップの作成・周知
　・市町村の長は、市町村地域防災計画に基づき、①津波に関する情報の伝達方法、②避難場所・避難経路等、住民等の円滑な警戒避難確保に必要な事項を記載した津波ハザードマップを作成・周知。

(3)避難施設
　①指定避難施設
　　・市町村長が施設管理者の同意を得て避難施設に指定。
　　・施設管理者が重要な変更を加えようとするときに市町村長へ届出。
　　(指定基準)
　　・津波に対して安全な構造のものとして省令に定める技術的基準に適合。
　　・基準水位以上の高さに避難上有効な屋上その他の場所が配置されること　等
　②管理協定による避難施設
　　・市町村と施設所有者等又は施設所有者となろうとする者(デベロッパー等との一人協定)が管理協定を締結し、市町村が自ら当該施設の避難の用に供する部分を管理。
　　・協定公告後の所有者等にも効力が及ぶ(承継効)。

(4)避難促進施設(地下施設・避難困難者利用施設であって、市町村地域防災計画に定められたもの)に係る避難確保計画
　・避難促進施設の所有者・管理者は、避難訓練等、施設利用者のため避難確保計画を作成。
　・避難促進施設における避難訓練の実施、市町村への結果報告。

[避難促進施設(避難困難者利用施設)]
・老人福祉施設(老人介護支援センターを除く。)、有料老人ホーム、認知症対応型老人共同生活援助事業の用に供する施設、身体障害者社会参加支援施設、障害者支援施設、地域活動支援センター、福祉ホーム、障害者福祉サービス事業(生活介護、児童デイサービス、短期入所、自立訓練、就労移行支援、就労継続支援又は共同生活援助を行う事業に限る。)の用に供する施設、保護施設(医療保護施設及び宿所提供施設を除く。)、児童福祉施設(母子生活支援施設及び児童遊園を除く。)、児童自立生活援助事業の用に供する施設、放課後児童健全育成事業の用に供する施設、子育て短期支援事業の用に供する施設、児童相談所、母子健康センターその他これらに類する施設
・幼稚園、小学校、中学校、高等学校、中等教育学校、特別支援学校、高等専門学校又は専修学校(高等課程を置くものに限る。)
・病院、診療所及び助産所

(国土交通省資料改変)

2　警戒区域（第53条）

(1) 警戒区域の指定

　警戒区域は、最大クラスの津波に対応して、①法第54条に基づく津波に関する予報又は警報の発令及び伝達、避難場所や避難経路、津波避難訓練の実施等の事項を定める市町村地域防災計画の拡充、②法第55条に基づく津波ハ

ザードマップの作成の義務化、③法第56条第１項、第60条第１項及び第61条第１項に基づく指定及び管理協定による避難施設の確保、④法第71条に基づく主として防災上の配慮を要する者等が利用する施設に係る避難確保計画の作成等の警戒避難体制の整備を行うことにより、住民等が平常時には通常の日常生活や経済社会活動を営みつつ、いざというときには津波から「逃げる」ことができるように、法第53条第１項に基づき、都道府県知事が指定する区域である。

　このような警戒区域の指定は、都道府県知事が、津波浸水想定を踏まえ、基礎調査の結果を勘案し、津波が来襲した場合には住民等の生命又は身体に危害が生ずるおそれがあると認められる土地の区域で、当該区域における人的災害を防止するために上記警戒避難体制を特に整備すべき土地の区域について行うことができるものである。

　警戒区域の指定に当たっては、浸水想定区域を基本として検討するが、地域の津波への警戒体制の確立のため、周辺の地形、土地利用状況等を考慮し、隣接する区域もその対象に含めて検討することが適当である。また、区域の指定は、推進計画に定められたハード施策等との整合性に十分に配慮して行う必要がある。

　また、警戒区域の指定に当たっては、法第53条第３項に基づき、警戒避難体制の整備を行う関係市町村の長の意見を聴くこととされているが、警戒避難体制の整備に関連する防災、建築・土木、福祉・医療、教育等の関係部局、具体の施策を実施する市町村、関係者が緊密な連携を図って連絡調整等を行うとともに、指定後においても継続的な意思疎通を図っていくことが必要である。

（２）基準水位

　警戒区域の指定に当たっては、法第53条第４項により、当該指定の区域のほか、同条第２項に規定する基準水位を公示することとしている。この基準水位が、５（２）の指定避難施設及び５（３）の管理協定が締結された避難施設の避難場所の高さの基準となるとともに、特別警戒区域における法第73

第7章　津波災害警戒区域

条第1項の特定開発行為及び法第82条の特定建築行為の制限の基準となるものである。

　基準水位は、津波浸水想定に定める水深に係る水位に建築物等への衝突による津波の水位の上昇を考慮して必要と認められる値を加えて定める水位であり、この水位上昇の現象は、来襲した津波が建築物等に衝突する時点で有しているエネルギーの大きさによるものであることから、津波浸水シミュレーションを活用してこれを算定することとする。

〇基準水位の算定方法について（津波防災地域づくりに係る技術検討報告書（平成24年1月27日）より）

　建築物等への衝突による津波の水位の上昇は、その地点で津波が有するエネルギーの大きさに起因すると考えられ、運動エネルギーを含む全エネルギーが全て位置エネルギーに転換したときに最大となる。

　このため、都道府県知事が津波浸水想定を設定するための津波浸水シミュレーションを実施する際、最大浸水深の算定と同時に、基準水位に相当する比エネルギー（地盤面を基準面に、運動エネルギー等を含む津波の有する全エネルギーを水位に換算したもの）の最大値を計算格子ごとに予め算定しておき、警戒区域の指定時にこの平面分布を、原則として地盤面からの高さで公示することとしている。

　具体的には、式7-1のように、時々刻々変化する浸水深 h_b とフルード数 F_r から津波が有する比エネルギー E_b の時系列を求め、その最大となる時点のものを基準水位 h_{fmax} とすることができる。

$$h_{fmax} = \max[E_b] = \max\left[h_b + \frac{v_b^2}{2g}\right] = \max\left[h_b\left(1 + \frac{F_r^2}{2}\right)\right] \qquad (式7-1)$$

　式7-1については、東北地方太平洋沖地震による津波の建築物等における痕跡高との比較等により、十分な再現性や適用性を有しているとの評価結果を得ているが、

- 津波のエネルギーが集中するような形状や配置の建築物等においては、実際の水位より小さくなる場合があること

- 建築物等への衝突による津波のスプラッシュ（水しぶき）は表現していないこと
- E_b が最大となる時点の F_r を適用することを基本とするが、津波の最先端部のように瞬間的又は局所的に大きい時点の F_r を適用しないことに留意する必要がある。

なお、今後の技術開発の進展により、津波の現象をより精緻に予測できるようになった場合には、シミュレーションに要する時間や費用等を考慮しつつ、計算モデル等を必要に応じて見直していくこととしている。

（3）警戒区域指定後の対応

警戒区域を指定するときは、法第53条第4項によりその旨や指定の区域及び基準水位を公示し、同条第5項により関係市町村長に当該公示された事項を記載した図書を送付することとととしている。また、公示された事項については、法第55条に基づく津波ハザードマップに記載するなど様々なツールを活用して住民等に対する周知に万全を期するよう努めるものとする。

また、地震等の影響により地形的条件が変化したり、新たに海岸保全施設や津波防護施設等が整備されたりすること等により、津波浸水想定が見直された場合等、警戒区域又は特別警戒区域の見直しが必要となったときには、上記の指定の際と同様の考え方により、これらの状況の変化に合わせた対応を図ることが望ましい。

なお、警戒区域の指定の変更又は解除については、法第53条第6項により、新たに指定する場合と同様の手続きを行うこととなる。

3 市町村地域防災計画に定めるべき事項等（第54条・第57条・第66条）

市町村防災会議（市町村防災会議を設置しない市町村にあっては、当該市町村の長）は、これまでも、災害対策基本法第42条に基づき、「地域防災計画における津波対策強化の手引き」（平成10年3月）等を参考にしつつ、市町村地域防災計画における津波防災対策を作成してきているが、これを拡充

し、警戒区域の指定があったときは、法第54条により、災害対策基本法の特則として、市町村地域防災計画において、当該警戒区域ごとに、津波による人的災害を防止するために必要な警戒避難体制に関する事項を定めるものとしている。また、法第69条により、市町村防災会議の協議会が設置されているときは、当該協議会が市町村相互間地域防災計画に定めることとなる。

市町村地域防災計画又は市町村相互間地域防災計画（以下「市町村地域防災計画等」という。）に定めるべき事項は、以下のとおりである。

第一に、津波に関する情報の収集及び伝達並びに予報又は警報の発令及び伝達に関する事項である。津波が発生した時点では、実際にどのような規模や速さの津波が来襲するか分からないことから、一般に、津波の来襲を目視できてから避難を始めることは極めて危険である。東日本大震災においても、海岸部に津波の様子を確認しに行った方や、水門、樋門等のゲートの操作に当たった操作員の被災事例が多数報告されている。このため、津波による人的災害を防止するため、円滑かつ迅速な避難のきっかけともなる当該事項を定めるに当たっては、昼間及び夜間における予報・警報の伝達に用いる具体的な手段を定めることが適当であるほか、被災時には防災無線は使えなくなる恐れがあることに留意する必要がある。

第二に、避難施設その他の避難場所及び避難路その他の避難経路に関する事項である。当該事項を定めるに当たっては、高台にある広場・公園や避難施設等の避難場所と当該避難場所までの避難経路の名称や所在地を定めることが適当である。また、指定避難施設が指定されたとき及び管理協定が締結されたときは、法第57条及び第66条により、当該事項として、当該指定避難施設及び当該管理協定に係る避難施設に関する事項を定めることとしている。なお、法第57条により指定避難施設に関する事項を定める場合には、併せて当該指定避難施設の管理者に対する津波に関する情報、予報及び警報の伝達方法を定めることとしている。

第三に、災害対策基本法第48条第１項の防災訓練として市町村長が行う津波避難訓練（以下「津波避難訓練」という。）の実施に関する事項である。当該事項を定めるに当たっては、津波避難訓練の具体的な実施内容やその実

3　市町村地域防災計画に定めるべき事項等（第54条・第57条・第66条）

施時期を定めることが適当である。なお、指定避難施設の管理者は、法第70条により、津波避難訓練に協力しなければならないとされている。

また、津波避難訓練は、地理的条件、時間帯等様々な条件を考慮し、かつ、津波浸水想定を設定するための津波浸水シミュレーションで算定できる津波が沿岸に到達するまでの時間等を踏まえ、具体的かつ実践的な訓練を行うとともに、高齢者等の災害時要援護者に十分に配慮するよう努める必要がある。

なお、水防法（昭和24年法律第193号）第32条の3により、警戒区域に係る水防団、消防機関及び水防協力団体は、この津波避難訓練が行われるときは、これに参加しなければならないこととされているため、市町村長は、これらの者に津波避難訓練の実施について連絡するとともに、その役割分担等について協議する必要がある。

第四に、警戒区域内の、地下街等（地下街その他地下に設けられた不特定かつ多数の者が利用する施設をいう。以下同じ。）又は社会福祉施設、学校、医療施設その他の主として防災上の配慮を要する者が利用する施設であって、津波が来襲するまでに当該施設の利用者の円滑かつ迅速な避難を確保する必要があると認められるものの施設の名称及び所在地である。当該地下街等又は主として防災上の配慮を要する者が利用する施設については、法第54条第2項により、津波による人的災害を防止するため、円滑かつ迅速な避難の確保が図られるよう、津波に関する情報、予報又は警報の発令及び伝達に関する事項を定める必要がある。

なお、法第71条により、市町村地域防災計画等に定められたこれらの施設の所有者又は管理者は、避難確保計画の作成等が義務付けられる。

第五に、第一から第四までの事項のほか、警戒区域における津波による人的災害を防止するために必要な警戒避難体制に関する事項であり、避難誘導体制等について定めることが望ましい。

なお、上記の警戒避難体制については、より一層の津波防災への安全性を確保するため、地形的状況や町丁目界等を参考に警戒区域の周辺地域もその対象に含めて検討することが望ましい。また、高齢者等防災上の配慮を要する者への配慮や住民等の自主的な防災活動の育成強化に十分配意するととも

に、津波避難訓練の結果や住民等の意見を踏まえ、適宜適切に実践的なものとなるよう市町村地域防災計画等を見直していくことが望ましい。

4　住民等に対する周知のための措置（津波ハザードマップの作成）（第55条）

　津波ハザードマップについては、地震防災対策特別措置法（平成7年法律第111号）第14条第2項に努力義務として規定されていることから、これまでも、「津波・高潮ハザードマップマニュアル」（平成16年3月）等を参考にしつつ、一部の市町村において、その作成・周知を進めてきているところだが、警戒区域の指定があった場合には、その区域を含む市町村の長は、法第55条により、市町村地域防災計画等に基づき、①人的被害を生ずるおそれがある津波に関する情報の伝達方法、②避難施設その他の避難場所及び避難路その他の避難経路に関する事項その他警戒区域における円滑な警戒避難を確保する上で必要な事項を住民等に周知するため、これらの事項を記載した印刷物の配布その他の必要な措置を講じなければならないこととしている。これは、津波ハザードマップの作成について規定したものであり、これまで未作成の市町村において作成することはもちろんであるほか、作成済みの市町村においても、本規定や新たに設定する津波浸水想定に照らして見直しの必要があるか検証する必要がある。

　津波ハザードマップについては、施行規則第30条により、警戒区域及び当該区域における基準水位を表示した図面に法第55条に規定する上記①、②等の事項を記載したものを、印刷物の配布その他の適切な方法により、各世帯に提供すること、当該図面に表示した事項及び記載した事項に係る情報を、インターネットの利用その他の適切な方法により、住民等がその提供を受けることができる状態に置くものとしている。

　また、その作成・周知に当たっては、防災教育の充実の観点から、ワークショップの活用等住民等の協力を得て作成し、説明会の開催、津波避難訓練での活用等により周知を図る等、住民等の理解と関心を深める工夫を行うことが望ましい。また、津波浸水想定や市町村地域防災計画等が見直された場

合等津波ハザードマップの見直しが必要となったときは、できるだけ速やかに改訂することが適当である。併せて、市町村地域防災計画等についても、必要な事項は平時から住民等への周知を図るよう努めるものとする。

なお、水防法第15条第4項により、警戒区域をその区域に含む市町村において同項に基づく洪水ハザードマップを作成する場合には、一覧性の観点から、津波ハザードマップに記載する事項を併せて記載することとしていることに留意する必要がある。

5 避難施設

(1) 概要

高台までの避難に相当の時間を要する平野部や背後に避難に適さない急峻な地形が迫る集落等では、津波からの避難場所を確保することが容易ではない。また、津波発生から沿岸に津波が到達するまでの時間的余裕が極めて少なく、避難のための十分な時間を確保できない地域も少なくない。

こうした課題に対する現実的な対応策の一つとして、これまでも、一部の地域において、「津波避難ビル等に係るガイドライン」（平成17年6月）を参考にしつつ、緊急的・一時的な避難施設の確保を任意に行ってきたところだが、今般、新たに法律上の位置付けや基準等が明確化された。

具体的には、警戒区域の指定があった場合には、その区域内において、法第56条第1項により、津波に対して安全な構造で基準水位以上に避難場所が配置されている等の一定の基準に適合する施設を、市町村長が当該施設の管理者の同意を得て、指定避難施設として指定することができることとしている。また、法第58条により、施設管理者が施設の現状に重要な変更を加えようとするときは市町村長への届出を要することとなる。

法第60条第1項又は第61条第1項の管理協定が締結された避難施設については、市町村と上記の基準に適合する施設の施設所有者等とが管理協定を締結することにより、市町村が自ら当該施設の避難の用に供する部分の管理を行うことができる。これらの避難施設は、津波浸水想定や土地利用の現況等

地域の状況に応じて、住民等の円滑かつ迅速な避難が確保されるよう、その配置、施設までの避難経路・避難手段等に留意して設定することが適当である。また、津波避難訓練においてこれらの避難施設を使用するなどして、いざというときに住民等が円滑かつ迅速に避難できることを確認しておく必要がある。

（2）指定避難施設（第56条～第59条・第70条）

市町村長は、法第56条により、警戒区域において津波の発生時における円滑かつ迅速な避難の確保を図るため、警戒区域内に存する施設（当該市町村が管理する施設を除く。）であって、以下の基準に適合するものを、当該施設の管理者の同意を得て指定避難施設として指定することができる。

① 当該施設が津波に対して安全な構造のものとして施行規則第31条に定める技術的基準に適合するものであること（（4）参照）。
② 基準水位以上の高さに避難上有効な屋上その他の場所が配置され、かつ、当該場所までの避難上有効な階段その他の経路があること。
③ 当該施設の管理方法について、津波の発生時において当該施設が住民等に開放されることや「指定避難施設の管理及び協定避難施設の管理協定に関する命令」（平成23年内閣府令・国土交通省令第8号）第1条で定める基準（避難上有効な屋上その他の場所及び当該場所までの避難上有効な階段その他の経路について、物品の設置又は地震による落下、転倒若しくは移動により避難上の支障を生じさせないこと）に適合するものであること。

また、指定に当たっては、避難上有効な屋上その他の場所及び当該場所までの避難上有効な階段その他の経路について、階数、部屋番号等によりそれぞれの位置や面積等を明確にしておく必要があるとともに、図面等により確認できるようにしておくことが適当である。

さらに、法第56条第3項により、建築主事を置かない市町村の市町村長が指定をしようとするときは、あらかじめ、都道府県知事と協議しなければならないこととしている。協議を受けた都道府県知事においては、主として①

5　避難施設

の基準に適合しているか確認することとなる。

　法第70条により、指定避難施設の管理者は、津波避難訓練が行われるときは、これに協力しなければならないこととされており、その際、市町村は、住民等が円滑かつ迅速に避難できることを確認しておく必要がある。また、法第57条後段により、市町村地域防災計画等において、当該指定避難施設の管理者に対する津波に関する情報、予報及び警報の伝達方法を定めることとしている。

　また、指定避難施設が津波発生時にその役割を果たすことができるためには、当該施設の管理者の協力が不可欠であり、指定後も施設の管理者が引き続き管理すること、施設の管理者は津波避難訓練に協力する義務があること、法第58条により、施行令第18条に定める改築又は増築による施設の構造耐力上主要な部分の変更、避難場所として市町村長が指定するものの総面積の1/10以上の面積の増減を伴う変更及び避難経路として市町村長が指定するものの廃止といった施設の現状に重要な変更を加えようとする場合に、届け出なければならないこと等から、指定の前に、制度について管理者に十分に説明した上で、管理者と平時及び津波発生時における施設の管理方法について十分な協議・調整を行うとともに、指定後は日頃より緊密な意思疎通を図ることが重要である。

　なお、法第15条の容積率の特例の適用を受ける建築物については、本指定避難施設又は（3）の管理協定の制度により避難施設として位置付けることが望ましい。

　また、法第59条により、市町村長は、当該指定避難施設が廃止され、又は施設の基準に適合しなくなったと認めるときは、指定を取り消すものとしている。

（3）管理協定が締結された避難施設（第60条～第68条）

　市町村は、法第60条により、警戒区域において津波の発生時における円滑かつ迅速な避難の確保を図るため、警戒区域内に存する施設（当該市町村が管理する施設を除く。）であって、施設の基準に適合するものについて、そ

の避難用部分(津波の発生時における避難の用に供する部分)を自ら管理する必要があると認めるときは、施設所有者等(当該施設の所有者、その敷地である土地の所有者又は当該土地の使用及び収益を目的とする権利を有する者をいう。以下同じ。)との間において、管理協定を締結して当該施設の避難用部分の管理を行うことができることとしている。

また、市町村は、法第61条により、警戒区域内において建設が予定されている施設又は建設中の施設であって、施設の基準に適合する見込みのもの(当該市町村が管理する施設を除く。)について、上記と同様に、施設所有者となろうとする者(当該施設の敷地である土地の所有者又は当該土地の使用及び収益を目的とする権利を有する者を含む。以下「予定施設所有者等」という。)との間において、管理協定を締結して建設後の当該施設の避難用部分の管理を行うことができることとしている。このため、区分所有権が設定されるマンション等について、完成後に管理協定を締結する場合は区分所有権を有する者全員と管理協定を締結する必要があるが、マンションの販売前にデベロッパーとの間であらかじめ管理協定を締結しておけば、法第68条に規定する承継効により、管理協定の締結後に区分所有者となる者に対しても管理協定が適用されることとなる。

また、法第64条により、建築主事を置かない市町村が管理協定を締結しようとするときは、あらかじめ、都道府県知事と協議しなければならないこととしている。協議を受けた都道府県知事においては、主として以下の①に掲げる基準に適合しているかどうかについて確認することとなる。

施設の基準は、以下のとおりである。
① 当該施設が津波に対して安全な構造のものとして施行規則第31条に定める技術的基準に適合するものであること((4)参照)。
② 基準水位以上の高さに避難上有効な屋上その他の場所が配置され、かつ、当該場所までの避難上有効な階段その他の経路があること。

また、市町村は、施設所有者等の協力の下、津波避難訓練において管理協定が締結された避難施設を使用するなどして、住民等が円滑かつ迅速に避難できることを確認しておく必要がある。

なお、協定避難施設が津波発生時にその役割を果たすためには、施設所有者等の協力が不可欠であり、また、避難用部分を市町村が自ら管理すること、法第68条により、管理協定の公告後において施設所有者等又は予定施設所有者等となった者に対してもその効力が及ぶこと等から、協定締結の前に、制度についてこれらの者に十分に説明した上で、これらの者と平時及び津波発生時における施設の管理方法について十分な協議・調整を行うとともに、協定締結後も日頃より緊密な意思疎通を図ることが重要である。

管理協定に記載する必要がある事項は、以下のとおりである。

① 管理協定の目的となる避難用部分（以下「協定避難用部分」という。）

　当該事項を定めるに当たっては、協定避難用部分を明確にするよう避難場所の階数、部屋番号、面積等の事項を記載するとともに、図面等を添付することが適当である。

② 協定避難用部分の管理の方法に関する事項

　津波の発生時において協定避難用部分が住民等に開放されること、協定避難用部分について物品の設置等により避難上の支障を生じさせないことその他津波の発生時において円滑かつ迅速な避難を確保するために必要な事項及び協定避難用部分の維持修繕その他協定避難用部分の適切な管理に必要な事項を定めなければならないこととしている。また、市町村が協定避難用部分を自ら管理するものであることに十分留意する必要がある。

③ 管理協定の有効期間

　管理協定の有効期間は5年以上20年以下とするものとする。なお、避難施設の重要性に鑑みれば、できるだけ有効期間は長期となるよう設定することが適当である。また、法第67条の規定により管理協定の延長も可能である。

④ 管理協定に違反した場合の措置

　例えば、協定の有効期間中に施設所有者等が正当な事由がなく協定避難用部分の返還を申し出た場合、管理協定に基づく市町村の管理行為を妨害する場合等の違反行為に対し、管理協定に定められた義務の履行の

請求を定めること等が考えられる。
　さらに、法第65条により、市町村は、管理協定を締結したときは、その旨を公告し、管理協定の写しを公衆の縦覧に供するとともに、協定避難施設等の見やすい場所に、協定避難施設である旨等を明示し、かつ、協定避難用部分の位置を明示しなければならない。
　なお、（2）で述べたとおり、法第15条の容積率の特例の適用を受ける建築物については、本管理協定又は（2）の指定避難施設の制度により避難施設として位置付けることが望ましい。

管理協定のひな形

津波防災地域づくりに関する法律に基づく協定避難施設に係る管理協定書の例

　施設所有者等〔又は予定施設所有者等〕○○（以下「甲」という。）と××市（以下「乙」という。）は、次のとおり協定を締結する。

（目的）
第1条　この協定は、津波防災地域づくりに関する法律に基づく協定避難施設について、津波の発生時における住民等の円滑かつ迅速な避難の確保が図られるよう、当該施設の避難用部分の管理の方法等について必要な事項を定めることを目的とする。

（定義）
第2条　この協定における用語の定義は、津波防災地域づくりに関する法律に規定する用語の定義によるものとする。

（信義誠実の義務）

第3条　甲及び乙は、信義を重んじ、誠実にこの協定を履行しなければならない。

(協定避難用部分)
第4条　協定避難用部分の内容は、次に掲げるとおりとする。
　一　協定避難施設の名称
　二　協定避難施設の所在地
　三　協定避難用部分の範囲(避難場所及び階段、廊下等の避難経路の位置)(別図参照)
　四　協定避難用部分の面積　　○○m²
　　　　内訳
　　　　　○階○○(○○m²)、屋上○○(○○m²)、避難経路○○(○○m²)

〔記載上の留意点〕
　協定避難施設に附属する誘導灯、誘導標識、自動解錠装置が設置されている場合には、その設置場所も記載することが望ましい。

(変更の協議)
第5条　甲は、対象施設の増改築等により、前条の内容に変更が生じる場合は、あらかじめ乙と協議するものとする。

(協定避難用部分の管理の方法)
第6条　協定避難用部分の管理の方法は、次に掲げるとおりとする。
　一　○○○○
　二　○○○○
　三　○○○○
　　　・・・・・

第7章　津波災害警戒区域

〔記載上の留意点〕
　本条については、協定避難施設が津波の発生時における住民等の避難施設として機能するために必要となる協定避難用部分の管理の方法について規定することとし、その内容として
- 津波の発生時において協定避難用部分が住民等に開放されるために必要なこと
- 協定避難用部分について物品の設置等により避難上の支障を生じさせないために必要なこと
- 協定避難用部分の維持修繕に関すること
- 乙が実施する津波避難訓練における協定避難用部分の利用のため必要なこと
- 津波の発生時における住民等の円滑かつ迅速な避難の確保に支障が生じない範囲内で認められる、平常時における甲の協定用避難用部分の利用に関すること
- 上記以外で津波の発生時において円滑かつ迅速な避難を確保するために必要なこと及び協定避難用部分の適切な管理に必要なこと

について、地域の実情等と踏まえつつ甲と乙との役割分担等について合意されたことをできるだけ具体的に記載することが望ましい。また、協定避難施設に附属する誘導灯、誘導標識、自動解錠装置が設置されている場合には、その管理の方法も記載することが望ましい。

（施設・備品の破損時等の対応）
第7条　協定避難用部分に住民等が避難した際に発生した施設の破損については、乙が復旧に係る費用を負担するものとする。

（協定の有効期間）
第8条　この協定の有効期間は、平成○○年○○月○○日から平成○○年○○月○○日までの○○年間とする。ただし、当該期間の満了の○ヶ月前ま

でに、甲及び乙のいずれからも協定の更新をしない旨の申出がなかった場合には、引き続き同一の条件で協定が更新されるものとする。

（協定に違反した場合の措置）
第9条　甲又は乙が本協定に定める事項に違反したときは、相当の期間を定めて本協定を適正に履行すべき旨を申し入れることができる。
2　前項の期間の経過にかかわらず、なお違反の状態が継続しているときは、本協定の適正な履行のために必要な措置を自ら講じ、又は本協定に違反した者に対する申し入れにより本協定を解除することができる。
3　前項に掲げる措置に要した費用は、協定に違反した者が負担するものとする。

（協議）
第10条　本協定について疑義が生じたとき又は本協定に定めがない事項について取扱いを定める必要があるときは、その都度、甲及び乙が協議して定めるものとする

　上記協定の証として、協定書2通を作成し、甲乙記名押印の上、各1通を保有する。

平成　　年　　月　　日

　　　　　　　　　　　　　　　　　　　甲　住　所
　　　　　　　　　　　　　　　　　　　　　氏　名
　　　　　　　　　　　　　　　　　　　乙　住　所
　　　　　　　　　　　　　　　　　　　　　氏　名

（4）施行規則第31条に定める技術的基準

　施行規則第31条に定める技術的基準は、告示において、以下のとおりとし

第7章　津波災害警戒区域

ている。
① 津波浸水想定を設定する際に想定した津波の作用に対して安全な構造方法（施行規則第31条第1号・告示第1関係）

　第一に、建築物等に水平方向に作用する圧力である津波による波圧について、他の施設等による軽減効果が見込まれるか否か、当該効果が見込まれる場合における海岸及び河川からの距離が500m以上か否かに応じて、その計算方法を規定している。ここで、津波による波圧は、津波の進行方向が、シミュレーション等による浸水想定の予測分布や海岸線の形状から想定できる場合を除き、実情に応じて引き波も考慮し、すべての方向から生じることとする。また、ピロティ等の開放部分を有し、津波が通り抜けることにより建築物等の部分に津波が作用しない構造を有する建築物等については、当該開放部分（柱、はりその他の部分を除くことに留意すること。）に津波による波圧は作用しないものとすることができる。加えて、開口部（開放部分を除く。）を有する建築物等については、建築物等に水平方向に作用する力である津波による波力（津波による波圧が作用する建築物等の受圧面積に、津波による波圧を乗じたものをいう。）を計算するに当たって、当該津波による波力を、開口部の面積を考慮して、7割を下限に減じて計算することができることを規定している。なお、津波による波力の低減については、津波による波圧が建築物等の内部に強く作用することのないよう、水流の通り道や出口となるような部分が内部や受圧面の反対側の外壁等にも存在することを前提とするものである。さらに、建築物等における津波による波圧が作用する受圧部分が著しく偏在し、当該津波による波圧の作用により建築物等にねじれが生じるおそれがあるなど、建築物等の実況を考慮する必要がある場合は、当該ねじれによる影響も踏まえて安全性を確認することとする。

　第二に、津波の作用時に、建築物等の構造耐力上主要な部分に生ずる力の計算方法を規定し、当該構造耐力上主要な部分に生ずる力が、それぞれ建築基準法施行令（昭和25年政令第338号）第3章第8節第4款の規定による材料強度によって計算した当該構造耐力上主要な部分の耐力を超えないことを確かめなければならないことを規定している。具体的な構造計算の方法とし

では、保有水平耐力の検証と同様に、津波による波力によって計算した各階に生ずる力が、建築物等の水平耐力を超えないことを確かめる方法等を用いて安全性を確かめることとする。この場合においても、外壁等の津波による波圧が直接作用する構造耐力上主要な部分が破壊を生じないことを確かめることが必要である。ただし、同等以上に安全性を確かめる構造計算の方法として、例えば、建築基準法第20条第3号に適合する鉄筋コンクリート造の建築物の場合については、津波による波力によって計算した各階に生ずる力が、建築基準法施行令第36条の2第5号の国土交通大臣が指定する建築物を定める件（平成19年国土交通省告示第593号）第2号イ（1）に定める式の左辺により計算した各階の耐力を超えないことを確かめる方法によること等も可能である。また、構造耐力上主要な部分に生ずる力の計算に当たっては、津波による浮力の影響その他の事情を勘案することとし、この場合において、津波による浮力は、水位上昇に応じた開口部及び開放部分からの水の流入を考慮して算定する場合を除き、津波に浸かった建築物等の体積（建築物等の内部の空間の容積を含む。）に応じて計算することとする。

　第三に、第二によるほか、津波の作用時に、津波による浮力の影響その他の事情を勘案し、建築物等が転倒し、又は滑動しないことが確かめられた構造方法を用いることを規定している。構造耐力上主要な部分である基礎ぐい等自体が破壊を生じないことについては、第二により確かめることとしているが、当該規定については、例えば、基礎ぐいを用いる構造の場合、転倒モーメントによる力が基礎ぐいの引き抜き耐力を超えないこと等を確かめることとする。ただし、地盤改良等を行うことにより建築物等が転倒し、又は滑動しないことが確かめられたときは、この限りではない。

　第四に、津波により洗掘のおそれがある場合にあっては、基礎ぐいを使用することを規定している。ただし、地下室の設置や十分な深さの基礎根入を行うこと、地盤改良や周辺部の舗装等を行うことにより、建築物等が転倒し、滑動し、又は著しく沈下しないことが確かめられたときは、この限りではない。

　第五に、漂流物の衝突により想定される衝撃が作用した場合においても建

築物等が容易に倒壊、崩壊等するおそれのないことが確かめられた構造方法を用いることを規定している。当該規定は、あらゆる漂流物を想定し、その衝撃に対し部材が損傷しないことを確かめることは困難であることから、漂流物の衝撃によって一部の柱等が破壊しても、当該柱等が支持していた鉛直荷重を他の柱等で負担することにより、建築物等が容易に倒壊、崩壊等しないことを確かめること等を想定している。

② 地震に対する安全性に係る建築基準法並びにこれに基づく命令及び条例の規定又は地震に対する安全上これらに準ずる基準（施行規則第31条第2号・告示第2関係）

地震に対する安全性という観点から、新築の建築物については、地震に対する安全性に係る建築基準法令の規定によることとし、既存の建築物が建築基準法第3条の適用を受けている既存不適格建築物である場合は、建築物の耐震改修の促進に関する法律（平成7年法律第123号）第8条第3項第1号の国土交通大臣が定める基準（地震に対する安全上耐震関係規定に準ずるものとして定める基準（平成18年国土交通省告示第185号）。昭和56年6月1日における建築基準法令の規定（構造耐力に係る部分（構造計算にあっては、地震に係る部分に限る。）に限る。）を含む。）に適合しなければならない。

6 避難確保計画の作成等（第71条）

(1) 避難確保計画の作成

市町村地域防災計画等には、法第54条第1項第4号により、地下街等又は社会福祉施設、学校、医療施設その他の主として防災上の配慮を要する者が利用する施設であって、当該施設の利用者の津波の発生時における円滑かつ迅速な避難を確保する必要があると認められるものの名称及び所在地を定めることとしている。市町村地域防災計画等に定められたこれらの施設のうち、その利用者の津波の発生時における円滑かつ迅速な避難を確保するための体制を計画的に整備する必要があるものとして施行令第19号に掲げる施設（以下「避難促進施設」という。）に該当する施設の所有者又は管理者は、法第

6 避難確保計画の作成等（第71条）

71条第１項により、単独で又は共同して、避難確保計画を作成し、これを市町村長に報告するとともに、公表しなければならないこととされている。

なお、施行令第19条第１号に定める児童相談所には、児童相談所に設置する一時保護施設を含むものとする。また、同号に定めるその他これらに類する施設には、小規模多機能型居宅介護事業の用に供する施設、盲人ホーム、日中一時支援事業の用に供する施設、社会事業授産施設、認可外保育施設等が該当する。

【参考】避難促進施設

地下街等（地下街その他地下に設けられた不特定かつ多数の者が利用する施設）
老人福祉施設（老人介護支援センターを除く。） 有料老人ホーム 認知症対応型老人共同生活援助事業の用に供する施設 身体障害者社会参加支援施設 障害者支援施設 地域活動支援センター 福祉ホーム 障害者福祉サービス事業（生活介護、児童デイサービス、短期入所、自立訓練、就労移行支援、就労継続支援又は共同生活援助を行う事業に限る。）の用に供する施設 保護施設（医療保護施設及び宿所提供施設を除く。） 児童福祉施設（母子生活支援施設及び児童遊園を除く。） 児童自立生活援助事業の用に供する施設 放課後児童健全育成事業の用に供する施設 子育て短期支援事業の用に供する施設 一時預かり事業の用に供する施設 児童相談所 母子健康センターその他これらに類する施設
幼稚園 小学校 中学校 高等学校 中等教育学校 特別支援学校 高等専門学校 専修学校（高等課程を置くものに限る。）
病院 診療所 助産所

第7章　津波災害警戒区域

※上記施設であって、市町村地域防災計画等にその名称及び所在地が定められたものを避難促進施設という。

　避難確保計画に定める事項は、施行規則第32条各号に掲げる以下の事項であり、避難確保計画への具体的な記載内容については、施設の規模や入院患者の有無等各施設の実情に応じて適切に定める必要がある。
　第一に、津波の発生時における避難促進施設の防災体制に関する事項である。当該事項を定めるに当たっては、所有者・管理者及び従業員の職務分担並びに指揮命令系統について定めることが適当である。
　第二に、津波の発生時における避難促進施設の利用者の避難の誘導に関する事項である。当該事項を定めるに当たっては、避難場所及び避難経路を示す図面等の施設内への掲示、津波発生時における利用者及び従業員に対する避難場所等への誘導方法等について定めることが適当である。
　第三に、津波の発生時を想定した避難促進施設における避難訓練及び防災教育の実施に関する事項である。当該事項を定めるに当たっては、避難訓練の実施内容、実施回数等や、避難誘導方法や避難訓練の内容の周知等について定めることが適当である。また、避難訓練は、それぞれの施設、施設利用者等の特性を踏まえ、津波から逃げるための具体的かつ実践的な訓練を行うことが適当である。
　第四に、上記のほか、避難促進施設の利用者の津波の発生時の円滑かつ迅速な避難を確保するために必要な措置に関する事項である。当該事項を定めるに当たっては、他の機関が実施する避難訓練や津波防災に関する講習会への参加等を定めることが想定される。
　避難促進施設の所有者又は管理者は、法第71条第1項により作成した避難確保計画を、同条第2項により避難訓練の実施の結果を、市町村長に報告しなければならないとされている。これらの報告を受けた市町村長は、同条第3項により、当該所有者又は管理者に対し必要な助言又は勧告を行うことにより、円滑かつ迅速な避難の確保が図られるよう支援することが適当である。
　なお、避難促進施設について、他の法令に基づき防災上の避難の確保等の

計画（以下「他法令計画」という。）を作成することとされている場合には、負担軽減の観点から、他法令計画と重複する記載事項がある場合には、重複しない記載事項の部分を避難確保計画として定めた上で、重複する部分については当該他法令計画の該当部分を添付するなどにより、避難確保計画の記載事項として他法令計画の記載事項を流用できるものとして取り扱うことも可能である。

（2）避難訓練

　避難訓練については、法第71条第2項により、避難促進施設の所有者又は管理者は、避難確保計画の定めるところにより避難訓練を実施すること、同条第4項により、当該所有者又は管理者の使用人その他の従業員は、避難確保計画の定めるところにより避難訓練に参加しなければならないこと、同条第5項により、当該所有者又は管理者は、避難訓練を行おうとするとき、避難促進施設を利用する者に協力を求めることができることとされている。このため、当該所有者又は管理者は、上記関係者に対し、避難確保計画の内容について日頃より周知等に努めることにより避難訓練の充実を図り、もって津波の発生時に円滑かつ迅速な避難が確保されるよう備えることが重要である。

（3）その他

　地方公共団体は、警戒区域内では、市町村地域防災計画等に主として防災上の配慮を要する者が利用する施設の所在地を定めること等から、当該市町村地域防災計画等に記載する事項も活用して救助・救急活動に努める必要がある。

7　津波災害警戒区域等についての宅地建物取引業法に基づく重要事項説明

　津波防災地域づくり法の施行に伴い、宅地建物取引業法施行規則（昭和32年建設省令第12号）第16条の4の3が改正（平成23年12月27日施行）され、

第7章 津波災害警戒区域

取引対象となる物件が警戒区域内にあるときは、その旨を取引の相手方等に重要事項として説明することが必要になることとされた。

　法第53条第1項により、警戒区域の指定は、都道府県知事が行うこととされていることから、取引の対象となる物件が警戒区域内にあるかどうかについては、当該物件が所在する各都道府県に問い合わせることとなる。なお、都道府県が警戒区域の指定をするときは、施行規則第28条により、当該警戒区域に係る事項が都道府県の公報やインターネット等により公示される。

第8章　津波災害特別警戒区域

1　概要

　法第72条第1項により、都道府県知事が、基本指針の「五　警戒区域及び特別警戒区域の指定について指針となるべき事項」に基づき、かつ、津波浸水想定を踏まえ、法第53条に基づき都道府県知事が指定した警戒区域のうち、津波が発生した場合には建築物が損壊し、又は浸水し、住民等の生命又は身体に著しい危害が生ずるおそれがあると認められる土地の区域で、一定の開発行為及び一定の建築物の建築又は用途の変更の制限をすべき土地の区域を、特別警戒区域として指定することができることとしたものである。
　具体的には、特別警戒区域は、津波から逃げることが困難である特に防災上の配慮を要する者が利用する一定の社会福祉施設、学校及び医療施設の建築並びにそのための開発行為について、法第75条及び第84条第1項に基づき、津波に対して安全なものとし、津波が来襲した場合であっても倒壊等を防ぐとともに、用途ごとに定める居室の床面の高さが基準水位以上であることを求めることにより、住民等が津波を「避ける」ため指定する区域である。
　また、法第73条第2項第2号に基づき、特別警戒区域内の市町村の条例で定める区域内では、津波の発生時に利用者の円滑かつ迅速な避難を確保できないおそれが大きいものとして条例で定める用途（条例で定める用途としては、例えば、住宅やホテルの用途が想定されるものであり、これらの用途については、周囲の避難施設等の整備状況等と当該区域の状況により、津波が

第8章　津波災害特別警戒区域

図8－1　いのちを守る津波防災地域づくりのイメージ

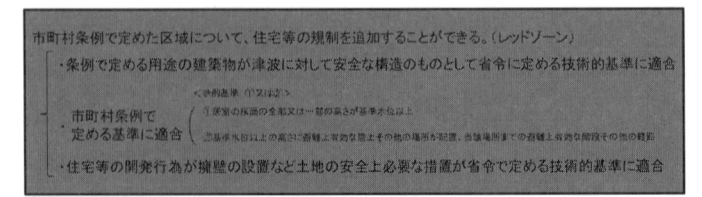

（国土交通省資料）

図8－2　津波災害特別警戒区域の概要

（国土交通省資料）

夜間や悪天候時等に発生した場合に円滑かつ迅速な避難が困難となるおそれがあり、特に住宅にあっては病人や寝たきりの居住者がいることも十分考えられることから、警戒避難体制の拡充のみで津波発生時にこれらの用途の建築物の利用者の生命・身体の保護を図ることは困難である。）の建築物の建築及びそのための開発行為について、法第75条及び第84条第2項に基づき、上記と同様、津波に対して安全なものであること、並びに居室の床面の全部若しくは一部の高さが基準水位以上であること（建築物内のいずれかの居室に避難することで津波を避けることができる。）又は基準水位以上の高さに避難上有効な屋上等の場所が配置等されること（建築物の屋上等に避難することで津波を避けることができる。）のいずれかの基準を参酌して条例で定める基準に適合することを地域の選択として求めることができる（図8－1、図8－2）。

2　特別警戒区域（第72条）

(1) 特別警戒区域の指定

　特別警戒区域は、都道府県知事が、津波浸水想定を踏まえ、基礎調査の結果を勘案し、警戒区域のうち、津波が発生した場合には建築物が損壊し、又は浸水し、住民等の生命又は身体に著しい危害が生ずるおそれがあると認められる土地の区域で、上記の一定の建築物の建築及びそのための開発行為を制限すべき土地の区域について指定することができるものである。その指定に当たっては、基礎調査の結果を踏まえ、地域の現況や将来像等を十分に勘案する必要があるとともに、地域住民や利害関係者の意向を十分に踏まえて行うことが重要であり、また、住民等に対し制度内容の周知、情報提供を十分に行いその理解を深めつつ行うことが望ましい。

　また、その検討の目安として、津波による浸水深と被害の関係について、各種の研究機関や行政機関等による調査・分析が行われており、これらの結果が参考になる。なお、同じ浸水深であっても、津波の到達時間・流速、土地利用の状況、漂流物の存在等によって人的災害や建物被害の発生の程度が

第8章　津波災害特別警戒区域

図8－3　特別警戒区域の指定

（国土交通省資料）

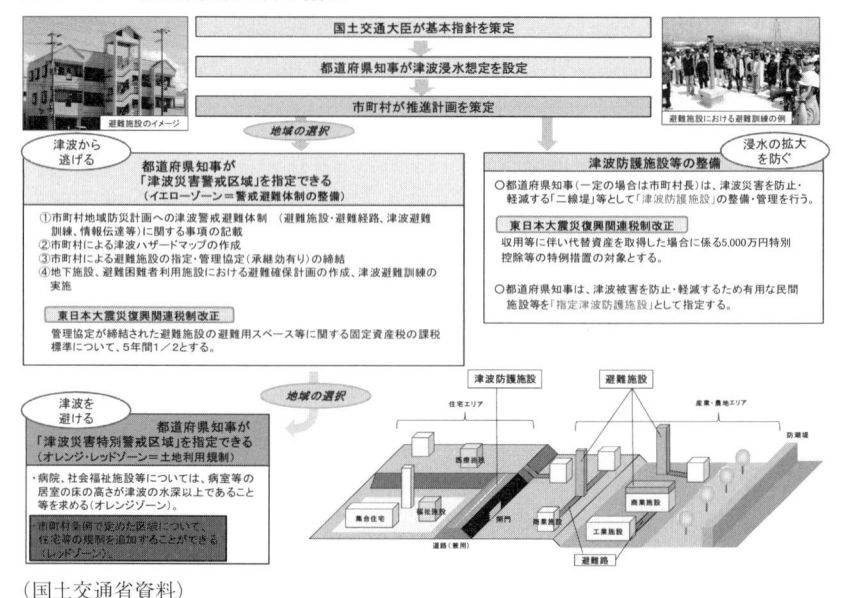

異なりうることから、地域の実情や住民等の特性を踏まえるよう努める必要がある。

　特別警戒区域の指定に当たっては、制限の対象となる用途等と関連する都市・建築、福祉・医療、教育、防災等の関係部局、市町村や医師会等の福祉・医療、教育関係団体等が緊密な連携を図って連絡調整等を行うとともに、指定後においても継続的な意思疎通を図っていくことが必要である（図8－3）。

　なお、特別警戒区域が指定される市町村は、法第10条に基づく推進計画の事務・事業と特別警戒区域制度との連携や整合性を図るため、法第11条に規定する協議会に医師会等関係団体等も参画させることが望ましい。

（2）特別警戒区域指定後の対応

　特別警戒区域の指定をしようとするときは、一定の開発行為及び建築行為について私権の制限がかかることに鑑み、あらかじめ、法第72条第3項から

第5項までの規定に基づき、公衆への公告・縦覧手続、住民や利害関係者による意見書提出手続、関係市町村長への意見聴取手続により、住民等の意向を十分踏まえて行うことが重要である。

上記公告等の手続が終了し、特別警戒区域の指定をするときは、法第72条第6項及び第7項の規定に基づき、特別警戒区域の指定の公示手続、関係市町村が縦覧に供することとなる図書の送付手続を速やかに行い、住民等に周知する必要がある。

特別警戒区域の公告又は公示に当たっては、警戒区域及び基準水位に関する情報との一覧性に配慮するとともに、都道府県の公報やインターネット等により、住民等が容易かつ確実にその提供を受けることができる状態に置くことが重要である。

また、地震等の影響により地形的条件が変化したり、新たに海岸保全施設や津波防護施設等が整備されたりすること等により、津波浸水想定が見直された場合等、特別警戒区域の見直しが必要となったときには、上記の指定の際と同様の考え方により、これらの状況の変化に合わせた対応を図ることが望ましい。

なお、特別警戒区域の指定の変更又は解除については、法第72条第11項により、新たに指定する場合と同様の手続を行うこととなる。

3 特別警戒区域における特定開発行為の制限等（第73条〜第81条）

(1) 特定開発行為の制限（第73条）

法第73条により、特別警戒区域において、施行令第20条に定める土地の形質の変更を伴う開発行為で当該開発行為をする土地の区域内において建築が予定されている建築物（以下「予定建築物」という。）の用途が法第73条第2項に規定する制限用途であるもの（以下「特定開発行為」という。）をしようとする者は、あらかじめ、都道府県知事（指定都市、中核市又は特例市の区域内にあっては、それぞれの長。以下「都道府県知事等」という。）の許可を受けなければならない。

制限用途とは、予定建築物の用途で、法第73条第2項各号に掲げる用途以外の用途でないものをいう。同項第1号の用途は、高齢者、障害者、乳幼児その他の特に防災上の配慮を要する者が利用する社会福祉施設、学校及び医療施設として施行令第21条に列挙する用途である。施行令第21条第1号に定める「その他これらに類する施設」には、小規模多機能型居宅介護事業の用に供する施設、認可外保育施設、盲人ホーム、日中一時支援事業の用に供する施設、児童相談所（児童一時保護施設を有するもの）等が該当する。

【参考】法第73条第2項第1号の制限用途について

老人福祉施設（老人介護支援センターを除く。）、有料老人ホーム、認知症対応型老人共同生活援助事業の用に供する施設、身体障害者社会参加支援施設、障害者支援施設、地域活動支援センター、福祉ホーム、障害福祉サービス事業（生活介護、短期入所、自立訓練、就労移行支援、就労継続支援又は共同生活援助を行う事業に限る。）の用に供する施設、保護施設（医療保護施設及び宿所提供施設を除く。）、児童福祉施設（母子生活支援施設、児童厚生施設、児童自立支援施設及び児童家庭支援センターを除く。）、障害児通所支援事業（児童発達支援又は放課後等デイサービスを行う事業に限る。）の用に供する施設、子育て短期支援事業の用に供する施設、一時預かり事業の用に供する施設、母子健康センター（妊婦、産婦又はじょく婦の収容施設があるものに限る。）、その他これらに類する施設
幼稚園及び特別支援学校
病院、診療所（患者の収容施設があるものに限る。）及び助産所（妊婦、産婦又はじょく婦の収容施設があるものに限る。）

施行令第19条に規定する避難促進施設と同令第21条に規定する制限用途と

3　特別警戒区域における特定開発行為の制限等（第73条〜第81条）

の違いとしては、避難促進施設については、防災上の配慮を要する者が利用する社会福祉施設、学校、医療施設等を規定しており、避難体制の整備が必要となる小学校から高校までの18歳未満の児童も対象としている。一方、制限用途については、乳幼児等の避難困難者が専ら利用する施設を対象としており、避難体制の十分な整備により避難が可能である小学生以上の児童が専ら利用する施設は対象とはしていない。また、医療施設についても、収容施設を有しない診療所、助産所については、通所のみにより利用されるため、避難困難者が専ら利用する施設ではないことから、制限用途の対象とはしていない。

　法第73条第2項第2号の用途は、同号に基づき、特別警戒区域内の市町村の条例で定める区域内において、津波の発生時における利用者の円滑かつ迅速な避難を確保することができないおそれが大きいものとして市町村の条例で定める用途、例えば、住宅等の夜間、荒天時等津波が来襲した時間帯等によっては円滑な避難が期待できない用途である。

　なお、法第73条第2項の「次に掲げる用途以外の用途でないもの」という二重否定の規定の趣旨は、同項各号に掲げる用途に該当する場合のみならず、開発段階では当該用途を含むか含まないかが未定である場合にあっても、当該用途に該当しないことが確定していない限り都道府県知事等の許可を受けなければならないことを意味する。

　また、特定開発行為の許可の適用除外規定を、第73条第4項第1号により特定開発行為をする土地の区域（以下「開発区域」という。）が特別警戒区域の内外にわたる場合について、同項第2号により開発区域が市町村の条例で定める区域の内外にわたる場合について設けている。これらの規定は、制限用途と制限用途以外の建築物に係る開発とが連続的に一体として行われる場合があることから、特別警戒区域の内外に制限用途に係る開発区域があり、かつ、制限用途の建築物が特別警戒区域の外にしか立地しない場合について当該開発区域を許可対象とするのは適切ではないことから設けられたものである。

（２）特定開発行為の許可の申請の手続（第74条）
① 概要

　法第74条は、特定開発行為の許可の申請の手続について規定したものである。特定開発行為の許可の申請は、施行規則第36条第１項の特定開発行為許可申請書並びに同条第２項の計画説明書及び計画図を都道府県知事等に提出して行わなければならない。

② 特定開発行為許可申請書

　特定開発行為許可申請書は、施行規則第36条第１項により、施行規則別記様式（以下「別記様式」という。）第10によるものとする。

③ 計画説明書

　計画説明書の記載の方法は、施行規則第36条第３項で規定されている。計画説明書中、「特定開発行為に関する工事の計画の方針」では、開発行為の目的、特定開発行為に関する工事の計画の全体像をできるだけ詳細に説明するものとする。「開発区域内の土地の現況」としては、土地の地目、その面積及びそれらの割合並びに開発行為の妨げとなる建築物等を記載するものとする。「土地利用計画」では、用地の面積等を説明するものとする。

　なお、開発区域を工区に分けたときは、同項により開発区域及び工区内の土地の現況及び土地利用計画を計画説明書に記載するものとする。

　これは、
- イ　特定開発行為として、複数の建築物の建築を目的として一体的に行われる開発行為が想定され、この場合、特定開発行為に関する工事の全体に着手するのではなく、工区ごとに工事を進行させることが考えられること
- ロ　申請者が開発区域を工区に分けた場合、特定開発行為に関する工事は工区ごとに進行することが想定され、当該特定開発行為の許可をした都道府県知事等が法第88条に規定する監督処分の権限や法第89条に規定する立入検査の権限を行使して特定開発行為に関する工事の進捗状況等を

3 特別警戒区域における特定開発行為の制限等（第73条～第81条）

図8－4 土地利用計画図の例

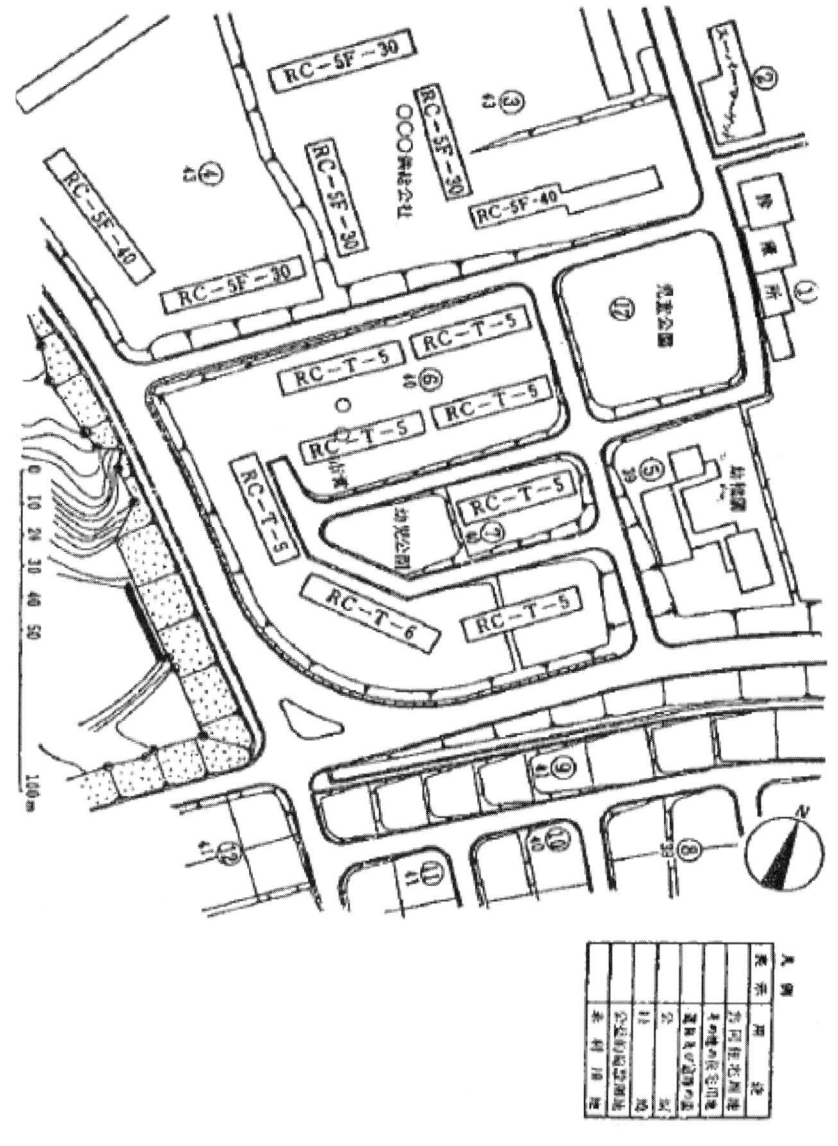

（国土交通省資料）

第8章　津波災害特別警戒区域

図8－5　造成計画平面図の例

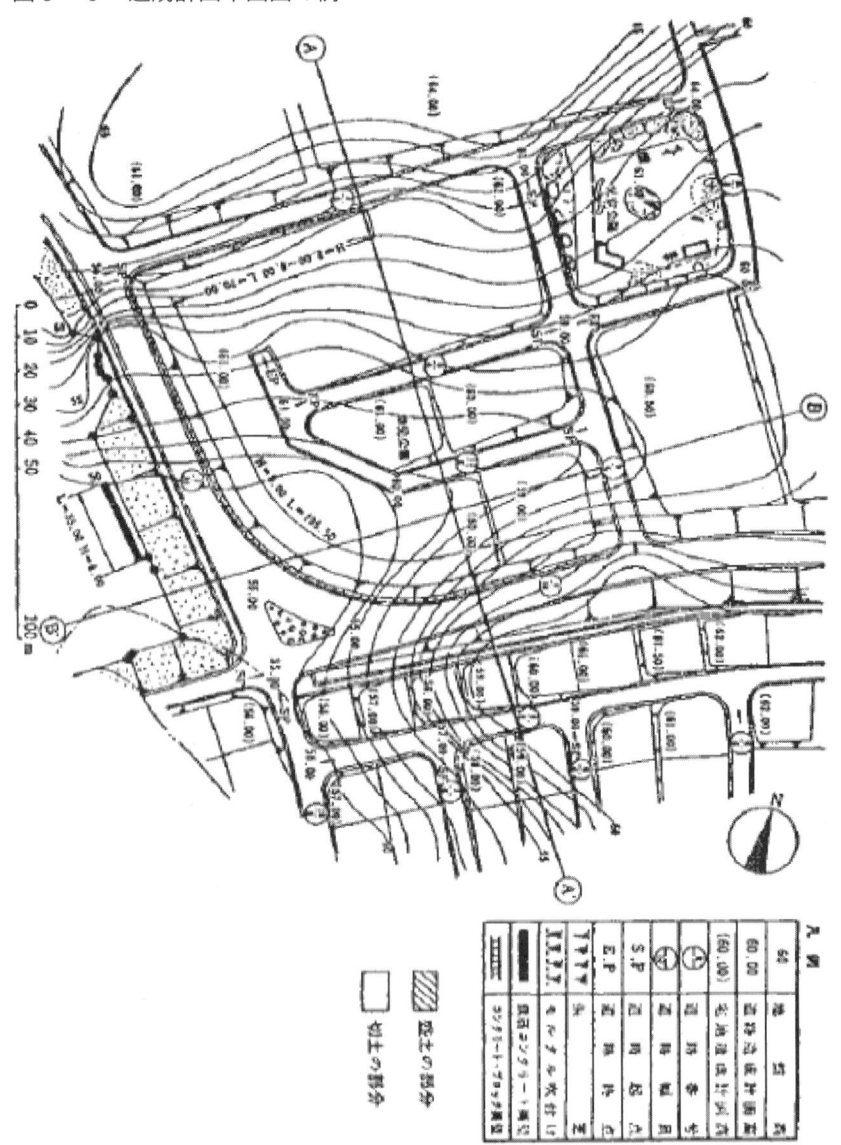

（国土交通省資料）

3　特別警戒区域における特定開発行為の制限等（第73条〜第81条）

図8－6　造成計画断面図の例

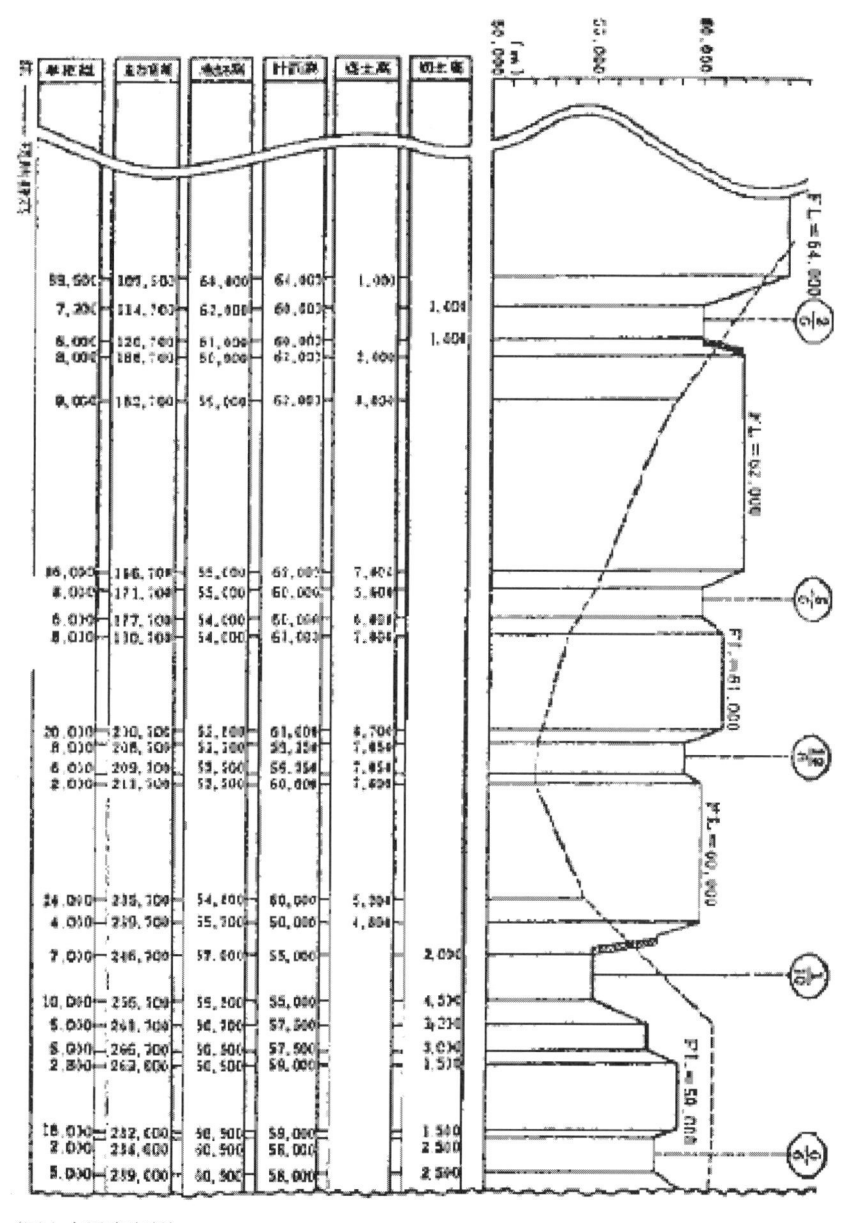

(国土交通省資料)

第 8 章 津波災害特別警戒区域

図 8 − 7 排水施設計画平面図の例

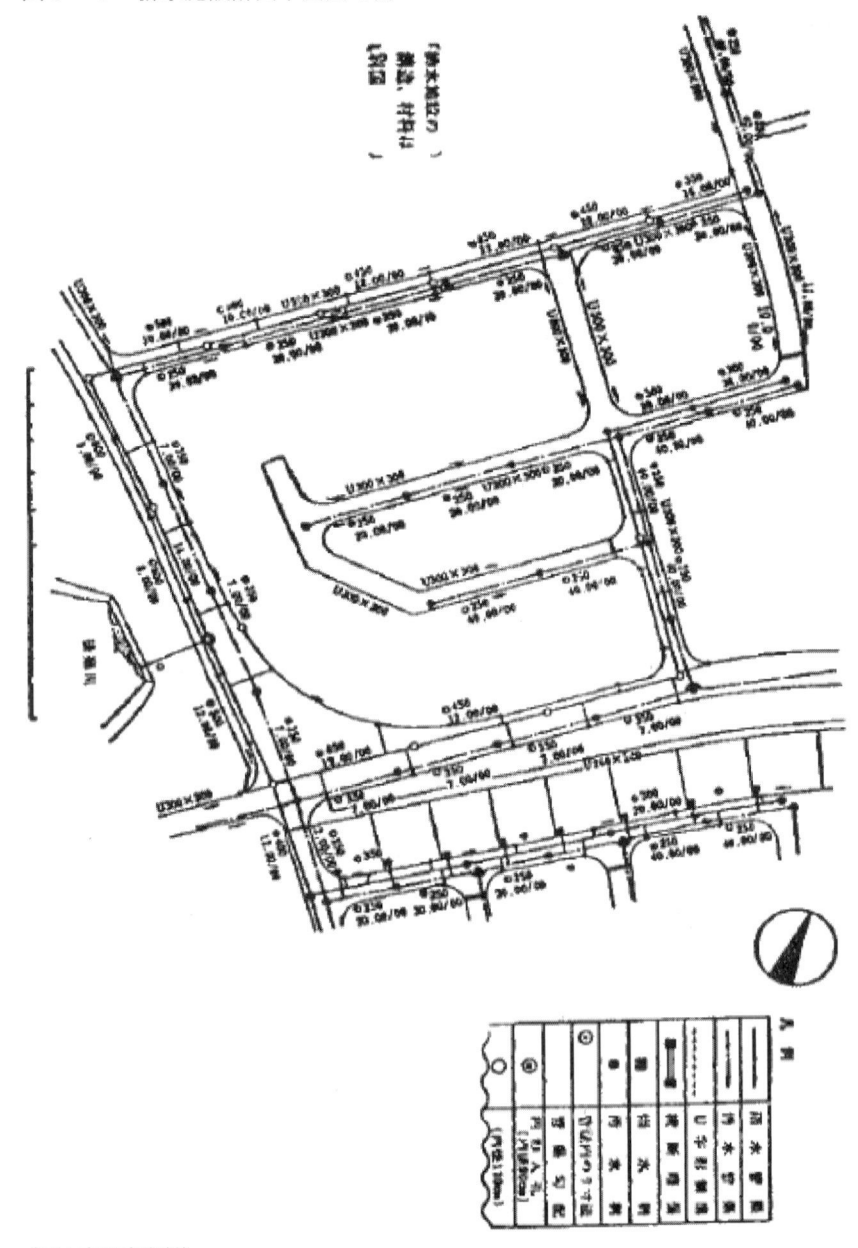

（国土交通省資料）

3　特別警戒区域における特定開発行為の制限等（第73条〜第81条）

管理する上で、工区ごとの情報は有用であることから、工区についても記載させることとしたものである。

④　計画図

　計画図の作成方法は、施行規則第36条第4項で規定されている。計画図の種類には、土地利用計画図、造成計画平面図、造成計画断面図、排水施設計画平面図等があるが、これらの作成例としては次頁以降に掲げるようなものが考えられる。

⑤　特定開発行為許可申請書の添付図書

　施行規則第38条第1項は、特定開発行為許可申請書に添付すべき図書について定めている。第1号及び第2号の「開発区域位置図」及び「開発区域区域図」については、施行規則第38条第2項及び第3項を参照のこと。

　第3号の地形図は、特定開発行為に関する工事の完了後において当該工事に係る特別警戒区域内の開発区域に地盤面の高さが基準水位以上である土地の区域があるときに、法第79条第3項の規定により都道府県知事等がその区域を公告することとなるが、その際に使用する資料として規定されている。

　第4号の書類は、施行規則第40条第1項に規定する特定開発行為によって生ずる崖について、土質試験その他の調査又は試験に基づき地盤の安定計算をした結果崖の安全を保つために擁壁の設置が必要でないことが確かめられた場合に、同条第3項の規定により当該特定開発行為によって生ずる崖の崖面への擁壁の設置が不要となることを証する書類である。

　第5号の書類は、施行規則第40条第1項に規定する特定開発行為によって生ずる崖について、土質試験その他の調査若しくは試験に基づき地盤の安定計算をした結果崖の安全を保つために根固め、根入れ等の措置が必要でないことが確かめられた場合又は津波浸水想定を設定する際に想定した津波による洗掘に起因する地滑りの滑り面の位置に対し、予定建築物の位置が安全であることが確かめられた場合に、施行規則第43条第2項の規定により当該特定開発行為によって生ずる崖の崖面の下端の周辺の地盤において根固め、根

入れ等の措置が不要となることを証する書類である。

（3）特定開発行為の許可の基準（第75条）
① 概要

　特定開発行為を行うときは、津波発生時に開発区域内の土地が遡上した津波による洗掘又は侵食により崩壊等をすると、その上に建築された制限用途の建築物を利用する者の生命・身体に被害が生じるおそれがあるので、これを防止するため、開発区域内の土地を津波に対し安全なものとする必要がある。このため、特定開発行為の許可に当たっては、法第74条第1項第3号の特定開発行為に関する工事の計画について、崖面の保護その他の津波が発生した場合における開発区域内の土地の安全上必要な措置を、法第75条の技術的基準として定める施行規則第39条から第44条までに定める技術的基準に従い講じるものであることが求められる。

② 施行規則第39条に定める技術的基準（地盤について講ずる措置関係）

　施行規則第39条に定める地盤について講ずる措置に関する技術的基準については、特定開発行為により造成される地盤や特定開発行為によって生じる崖については、都市計画法の開発行為の場合と同等の安全上必要な措置が講じられる必要があるという趣旨であり、当該措置は遡上した津波による洗掘や侵食の作用に対しても基本的に有効である。

　施行規則第39条第1号は、地盤に関する規定である。ここでは、開発区域内の地盤沈下はもとより、区域外にも及ぶことがある圧密による被害を防止するため、土の置換え、各種のドレーン工法による水抜き等の義務を課している。

　施行規則第39条第2号は、崖の上端に続く地盤面の処理に関する規定である。本号の趣旨は、雨水その他の地表水が、崖面を表流し、これを侵食すること（この場合、崖面に降った雨水についてはやむを得ない。）及び崖の上端付近で雨水その他の地表水が崖地盤へ浸透することを防止することにある。そこで崖の上端に続く地盤面は崖の反対方向に排水のための勾配をとらなけ

3　特別警戒区域における特定開発行為の制限等（第73条～第81条）

ればならないと規定している。なお、物理的に崖の反対方向に勾配をとることが不可能な「特別の事情」がある場合においても、崖方向に勾配をとり、崖の上端で地表水を一箇所に集め、堅溝を設ける等の措置をとることによって地表水を崖下へ流下させるなど地表水による崖面の侵食、崖地盤への浸透を防止する措置を講ずる必要がある。

　施行規則第39条第3号は、切土した後の地盤の滑りの防止に関する規定である。「滑りやすい土質の層がある」とは、切土することにより安息角が特に小さい場合等物理的に不安定な土質が露出する場合、例えば破層の直下に崖面と類似した方向に傾斜した粘土層があるなど地層の構成が滑りを誘発しやすい状態で残される場合等が考えられる。このような場合は、滑りやすい層に地滑り抑止ぐいやグラウンドアンカーを設置し、それらの横抵抗を利用して滑り面の抵抗力を増加させたり、粘土層等滑りの原因となる層を砂層等の良質土と置換えるいわゆる土の置換えを行う等の安全措置を講ずべきことを規定したものである。

　施行規則第39条第4号は、盛土の地盤の安定に関する規定である。一般に、盛土した地盤は土粒子間の結合が緩い状態にあるため、雨水その他の地表水又は地下水の浸透が容易であり、また、地盤自体の圧縮性も大きいことから、沈下や崩壊又は滑りが生じやすい。そこで地盤の圧縮性を少なくし、地耐力を増加させるために、ローラー等建設機械による締固めを行うことを期待したものである。また、必要に応じて、地滑り抑止ぐい等の設置を行う必要がある。なお、締固めは、盛土の地盤全体に及ぶように一定の盛土厚（30cm以下の盛土厚）ごとに締固めを繰り返し、盛土の安定を図る必要がある。

　施行規則第39条第5号は、盛土する前の地盤の盛土による地盤の接する面での滑りの防止に関する規定である。著しく傾斜している土地に盛土を行った場合、雨水その他の地表水の浸透及び地震等による震動により、新旧地盤が接する面が滑り面となった滑りが起こりやすい。そこで、段切りを行い新旧地盤の接触面積を増加させるなど、滑りに対する安全措置を講ずる旨規定したものである。なお、その他の措置としては、雑草等が茂っている地盤に直接盛土をすると、植物の腐食により新旧地盤の接する面に弱い地層ができ

るることに留意し、雑草等の除去及び埋戻しの壁体を築くなどの方法が考えられる。

③　施行規則第40条に定める技術的基準（擁壁の設置関係）
　施行規則第40条第1項は、特定開発行為によって生じた崖面の保護の具体的な方法として擁壁の設置について規定している。ここでは、
- 切土をした土地の部分に生ずる高さが2mを超える崖の崖面
- 盛土をした土地の部分に生ずる高さが1mを超える崖の崖面
- 切土と盛土を同時にした土地の部分に生ずる高さが2mを超える崖の崖面

については、原則として擁壁で覆わなければならないとしている。崖とは、地表面が水平面に対し30度を超える角度をなす土地で硬岩盤（風化の著しいものを除く。）以外のものをいう。なお、「硬岩盤」とは、一般に花崗岩、閃緑岩、片麻岩、安山岩等の火成岩及び堅い礫岩等の岩盤をいい、「風化の著しいもの」とは、真砂土を含む花崗岩その他の著しく風化した岩盤をいう。

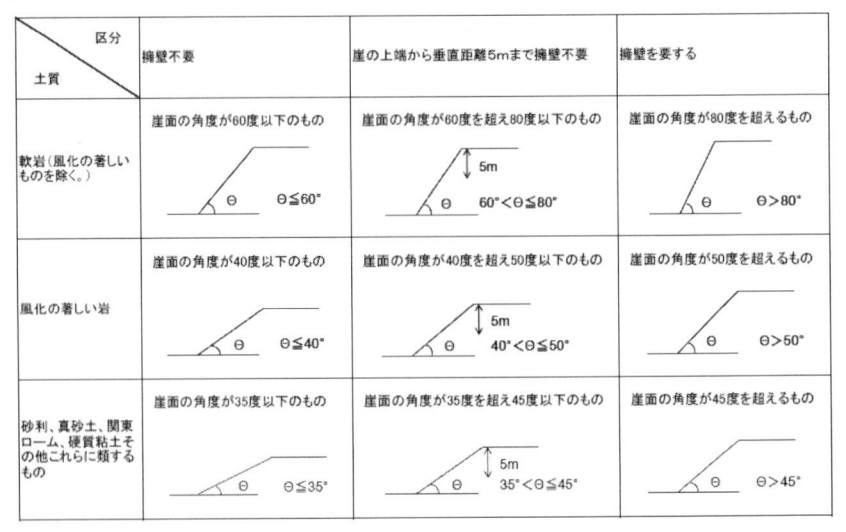

図8-8　切土の場合で擁壁を要しない崖又は崖の部分

区分 土質	擁壁不要	崖の上端から垂直距離5mまで擁壁不要	擁壁を要する
軟岩（風化の著しいものを除く。）	崖面の角度が60度以下のもの　θ≦60°	崖面の角度が60度を超え80度以下のもの　5m　60°<θ≦80°	崖面の角度が80度を超えるもの　θ>80°
風化の著しい岩	崖面の角度が40度以下のもの　θ≦40°	崖面の角度が40度を超え50度以下のもの　5m　40°<θ≦50°	崖面の角度が50度を超えるもの　θ>50°
砂利、真砂土、関東ローム、硬質粘土その他これらに類するもの	崖面の角度が35度以下のもの　θ≦35°	崖面の角度が35度を超え45度以下のもの　5m　35°<θ≦45°	崖面の角度が45度を超えるもの　θ>45°

（国土交通省資料）

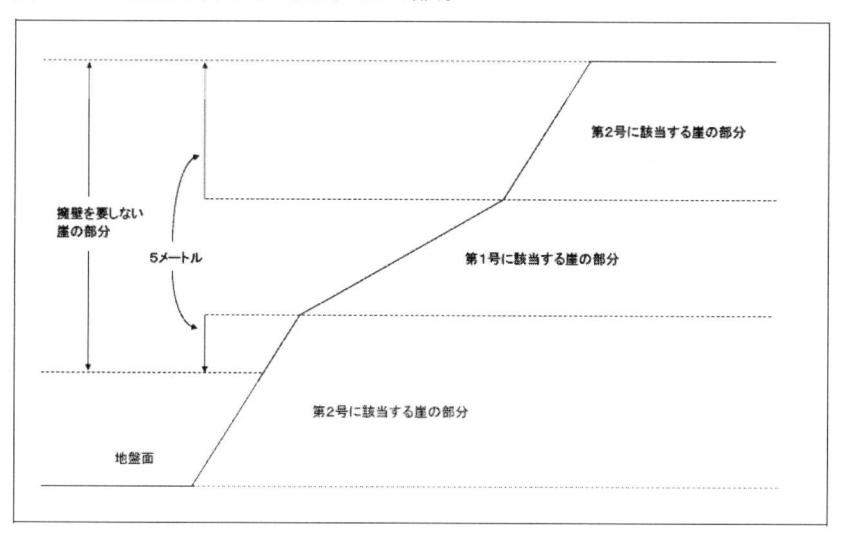

3 特別警戒区域における特定開発行為の制限等（第73条〜第81条）

図8－9　擁壁を要しない崖又は崖の部分

（国土交通省資料）

　ただし書の規定は、切土の場合における緩和規定である。すなわち、切土をした土地の部分に生ずることとなる崖又は崖の部分の土質に応じ擁壁を設置しなくてもよい勾配又は高さが本項第1号及び第2号に規定されている。本項第1号は、各々土質に応じて、崖の勾配が、60度、40度又は35度以下のものについては擁壁を要しないこととされている。本項第2号は、各々土質に応じて、崖の勾配が60度を超え80度以下、40度を超え50度以下又は35度を超え45度以下という幅を設け、崖の勾配がこの範囲内にある場合は、崖の上端から垂直距離で5m以内には擁壁を設けないでよいこととされている。また、「この場合において」以下の規定は、本項第1号の規定に該当する崖の部分の上下に本項第2号の本文の規定に該当する崖の部分がある場合、本項第1号に該当する崖の部分は存在せず、その上下の崖の部分は連続しているものとみなし、その崖の上端から下方に垂直距離5m以内の部分は擁壁の設置義務を解除したものである。

　施行規則第40条第2項は、同条第1項の適用に当たっての崖の範囲に関する規定である。崖は、その途中に、小段、道路、建築敷地等を含んで上下に

図8-10　崖の種類

崖の範囲（一体の崖とみなされる崖）

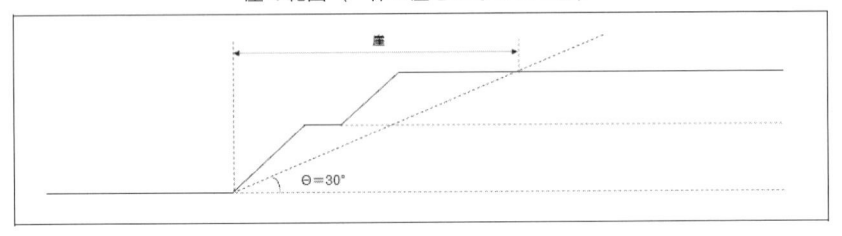

崖の範囲（二つの崖）

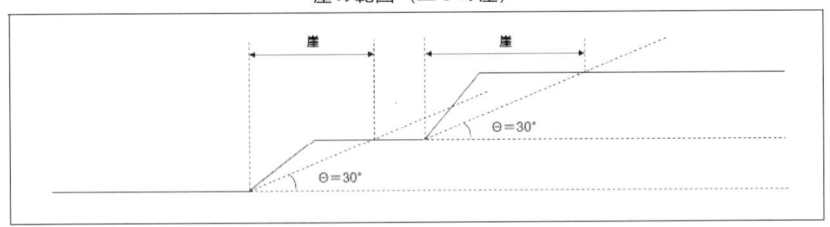

（国土交通省資料）

分離されている場合が多い。このような場合は、本項の規定により、下層の崖面の下端を含み、かつ、水平面に対して30度の角度をなす面を想定し、その面に対して上層の崖面の下端がその上方にあるときは、その上下の崖は一体の崖とみなされる。

　施行規則第40条第3項は、擁壁の設置についての同条第1項の規定の適用除外をした規定である。すなわち、切土の場合であるか盛土の場合であるかを問わず、土質試験等に基づき地盤の安定計算をした結果、崖の安全を保つために擁壁の設置が必要でないことが確かめられた場合及び災害の防止上支障がないと認められる土地で擁壁の設置以外の保護工が行われている場合については、擁壁の設置義務は解除されている。なお、ここで「災害の防止上支障がないと認められる土地」への該当性については、地盤自体が安定していることはもとより、未利用地等で周囲に対する影響が少ないところといった立地条件、土地利用の状況も勘案した上で判断される必要がある。また、崖の規模についても同様に限定されるものと解される。

3　特別警戒区域における特定開発行為の制限等（第73条～第81条）

④　施行規則第41条に定める技術的基準（擁壁の構造等関係）

　施行規則第41条第1項は、擁壁の構造又は能力に関する規定である。同項第1号は、擁壁の構造計算及び実験の原則を示したものであり、擁壁の安全を害する破壊、転倒、滑り及び沈下が生じないことを、構造計算及び実験等によって確かめることを義務付けている。通常、土圧とは、地盤を構成する土の圧力をいうが、本条ではその土の圧力のほかに、水圧、自重、建築物若しくは積雪等の積載荷重を含めたものをいう。なお、鉄筋コンクリート造のように容易に構造計算のできるものについては構造計算により、間知石積のように容易に構造計算ができないものについては実験を主体としてその安全を確認することとなろう。同項第2号は、水抜穴の設置及び構造についての規定である。集中豪雨時における擁壁の倒壊は、水圧の増大により起こることが多い。それを防ぐため、擁壁には背面土中に浸透した雨水、地下水等を有効に排出することのできる水抜穴を設けるとともに、その機能が十分発揮されるために透水層を設けるよう規定している。水抜穴の入口には、透水層の砂利、砂等が水抜穴から水と一緒に流れ出さないよう、適当な大きさの砕石、栗石等を置くことも必要である。後段のただし書は、空積造のように本来の構造上水抜穴に代わるスペースが確保されている擁壁については、この限りでないとする旨の規定である。

　施行規則第41条第2項は、高さ2mを超える擁壁について建築基準法施行令の規定の準用を規定したものである。この規定は、同条第1項の規定に基づき設置されることとなる義務擁壁のほか、これによらないで設けられることとなる任意擁壁も含めて各々2mを超えるものについて適用される規定である。

⑤　施行規則第42条に定める技術的基準（崖面について講ずる措置関係）

　施行規則第42条は、擁壁の設置義務のない崖についての保護の規定である。特定開発行為によって生ずる崖の崖面は、施行規則第40条第1項の規定による擁壁設置の義務が課せられていないものについても、風化、津波浸水想定を設定する際に想定した津波による洗掘その他の侵食から保護するため芝張

りその他の保護工を行わなければならない旨を規定している。なお、具体的な保護工として芝張りのみが例示されているが、これは、芝等の植生で覆う場合については、津波浸水想定を設定する際に想定した津波に対する耐力が十分確かめられているのみならず、適正な維持管理に係る負担が少なく、当該津波に対する永続的な保護措置としてより適当であることによるものである。ただし、石張りやモルタルの吹付け等の保護工については、津波浸水想定を設定する際に想定する津波の発生頻度に照らし、施工してから当該津波が来襲するまでの長期にわたって、背後の地盤との一体性が失われないようこれらの適正な維持管理を継続していく必要があるものの、十分な期間適切な維持管理を継続できる場合には、それらによる保護も可能とするものである。また、これは都市計画法の開発行為の場合においても同様である。

⑥ 施行規則第43条に定める技術的基準（崖の上端の周辺の地盤等について講ずる措置関係）

施行規則第43条は、崖の上端の周辺の地盤等について講ずる措置に関する技術的基準を定めた規定であり、津波特有の作用を考慮した基準である。

特定開発行為によって生ずる崖の上端の周辺の地盤面については、同条第1項により、当該崖の上端が基準水位より高い場合を除き、津波の越流による侵食に対して保護されるように、石張り、芝張り、モルタルの吹付け等の措置を講ずることとしており、この措置は当該崖の崖面の保護と同じ工種を用いるのが望ましい。

特定開発行為によって生ずる崖の崖面の下端の周辺の地盤面については、流水が集中する崖の隅角部から洗掘が進み、崖面の滑り破壊や擁壁の倒壊が懸念されることから、同条第2項により、根固め、根入れ等の措置を講ずることとしている。なお、当該崖の崖面の下端に道路等を配置する場合には、アスファルト等の道路舗装（路盤までの厚さが薄い簡易舗装を除く。）によることも可能である。また、地盤の安定計算により崖面等の安全性が確かめられた場合又は津波による洗掘を前提として盛土若しくは切土上の建築物のセットバックが行われた場合には、人的災害が生ずるおそれがないため、こ

3　特別警戒区域における特定開発行為の制限等（第73条〜第81条）

の措置は不要である。

⑦　施行規則第44条に定める技術的基準（排水施設の設置関係）
　施行規則第44条は、切土又は盛土をする場合の地下水等の排水施設に関する規定である。滑動崩落を生じる原因として、盛土と地山との境界付近に、地下水等が流入し、地下水位が盛土をする前の地盤面の高さを超え、盛土の内部に浸入していることが挙げられる。したがって、切土又は盛土をする場合に、特定開発行為により造成される敷地において地下水等により崖崩れ又は土砂の流出が生じるおそれがあるときは、崖崩れ又は土砂の流出の原因となる地下水等を排除するための排水施設の設置を要する。
　施行規則第44条第1号は、排水施設の構造に関する規定である。設置された排水施設が外圧、地盤の不等沈下あるいは移動等により支障をきたすことなく機能するためには、堅固で耐久力を有するものでなければならないとの趣旨である。
　施行規則第44条第2号は、排水施設の材料と漏水防止に関する規定である。排水施設の材料は、耐水性の材料、すなわちコンクリート、れんが、陶器等で造られたものを使用し、漏水を最小限度とするために、継ぎ目はカラー、ソケット等の構造とするなどの措置を必要とする。ただし書の規定は、平成16年の特定都市河川浸水被害対策法の施行に伴い、同法第2条第2項の特定都市河川流域において雨水の流出抑制に係る措置を講じることが義務付けられたことを契機に、特定都市河川流域の内外を問わず、崖崩れ又は土砂の流出の防止上支障がない場合においては、専ら雨水その他の地表水を排除すべき排水施設に限り、多孔管等の浸透機能を付加することを可能としたものである。浸透機能を有する排水施設を設置する場合にあっては、地すべり等により関連する排水施設や擁壁等の機能が損なわれないよう十分留意する必要がある。
　施行規則第44条第3号は、管渠の勾配及び断面積に関する規定である。管渠の内径又は内法幅については主に清掃上の観点と必要排水能力とから、その排除すべき雨水その他の地表水又は地下水を支障なく流下させることがで

第8章　津波災害特別警戒区域

きるものでなければならないとしている。

　施行規則第44条第4号は、専ら雨水その他の地表水を排除すべき排水施設のうち暗渠である構造の部分に設けるべきます又はマンホールの場所についての規定である。本号の趣旨は、泥溜め、集水又は清掃上の観点より、ます又はマンホールを適当な場所に設置させることにより溢水、冠水の被害を防止しようとするものである。同号イの暗渠の始まる箇所とは、通常は各敷地内の排水設備を通じ、公道下の排水施設と接続する部分を指す。また、個人に帰属する敷地内に存する排水施設も含む。同号ロのかっこ書の趣旨は、主に流路の方向、勾配が変化する箇所に適用されるもので、清掃に支障がない程度の間隔である場合、あるいは変化の度合が著しく小さい場合を指すものと解される。同号ハは、同号イ及びロにより設置されることとなるものを含めて、管渠の長さが、その内径又は内法幅の120倍を超えない範囲としている。この場合、設置する目的が専ら清掃上の考慮によるものであるから、設置箇所を決定する際にもその点を十分満足するものであることが必要となる。

　施行規則第44条第5号は、ます又はマンホールに設けられる蓋についての規定である。ます又はマンホールについては、人の落下等を防ぐために、蓋を設けることとしている。なお、雨水その他の地表水を排除すべきマンホールの蓋については、集中豪雨時の雨水の流入等により、その蓋に圧力や空気圧が作用して浮上・飛散する事故が発生したことがあることから、過度の圧力や空気圧がかからない構造をもった格子状の蓋が設けられる場合があるので、必ずしも密閉できる構造である必要はない。

　施行規則第44条第6号は、ますの底に設けるべき泥溜めについての規定である。雨水その他の地表水を排除すべきますについては雨水に混入する泥、ごみ等を集めるための深さ15ｃｍ以上の泥溜めを設置させることとしたものである。

（4）許可の特例（第76条）

　国又は地方公共団体が行う特定開発行為については、都道府県知事等との協議が成立すれば、法第73条第1項の許可を受ける必要はない。法第76条第

3 特別警戒区域における特定開発行為の制限等（第73条～第81条）

1項は、国又は地方公共団体と特定開発行為の許可権者の関係を、もっぱら許可を受ける者と許可を行う者という関係としてとらえ、特定開発行為の許可権者が申請に対して一方的に決定を下すというような概念で律するのは適当ではないという趣旨によるものであり、双方が協議し、合意された結果に応じて国又は地方公共団体が許可を要する行為を行うことができる地位を取得するという特例制度を規定しているものである。

なお、法第76条第1項に規定する国又は地方公共団体が行う特定開発行為については、国又は地方公共団体と都道府県知事等との協議が成立することをもって特定開発行為の許可を受けたものとみなすこととされているが、工事完了検査（法第79条）、完了公告があるまでの建築制限（法第80条）、特定開発行為の廃止届（法第81条）等の規定については、他の特定開発行為と同様に適用される。

また、特定開発行為を行う可能性のある次の独立行政法人等についても、津波防災地域づくりに関する法律の施行に伴う関係法律の整備等に関する法律の施行に伴う関係政令の整備に関する政令（平成24年政令第427号。以下「整備政令」という。）により改正された各独立行政法人法等の施行令の規定により同様の特例が適用される。

- 地方住宅供給公社
- 地方道路公社
- 土地開発公社
- 国立大学法人及び大学共同利用機関法人
- 地方独立行政法人
- 独立行政法人国立病院機構
- 独立行政法人労働者健康福祉機構
- 独立行政法人都市再生機構
- 国立高度専門医療研究センター

また、都市計画法に基づく開発行為の許可が必要な場合については、同法第33条第1項第7号により、同法の開発区域内の土地の全部又は一部が特別警戒区域内の土地であるときは、当該土地における特定開発行為に関する工

事は、本法と同様の技術的基準に適合することを求めることとしているため、都市計画法に基づく開発行為の許可を受けたものについては、法第73条第1項の許可を受けることは要しない。

(5) 許可又は不許可の通知（第77条）

　法第77条は、特定開発行為の許可に対する処分の迅速な処理と通知について規定したものである。

　法第77条第1項は、特定開発行為の許可に関する処分を遅滞なく行うべき旨を定めたものである。「遅滞なく」とは、「すみやかに」よりは遅いが、遅れることなくという程度の意味である。また、相当期間を経過しても何らの処分もしないときは、行政不服審査法（昭和37年法律第160号）に規定されている一般則に基づき、不作為についての不服申立ての対象となる（行政不服審査法第7条）。

　法第77条第2項は、特定開発行為の許可に関する処分の通知について定めたものである。書面によらないでなされた処分は、無効である。また、本条による処分の効力発生時期は、民法（明治29年法律第89号）第97条の到達主義の一般原則により、その通知が被処分者に到達したときである。なお、到達とは、相手方が受領し得る状態におかれることであって、相手方が現実に了知しなくても社会通念上了知し得べき客観的状態を生じたと認められれば到達したことになる。また、行政手続法（平成5年法律第88号）第8条の規定により、不許可の処分をする場合は、同時に不許可の理由を示さなければならない。

　なお、明文の規定はないが、法第74条の規定による許可申請にあたり申請書及び添付書類に不備があるときで、許可権者がその補正を求めてもなお補正がなされないときは、当該申請を不許可とすべきである。

(6) 変更の許可等（第78条）

　法第78条は、特定開発行為の許可の変更の許可等について規定したものである。特定開発行為の許可を受けた者が法第74条第1項各号に掲げる特定開

3　特別警戒区域における特定開発行為の制限等（第73条～第81条）

発行為許可申請書の記載事項を変更しようとする場合には、施行規則第45条で定める軽微な変更をしようとする場合を除き、変更許可を受けなければならない。具体的には、以下の事項を変更しようとする場合に、許可が必要となる。

- 開発区域の位置、区域及び規模
- 制限用途の予定建築物の用途及びその敷地の位置
- 特定開発行為に関する工事の計画

なお、許可の対象となるのは、特定開発行為の許可後で、かつ、完了公告前の変更であり、それ以外の変更については法第78条の適用はない。また、当初の特定開発行為の許可の内容と同一性を失うような大幅な変更については、新たに特定開発行為の許可を受けることが必要となるものと解する。

ただし、特定開発行為の許可の変更のうち、軽微な変更については、法第78条第1項のただし書の規定に基づき、許可は不要であり、同条第3項の規定により都道府県知事等に届け出ることとされている。施行規則第45条は、特定開発行為に関する工事の着手予定年月日又は完了予定年月日の変更について許可不要としている。

変更の許可を受けようとする者は、施行規則第46条に基づき、変更に係る事項、変更の理由、法第73条第1項の許可の許可番号を記載した申請書を都道府県知事等に提出しなければならない。なお、「変更に係る事項」について記載するので、変更されない事項については記載は不要である。記載にあたっては、変更の前後が対照されるようにすべきである。

変更の許可の申請書の様式及び法第78条第3項に基づく変更の届出書の様式については、特段の定めはないので、特定開発行為の許可権者が適宜その様式を定めることとなる。

変更の許可については、特定開発行為の許可に関する以下の手続規定が準用されている。

- 法第75条（特定開発行為の許可の基準）
- 法第76条（許可の特例）
- 法第77条（許可又は不許可の通知）

第 8 章　津波災害特別警戒区域

（7）工事完了の検査（第79条）

　特定開発行為の許可を受けた者は、特定開発行為に関する工事の全てを完了したときは都道府県知事等に届け出なければならないものとし、都道府県知事等は、検査の結果、法第75条の技術的基準に適合していると認めたときは、検査済証を当該者に交付することとしている。工事完了の届出及び検査済証の交付については、施行規則第48条及び第49条に基づきそれぞれ別記様式第11及び別記様式第12により行うこととなる。

　都道府県知事等は、工事が完了した旨を公告するときには、当該工事に係る開発区域に地盤面の高さが基準水位以上である土地の区域があるときはその区域を公告しなければならない。これは、特定開発行為に関する工事により地盤面の高さが基準水位以上となる土地の区域については、当該区域における法第82条の特定建築行為の許可が不要となることから、工事完了の公告と併せて当該区域の公告を行うことで当該許可が不要となる区域を明示し、建築手続等の簡素化に寄与することを目的としているものである。

　工事完了公告の方式については、施行規則第50条に規定されている。なお、特定開発行為として、複数の建築物の建築を目的とした一体的な開発が行われる場合には、特定開発行為に関する工事の全体に一挙に着手するのではなく、工区ごとに工事を進行させることが考えられることから、工区が設定された場合には、工区ごとに工事完了の届出を行わせ、検査及び公告を行うことも可能である。

（8）建築制限等（第80条）

　法第80条は、特別警戒区域内の開発区域内の土地で、工事完了公告があるまでの間において、制限用途の建築物の建築の制限を定めた規定である。すなわち、工事完了の検査と公告があるまでは原則として制限用途の建築物の建築を禁止することによって、特定開発行為が許可どおりに行われることを担保し、無秩序な開発が行われるのを防止しようとする趣旨の規定である。なお、本条ただし書の規定は、本条の趣旨に鑑み、開発工事の工程上や施行上やむを得ない場合に適用すべきである点に留意する必要がある。また、都

道府県知事等が支障がないと認めた場合であっても、当該建築の目的が達成されることにより、特定開発行為の完了手続まで至らずに放置されるケースも想定され得ることから、法第91条第1項により特定開発行為完了前における使用を制限する等、条件の付加により係る状況の発生を防ぐということも考えられる。

（9）特定開発行為の廃止（第81条）
　法第81条は、特定開発行為に関する工事の廃止についての規定である。特定開発行為に関する工事の廃止は、施行規則第51条に基づく別記様式第13により都道府県知事等に届出することをもって足りることとされている。しかし、特定開発行為に関する工事がむやみに中途で廃止されると、その周辺の地域に対して溢水等の被害を及ぼしたり環境を害したりするおそれがあるので、許可に際しては、万が一廃止された場合の事後処理に関して必要な条件を付し得るものである。

4　特別警戒区域における特定建築行為の制限等（第82条～第84条）

（1）特定建築行為の制限（第82条）
　法第82条により、特別警戒区域内において、法第73条第2項各号に掲げる用途の建築物の建築（建築基準法（昭和25年法律第201号）第2条第13号に規定する建築をいい、既存の建築物を変更して制限用途の建築物とすることを含む。以下「特定建築行為」という。）をしようとする者は、あらかじめ、都道府県知事等の許可を受けなければならない。

（2）特定建築行為の申請の手続（第83条）
① 特定建築行為許可申請書
　施行規則第52条により、特定建築行為の許可を受けようとする者は、別記様式第14の特定建築行為許可申請書（施行規則第55条第2号の国土交通大臣が定める基準に適合するものとして法第82条の許可を受けようとする場合に

あっては、別記様式第14の特定建築行為許可申請書及び別記様式第15の建築物状況調査。）の正本及び副本に、それぞれ法第83条第2項に規定する図書を添えて、都道府県知事等に提出しなければならない。

また、市町村の条例で定めるところにより、法第73条第2項第2号の条例で定める用途の建築物について特定建築行為の許可を受けようとする者は、以下の事項を記載した申請書に、法第83条第4項に規定する図書及び市町村の条例で定める図書を添えて、都道府県知事等に提出しなければならない。
- 特定建築行為に係る建築物の敷地の位置及び区域
- 特定建築行為に係る建築物の構造方法
- その他市町村の条例で定める事項

② 特定建築行為許可申請書の添付図書

特定建築行為が特定開発行為の許可又は都市計画法の開発許可を受けた土地の上に行うものであるときは、施行規則第54条により、法第79条第2項に

図8－11　開発行為・建築行為のフロー

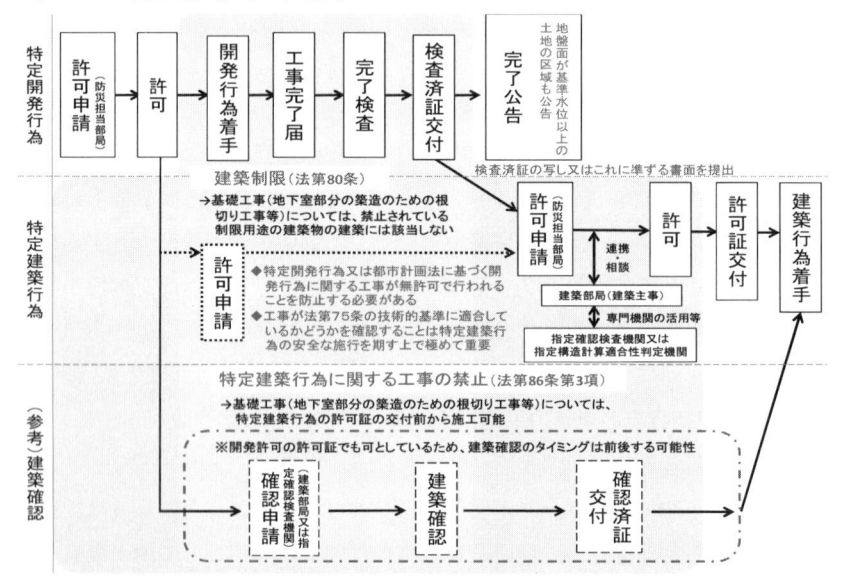

（国土交通省資料）

4 特別警戒区域における特定建築行為の制限等（第82条～第84条）

規定する検査済証の写し若しくは都市計画法第36条第2項に規定する検査済証の写し又はこれらに準ずる書面を添付することとしている。

　工事完了の検査後に交付される検査済証の写しの提出を原則としているのは、特定開発行為又は都市計画法に基づく開発行為に関する工事が無許可で行われることを防止する必要があるという趣旨のみならず、当該工事が法第75条の技術的基準に適合しているかどうかを確認することが特定建築行為の安全な施行を期す上で極めて重要であるという趣旨によるものである。

（3）特定建築行為の許可の基準（第84条）

　特定建築行為を行うときは、法第73条第2項各号に掲げる用途の建築物が津波により損壊又は浸水等をすると、当該建築物を利用する者の生命・身体に被害が生じるおそれがあるため、当該建築物を津波に対し安全なものとする必要がある。このため、特定建築行為の許可に当たっては、当該建築物が、法第73条第2項各号に掲げる用途に応じ、それぞれ法第84条第1項又は第2項に定める基準に適合するものであることが求められる。

　法第73条第2項第1号に定める用途の建築物に係る法第84条第1項の許可の基準は、以下のとおりである。

① 津波に対して安全な構造のものとして施行規則第55条に定める技術的基準に適合するものであること。

② 施行令第24条で定める居室の床面の高さ（当該居室の構造その他の事由を勘案して都道府県知事等が津波に対して安全であると認める場合にあっては、当該居室の床面の高さに都道府県知事等が当該居室について指定する高さを加えた高さ）が基準水位以上であること。

　また、法第73条第2項第2号に基づき、特別警戒区域内の市町村の条例で定める区域内では、津波の発生時における利用者の円滑かつ迅速な避難を確保することができないおそれが大きいものとして条例で定める用途の建築物に係る法第84条第2項の許可の基準は、以下のとおりである。

① 津波に対して安全な構造のものとして施行規則第55条に定める技術的

基準に適合するものであること。
② 次のいずれかに該当するものであることとする基準を参酌して市町村の条例で定める基準に適合するものであること。
　　イ　居室（共同住宅その他の各戸ごとに利用される建築物にあっては、各戸ごとの居室）の床面の全部又は一部の高さが基準水位以上であること。
　　ロ　基準水位以上の高さに避難上有効な屋上その他の場所が配置され、かつ、当該場所までの避難上有効な階段その他の経路があること。

　特定開発行為の許可により地盤の安全性が確認された基準水位以上である土地の区域については、法第79条第3項により工事完了の公告と併せて公告することとしているが、当該区域については、法第73条第2項各号に掲げる用途の建築物の建築であっても、当該建築物の居室の高さが基準水位以上となることは明らかであるため、当該区域における特定建築行為に係る許可は要しない。
　なお、特定建築行為のうち増築の場合は、施行令第24条で定める居室の床面の高さに係る都道府県知事等の審査を要するのは増築部分に限られる。
　また、特定建築行為の許可の事務に当たっては、申請者の負担軽減の観点にも鑑み、建築基準法の建築確認を行う建築主事等と窓口を一元化する等十分連携し、関係部局においては地震に対する安全性に係る審査について建築確認における審査内容の活用を、また、津波に対する構造耐力上の安全性に係る審査について民間の専門機関の活用を検討するなど審査体制の充実を図るなど、手続の効率化・円滑化に配慮することが望ましい。

（4）施行規則第55条に定める特定建築行為に係る建築物の技術的基準
　法第73条第2項各号に掲げる用途の建築物の建築の許可にあたっては、法第84条第1項第1号又は同条第2項第1号に定めるとおり、当該建築物が、津波に対して安全な構造のものとして施行規則第55条に定める技術的基準に適合するものであることが求められる。

4 特別警戒区域における特定建築行為の制限等（第82条～第84条）

　施行規則第55条に定める技術的基準は、法第56条第１項第１号に定める指定避難施設の技術的基準（施行規則第31条）と同様の基準としている。この技術的基準については、「津波浸水想定を設定する際に想定した津波に対して安全な構造方法等を定める件」（平成23年国土交通省告示第1318号）（参考資料２（４）参照）に定めており、施行に当たっての留意点等については、第７章５（４）を参照のこと。

（５）法第73条第２項第１号に掲げる用途の建築物（一定の社会福祉施設、学校、病院等）に係る基準（第84条第１項第２号）

　特別警戒区域内において、法第73条第２項第１号に掲げる用途の建築物の建築を許可するに当たっては、施行規則第55条に定める技術的基準と併せて、当該建築物に存する施行令第24条で定める居室の床面の高さ（当該居室の構造その他の事由を勘案して都道府県知事等が津波に対して安全であると認める場合にあっては、当該居室の床面の高さに都道府県知事等が当該居室について指定する高さを加えた高さ）が基準水位以上であることを確認する必要がある。

　法第73条第２項第１号に掲げる用途に係る特定建築行為の制限は、一定の居室を基準水位以上に設けることにより、特に防災上の配慮を要する者が津波を避けることができるようにするための措置である。

　居室の床面の高さを基準水位以上の高さにすべき居室は、施行令第24条各号に列挙されている。第２号の「日常生活に必要な便宜の供与」は、食事の提供、入浴、排泄、食事の介護等の日常生活上必要な便宜を供与することを想定しており、「その他これらに類する目的のために使用されるもの」は、教養の向上やレクリエーションのための便宜の供与等を想定している。第３号の「教室」は、幼稚園については、保育室、遊戯室等教育の用に供する居室を想定している。第４号の「その他これに類する居室」は、助産所の妊婦、産婦、じょく婦の収容施設を想定している。

　また、施行令第24条の規定に基づき、都道府県知事等は、同条各号に掲げる用途の建築物の基準水位以上の高さに避難上有効な場所として他の居室が

あって、当該居室まで避難上有効な経路があり、津波の発生時において同条各号に定める居室の利用者等に開放される場合には、同条各号に定める居室に代えて、当該他の居室を法第84条第1項第2号に適合するものとして認めることが可能であり、当該建築物全体の利用状況を踏まえて判断することとなる。都道府県知事等が当該他の居室を認めるに当たっては、施行令第24条第1号及び第4号に定めた用途の施設については、例えば、常駐する職員数、車椅子等の搬送器具の常備状況、エレベーター等の非常用電源の設置状況等から、夜間就寝時も含めて迅速な避難を行う態勢が確保されていると認められる必要がある。また、老人デイサービスセンターと有料老人ホームが上下の階に併設されている施設等、一つの建築物内に複数の用途が存在する施設で、建築物全体が一体として利用されている場合等であって、いずれかの用途の上層階の居室の床面の高さが基準水位以上となるときは、当該建築物全体の利用状況等を踏まえて、当該上層階の居室を避難上有効な他の居室とするかどうか適切に判断することが望ましい。

なお、「当該居室の構造その他の事由を勘案して都道府県知事等が津波に対して安全であると認める場合」(法第84条第1項第2号かっこ書)としては、居室の床面の一部の高さが基準水位未満となるものの、居室の出入口や窓の高さが基準水位以上であり、居室の出入口や窓以外から浸水するおそれがない場合等が該当する。

(6) 法第73条第2項第2号に掲げる用途の建築物(市町村が条例で定めた用途の建築物)に係る基準(第84条第2項第2号)

特別警戒区域内の区域であって、法第73条第2項第2号に基づき市町村の条例で定める区域において、津波の発生時における利用者の円滑かつ迅速な避難を確保することができないおそれが大きいものとして同号に基づき市町村の条例で定める用途の建築物の建築を許可するに当たっては、施行規則第55条に定める技術的基準と併せて、当該建築物が法第84条第2項第2号イ又はロに規定するいずれかの基準を参酌して市町村の条例で定める基準に適合するものであることを確認する必要がある。

同号イの基準によれば、例えば、住宅の2階の高さが基準水位を超える地域においては、2階建ての戸建て住宅は許可できることとなる。しかし、共同住宅その他の各戸ごとに利用される建築物については、全体として2階建てであっても、それぞれの各戸に基準水位以上の居室がなければならず、メゾネット形式のように各戸の中で2階に上がれるような構造であって、2階部分の居室が基準水位以上であることが求められる。同号ロの基準によれば、例えば、基準水位が高いために同号イを満たさない住宅又は共同住宅であっても、避難上有効な屋上が設置され、当該場所までの階段等の経路が利用可能な状態に管理されている場合には許可できることとなる。
　市町村においては、これらの基準を参酌し、地域の実情に応じて同号イに相当する基準を設定したり、又は同号ロに相当する基準を設定したりするほか、戸建て住宅については同号イに相当する基準を設定し、共同住宅についてはロに相当する基準を設定するといった様々な組み合わせが可能であるので、地域の実情を勘案して条例で適切に基準を定めることとなる。

5　許可の特例（第85条）

　国又は地方公共団体が行う特定建築行為については、都道府県知事等との協議が成立すれば、法第82条の許可を受ける必要はない。また、特定建築行為を行う可能性のある独立行政法人及び地方独立行政法人についても、整備政令により改正された各独立行政法人法等の施行令の規定により同様の特例が適用される。

6　許可証の交付又は不許可の通知（第86条）

　法第86条は、特定建築行為の許可に対する処分の迅速な処理と通知について規定したものである。法第86条第1項及び第2項は、法第77条と同様の措置を定めたものであり、許可証の様式については、別記様式第16による。

7　変更の許可等（第87条）

　法第87条は、特定建築行為の許可の変更（再変更する場合を含む。）について規定したものである。特定建築行為の許可を受けた者が法第83条第1項各号又は第3項各号に掲げる特定建築行為許可申請書の記載事項を変更しようとする場合には、国土交通省令で定める軽微な変更をしようとする場合を除き、変更許可を受けなければならない。

　なお、許可の対象となるのは、特定建築行為の許可後で、かつ完了公告前の変更であり、それ以外の変更については法第87条の適用はない。また、当初の特定建築行為の許可の内容と同一性を失うような大幅な変更については、新たに特定建築行為の許可を受けることが必要になるものと解する。

　ただし、特定建築行為の許可の変更のうち、国土交通省令で定める軽微な変更については、法第87条第1項ただし書の規定により、許可は不要であり、法第87条第4項の規定により、都道府県知事等に届け出ることとされている。施行規則第58条において特定建築行為に関する工事の着手予定年月日又は完了予定年月日の変更については、軽微な変更に当たるものと定めている。

　変更の許可を受けようとする者は、法第87条第1項第1号に掲げる場合にあっては、施行規則第59条に基づき、変更に係る事項、変更の理由、法第82条の許可の許可番号を記載した申請書を、法第87条第1項第2号に掲げる場合にあっては、市町村の条例で定める事項を記載した申請書を都道府県知事等に提出しなければならない。なお、「変更に係る事項」について記載するので、変更されない事項については記載は不要である。記載にあたっては、変更の前後が対照できるようにすることが望ましい。

　変更の許可の申請書の様式及び法第87条第4項に基づく変更の届出書の様式については、特段の定めはないので、特定建築行為の許可権者が適宜その様式を定めることとなる。

　変更の許可については、特定建築行為の許可に関する以下の手続規定が準用されている。

- 法第84条（特定建築行為の許可の基準）
- 法第85条（許可の特例）
- 法第86条（許可証の交付又は不許可の通知）

8　監督処分（第88条）

　法第88条第1項は、特定開発行為及び特定建築行為の許可（許可の変更等も含む。）の取り消し、許可に付した条件の変更、工事その他の行為の停止、若しくは必要な措置の命令について規定したものである。具体的には、以下の事項に該当する場合に監督処分の対象になる。

- 法第73条第1項の特定開発行為の許可又は法第78条第1項の変更の許可の規定に違反して、特定開発行為をした者（第1号）
- 法第82条の特定建築行為の許可又は法第87条第1項の変更の許可の規定に違反して、特定建築行為をした者（第2号）
- 特定開発行為又は特定建築行為の許可（許可の変更等も含む。）に付した条件に違反した者（第3号）
- 特別警戒区域で行われる又は行われた特定開発行為（当該特別警戒区域の指定の際当該特別警戒区域内において既に着手している行為を除く。）であって、開発区域内の土地の安全上必要な措置を法第75条の国土交通省令で定める技術的基準に従って講じていないものに関する工事の注文主若しくは請負人（請負工事の下請人を含む。）又は請負契約によらないで自らその工事をしている者若しくはした者（第4号）
- 特別警戒区域で行われる又は行われた特定建築行為（当該特別警戒区域の指定の際当該特別警戒区域内において既に着手している行為を除く。）であって、第84条第1項各号に掲げる基準又は同条第2項各号に掲げる基準に従って行われていないものに関する工事の注文主若しくは請負人（請負工事の下請人を含む。）又は請負契約によらないで自らその工事をしている者若しくはした者（第5号）
- 偽りその他不正な手段により特定開発行為、特定建築行為の許可（許

第8章　津波災害特別警戒区域

可の変更等も含む。）を受けた者（第6号）
　法第88条第2項は、同条第1項の監督処分の実効性を確保するために、監督処分の相手方を確知することができない場合の代替措置として、いわゆる簡易代執行制度を定めたものである。
　特定開発行為者又は特定建築行為者が法第88条第1項の監督処分に従わない場合、他の手段によってその履行を確保することが困難であり、かつその不履行を放置することが著しく公益に反すると認められるときは、行政代執行法に基づき、戒告及び代執行令書通知を行った上で、都道府県知事は自ら措置を講ずることが可能である。しかしながら、監督処分を履行すべき者を確知することができない場合は当該手続によることができないため、救済措置として、必要な措置を行うべき者の負担において、都道府県知事が自ら措置を行ったり、命じた者又は委任した者をして措置をとらせることができるようにしたものである。
　法第88条第3項及び第4項により、監督処分命令をした場合は、命令に係る土地又は建築物若しくは建築物の敷地内に標識の設置、都道府県等の広報への掲載、インターネットの利用その他の適切な方法により、その旨を公示しなければならないと規定している。

9　立入検査（第89条）

　法第89条第1項は、特定開発行為及び特定建築行為に関する処分等の適正を確保するため、以下の規定による権限を行使するため必要がある場合に、都道府県知事又は当該都道府県職員等が、その対象となる土地に立ち入り、当該土地又は対策工事等の状況を検査することができることを定めたものである。
　①　特定開発行為の許可（法第73条第1項）
　②　特定開発行為の変更の許可（法第78条第1項）
　③　工事完了の届出があった場合の検査（法第79条第2項）
　④　特定開発行為に係る工事完了等の公告前の建築制限（法第80条

⑤　特定建築行為の許可（法第82条）
　⑥　特定建築行為の変更の許可（法第87条第1項）
　⑦　特定開発行為又は特定建築行為に関する監督処分（法第88条第1項）
　法第89条第2項は、立入検査が他人の占有する土地に立ち入るものであることに鑑み、当該立入検査を行う者に対して、身分証明書の携帯と請求を受けた場合のその提示を義務付けることを定めたものである（基礎調査のための立入に関する法第7条第5項を準用）。
　法第89条第3項は、第1項の立入が同項に規定する権限の行使に必要な限度においてのみ認められ、刑事手続の一環である犯罪捜査のために認められたものではないことを、注意的に定めたものである。

10　報告の徴収等（第90条）

　特定開発行為行為及び特定建築行為の許可を受けた者に対して、都道府県知事等は、当該工事の状況に関する報告又は資料の提出を求め、又は当該許可に係る土地における津波による人的災害を防止するために必要な助言若しくは勧告ができることとされている。

11　許可の条件（第91条）

　法第91条は、特定開発行為又は特定建築行為の許可について、都道府県知事等が条件を付することができることとしている。特定開発行為の許可条件としては、津波の浸水時に、盛土により形成した地盤の崩壊を防ぐために必要なものが想定される。また、特定建築行為の許可条件としては、津波の浸水時に、制限用途の建築物が津波により倒壊し、又は浸水して住民の生命・身体に危害が生じないようにするために必要なものが想定される。
　具体的には、3（8）で述べたとおり、特定開発行為完了前における建築物の使用の制限等が想定される。

12　移転等の勧告（第92条）

　特別警戒区域における新規の立地については、特定開発行為及び特定建築行為の制限により安全性が確保されることとなるが、当該特別警戒区域に従前から存在する建築物については、これらの規制が適用されないことから、安全性が確保されないままの状態で存続することとなる。

　そこで、都道府県知事は、津波が発生した場合には特別警戒区域内に存する建築物が損壊し、又は浸水し、住民等の生命又は身体に著しい危害を生ずるおそれが大きいと認めるときは、当該建築物の所有者、管理者等に対し、当該建築物の移転等の津波による人的災害の防止又は軽減のために必要な措置をとることを勧告できるようにするものである（第１項）。

　また、都道府県知事は、当該勧告をした場合において、必要があると認めるときは、勧告を受けた者に対し、土地の取得についてのあっせん等の措置を講ずるよう努めなければならないこととしている（第２項）。

第9章　雑則

(1) 監視区域の指定（第94条）

　推進計画区域において地価が急激に上昇し、又は上昇するおそれがある場合には、適正かつ合理的な土地利用の確保が困難となるおそれがあることから、推進計画区域内のうち地価が急激に上昇しているなどの区域を国土利用計画法（昭和49年法律第92号）による監視区域として指定するよう努めることとしたものである。

　監視区域については、「国土利用計画法に基づく土地取引の規制に関する措置等の運用指針について」（平成20年11月10日付け国土利第55号）（次頁参照）を参考にして地価の動向、土地取引の状況等を綿密に精査し、その指定の要否を判断するものとする。

(2) 地籍調査の推進に資する調査の国の努力義務（第95条）

　推進計画区域において地籍調査の推進に資する調査としては、国土調査法第2条の規定に基づいて地籍調査の基礎とするために国が行う基本調査等があり、具体的には、地区の骨格となる官民境界（道路等の官有地と民有地の間の境界）の明確化を図る都市部官民境界基本調査等を想定している。

　市町村が行う地籍調査等に先行して国が都市部官民境界基本調査等を実施すれば、その成果は円滑な公共事業の着手や地籍調査の促進に貢献できる。特に津波による浸水被害が想定される地域において地籍調査が未実施である場合には、速やかに土地境界の明確化を推進する必要があるため、このような地域を中心として、国が都市部官民境界基本調査を実施するよう努めるこ

第9章　雑則

ととしている。

国土利用計画法に基づく土地取引の規制に関する措置等の運用指針（抄）

Ⅷ　監視区域について

　届出制は、全国にわたり一定規模以上の土地取引を届出の対象とすることにより、土地の投機的取引及び地価の高騰が国民生活に及ぼす弊害を除去し、かつ、適正かつ合理的な土地利用の確保を図るものであるが、社会情勢の変化の中で地域によっては一定規模以上の土地取引のみを届出制の対象とすることではその目的を十分に達成できない場合がある。

　このような状況を踏まえ、地価が急激に上昇し、又はそのおそれがある区域における届出制の所期の目的を十分達成するとともに、地価の動向、土地取引の状況等を綿密に精査し、必要に応じ円滑な規制区域指定の準備にも資するため、監視区域の機動的かつ効果的な指定を行う必要がある。

1　監視区域の指定等について
（1）指定要件
　監視区域の指定要件は、規制区域の指定要件と異なり、地価動向に関するものに限ることにより、適時適切に指定することができることとしたものであるが、指定要件の判断に当たっては、次の点に留意する必要がある。
① 「地価が急激に上昇し、又は上昇するおそれ」があるか否かについては、当該地域における従来からの地価の趨勢・土地取引の状況、全国の地価の趨勢、社会経済情勢等を勘案し、実態に即して判断することとなるが、この判断に当たっては、従来の地価高騰時の当該地域における地価上昇の状況や、その背景となった社会経済情勢を踏まえつつ、土地取引動向等に関する調査を行っている地域についてはその結果をもとにして的確な判断に努めるべきである。
② 「適正かつ合理的な土地利用の確保が困難となるおそれ」があるか否かについては、地価の急激な上昇又はそのおそれが生じていれば、通常適正

かつ合理的な土地利用の確保が困難となるおそれがあると推認して差し支えない。

（２）指定の範囲

監視区域の指定は、原則として、市町村等を単位として行い、又は個別規制法に基づく地域区分等に係る区画を単位として行うべきである。

ただし、同一区域内に土地取引の動向又は地価の動向等を異にする地域が含まれている場合には、町丁目等により指定することも考えられる。

なお、地価の急激な上昇又はそのおそれが、都道府県又は指定都市の区域を越えて広範に生じている場合には、相互の連絡調整を密にし、効果的な規制が行えるよう区域を決定するべきである。

（３）注視区域との関係

監視区域の指定に当たっては、それまでに注視区域を指定していなくても監視区域を指定することが可能である。

（４）指定要件の判断に当たっての具体的指標について

地価の動向に関する指定要件の判断に当たっての具体的指標としては、下記の①から④までの指標等が考えられる。

① 用途地域別又は地価公示地点若しくは地価調査地点別の地価動向の推移、全国の類似地域における地価動向の推移
② 地域別の土地取引件数の推移、法人取引が占める割合の推移、法人取引に占める域外法人取引の割合の推移、短期間に転売を行う取引の件数の推移
③ 金融機関の貸出金利の動向、不動産取引関連融資の実績の推移
④ 開発プロジェクト等の構想若しくは計画の有無又は実施状況

地価上昇の未然防止の観点からの地価の上昇前又はその周辺地域への波及前における先行的指定に努めるべきであることから、１年間に少なくとも10％程度の地価上昇がみられる地域については早急に指定の要否について決定するべきである。また、大規模開発プロジェクト、リゾート整備等が予定されている地域等においては、地価上昇の可能性が高いと考えられることから、事業計画、区域の決定等に先立ち、監視区域等の指定について検討する

べきである。

さらに、監視区域を指定してもなお地価の上昇率が低下しない地域については、早急に届出対象面積の引下げを行うべきである。

なお、具体的適用に当たっては、地価上昇率のほか、その地域の地価水準、土地取引の実態等地域の実情を総合的に判断する必要がある。

（5）指定都市と道府県との連絡・調整

指定都市については、規制区域と異なり、当該指定都市の区域について指定都市の長が監視区域を指定することとなるが、その場合は監視区域の範囲等について事前に道府県の担当部局と調整することが望ましい。特に、監視区域から規制区域への移行に関しては、法上監視区域の指定が解除され、又は監視区域が減少されるので、齟齬をきたさないようにする必要がある。

（6）指定期間

監視区域は5年以内の指定期間を定めて指定することとされているが、これは監視区域の指定事由が消失した後もいたずらに指定を継続することを避ける趣旨であるので、必要かつ十分な範囲で期間を定めることはもちろん、指定期間内であっても地価の動向等に関する調査の結果を反映し、的確に指定の解除又は区域の減少を行う必要がある。

なお、指定期間満了時において指定事由が消失していない場合に引き続き当該区域について監視区域制度を施行するときは、新たに監視区域を指定することとなる。

また、監視区域指定後その周辺の地域において指定要件を充足することとなった場合には、その地域について新たに監視区域を指定することとなる。

（7）指定の公告

監視区域の指定の公告については、別紙12－2の様式を例示するので参考とされたい。

（8）指定の周知措置

監視区域の指定は、規制区域の指定の場合と同様迅速に行うべきであることから、指定に係る周知措置については指定後に行うことで足りることとしているが、事前に周知措置をとる必要がある場合には、効率的な執行に留意

して行うべきである。
(9) 監視区域の指定の解除等

　監視区域の周辺地域を含む当該地域において地価の安定傾向が定着している場合であって、当該地域及び全国の地価動向、土地取引の状況、金融情勢、景気動向等の社会経済情勢及び地域の実情からみて地価上昇のおそれがない場合には、監視区域の指定を解除するべきである。その際、必要に応じ、段階的に区域の減少又は届出対象面積の緩和を行うべきである。

　なお、2年以上継続して当該地域において地価の下落傾向が見られ、かつ、再上昇のおそれがない場合には、速やかに監視区域の指定を解除するべきである。

(10) 監視区域の指定の解除等の判断に当たっての具体的指標について

　監視区域の指定の解除等の判断に当たっての具体的指標としては、下記の①から④までの指標等が考えられる。

① 当該地域及び全国における地価動向
（ⅰ）地価公示、都道府県地価調査等における調査地点別、用途地域別等の地価動向の推移
（ⅱ）全国の地価動向の推移
② 監視区域における届出等の実態、指導・勧告の状況及び契約状況
（ⅰ）届出件数の推移及びその内訳
（ⅱ）価格の引下げ等の指導又は勧告を行った届出件数の全届出件数に対する割合及びその詳細
（ⅲ）届出等のあった土地売買等の契約価格動向
③ 地価動向との関連性をもつと考えられる指標の動向

　地価動向との関連性をもつと考えられる指標として下記のものが挙げられるが、地域によっては、下記の指標以外にも地価動向との関連性をもつものが存在する場合も考えられるので、必要に応じ、他の項目についても把握しておくべきである。

（ⅰ）売買による土地所有権移転登記件数
（ⅱ）新設住宅着工戸数

(ⅲ) 商業用着工床面積
　　(ⅳ) 約定平均金利
　　(ⅴ) 平均株価
　　(ⅵ) マネーサプライ
　　(ⅶ) 不動産業向け貸出残高
　　(ⅷ) 法人企業経常利益
④　その他地域の実情として考慮すべき事項
　公共事業等地域の開発プロジェクトが地価に影響を及ぼすと考えられる地域にあっては、その実施状況等について把握するべきである。
　また、法令等により監視区域の指定について努力義務が規定されている地域にあっては、当該地域における整備方針、当該計画等の進捗状況、同種の計画等を有している他地域の状況等について十分考慮するべきである。
(11) 監視区域の指定の解除又は減少時の事前届出等について
　監視区域を解除した際、事前届出又は事前確認申請のうち審査中であるものについては、法第23条第2項第1号イ、ロ又はハに規定する面積以上の土地取引となるもの（一団の土地の扱いを受けるものを含む。）を除き、速やかに不勧告通知等を行うべきである。
　監視区域を減少した際に当該減少した区域内の土地に関する事前届出又は事前確認申請のうち審査中であるものについても、同様の取扱いとするべきである。

第10章　罰則

　第10章では、津波防災地域づくり法の規定に関する違反行為等に対する罰則が以下のとおり定められている。

① 　1年以下の懲役又は50万円以下の罰金に処するもの（第99条）
　津波防護施設区域の占用や行為の制限に関する規定（第22条第1項、第23条第1項）、特定開発行為の許可の規定（第73条第1項、第78条第1項）や完了公告前の建築制限の規定（第80条）、特定建築行為の許可の規定（第82条、第87条第1項）、監督処分の規定による命令（第88条第1項）について違反した者等に対して、1年以下の懲役又は50万円以下の罰金に処することとしている。

② 　6月以下の懲役又は30万円以下の罰金に処するもの（第100条）
　基礎調査の立入及び一時使用の規定（第7条第7項（第34条第2項において準用する場合を含む。））や、特定開発行為及び特定建築行為の許可に係る立入検査（第89条第1項）について違反した者等に対して、6月以下の懲役又は30万円以下の罰金に処することとしている。

③ 　30万円以下の罰金に処するもの（第101条）
　指定津波防護施設に係る標識を無断で移転、除却等した者（第51条第3項）や、指定津波防護施設に係る行為の届出の規定に違反した者（第52条第1項）、特定開発行為及び特定建築行為に係る報告の徴収等の規定に違反した者（第90条第1項、第2項）に対して、30万円以下の罰金に処することとしている。

第10章　罰則

④　20万円以下の過料に処するもの（第103条）

　特定開発行為及び特定建築行為の変更の届出の規定（第78条第3項、第87条第4項）や、特定開発行為の廃止の届出の規定（第81条第1項）に違反した者、また、指定避難施設に係る行為の届出の規定（第58条）に違反した者に対して、20万円以下の過料に処することとしている。

参考（津波防災地域づくりに関する法律に係る支援措置等）

以下では、平成25年度8月時点で活用可能な財政支援制度等を説明する。

（1）津波浸水想定関係（**21頁から30頁関係**）
　都道府県知事が津波浸水想定を設定し又は変更するために必要な調査として、基礎調査を実施する際は、津波浸水シミュレーションの実施に要する費用も含め、社会資本整備総合交付金（効果促進事業）等の財政支援制度を活用することが可能である。

（2）一団地の津波防災拠点市街地形成施設関係（**53頁から59頁関係**）
　一団地の津波防災拠点市街地形成施設の整備に関する事業を実施するに当たって活用可能な税制特例措置（所得税及び法人税の特例）は以下のとおりである。なお、それぞれの特例措置の重複適用はできない。
① 都市計画法の規定に基づき土地等の収用等が行われる場合
　イ）収用等に伴い代替資産を取得した場合の課税の特例
　ロ）交換処分等に伴い資産を取得した場合の課税の特例
　ハ）収用交換等の場合の譲渡取得等の特別控除（5,000万円控除）
② 事業による収用の対償に充てるために土地等が買い取られる場合、又は一団地の津波防災拠点市街地形成施設の区域内に所在する土地が公有地の拡大の推進に関する法律の規定に基づき買い取られる場合
　　特定住宅地造成事業等のために土地等を譲渡した場合の譲渡所得の特別控除（1,500万円控除）
③ 上記①又は②の場合
　　優良住宅地の造成のために土地等を譲渡した場合の長期譲渡所得の課税の特例（軽減税率（2,000万円以下14％、2,000万円超20％））

参考

図1　津波防護施設整備事業

(国土交通省資料)

(3) 津波防護施設関係 (61頁から68頁関係)

　推進計画に基づいて、都道府県又は市町村が津波防護施設の新設又は改良する際には、社会資本整備総合交付金（基幹事業）（社会資本整備総合交付金交付要綱（抜粋）参照）の財政支援制度等を活用することが可能である（図1参照）。

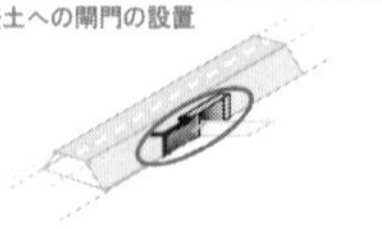

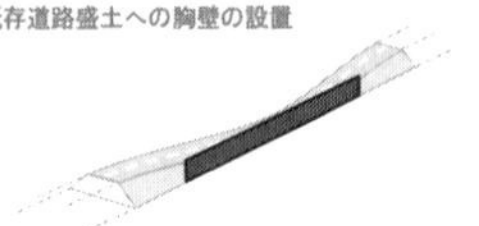

社会資本整備総合交付金交付要綱（抜粋）

　津波防護施設整備事業は、津波防災地域づくりに関する法律第10条第1項に規定する推進計画に記載され、かつ同法29条第2項に規定する国土交通省令で定める基準を満たす津波防護施設の新設又は改良を行う事業のうち、次のすべての要件に該当するもの。

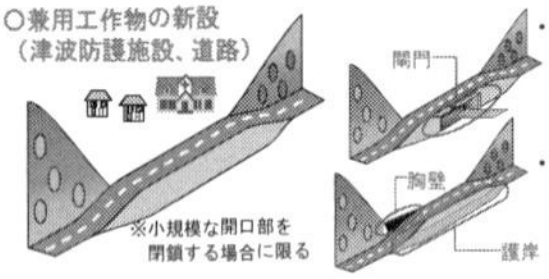

① 津波防護施設の整備であって、次のいずれかの要件に該当するもの。
　イ　盛土構造である既存の道路、鉄道を活用しその施設の背後地への津波による浸水を防止するための閘門、胸壁※。ただし、活用する盛土構造物は津波防災地域づくりに関する法律第29条第2項に規定する国土交通省令で定める基準に準じた構造を持つものに限る。
　　　※　胸壁の整備は一部高さが低い箇所を補うものに限る。その長さは概ね延長500m以内とする。
　ロ　背後地への津波による浸水を防止するための道路、鉄道と一体となって整備する盛土構造物であり、概ね延長500m以内であるもの（津波防災地域づくりに関する法律第29条第2項に規定する国土交通省令で定める基準を満たすために必要となる護岸を含む。必要に応じて設置する胸壁、閘門を含む）。
② 人家20戸以上※を防護するもの。ただし、「災害時要援護者関連施設」（児童福祉施設、老人福祉施設、身体障害者社会参加支援施設、障害者支援施設、地域活動支援センター、福祉ホーム、障害福祉サービス事業の用に供する施設、医療提供施設、生活保護法（昭和25年法律第144号）に基づく救護施設、厚生施設及び医療保護施設並びに学校教育法（昭和22年法律第26号）に基づく特別支援学校及び幼稚園）、又は市町村の地域防災計画に位置づけられている避難所が存在する場合は、上記の20戸を10戸と読み替えるものとする。
　　　※　転入や再建により人家20戸以上と見込まれる場合を含む。
③ 津波防災地域づくりに関する法律第10条に規定する市町村が作成する推進計画に位置付ける津波防護施設整備事業の総事業費が以下のとおりであること。
　（ア）　都道府県が行うもの　　5千万円以上
　（イ）　市町村が行うもの　　　2千5百万円以上

参考

(4) 津波ハザードマップ関係 (**76頁から77頁関係**)
　市町村が津波ハザードマップを作成又は見直しする際には、以下の支援制度を活用することが可能である。
　① 地域自主戦略交付金＜効果促進事業＞（国費割合１／２）
　② 社会資本整備総合交付金＜効果促進事業＞（国費割合　１／２）
　　・いずれも、全国の市町村が対象で、総事業費の20％が上限
　③ 東日本大震災復興交付金＜効果促進事業等＞（国費割合８／10）
　　・東日本大震災財特法の特定被災区域である市町村が対象
　　・基幹事業費の35％が上限
　④ 津波対策推進事業費補助金（国費割合１／２）
　　・東海地震、東南海・南海地震、日本海溝・千島海溝周辺海溝型地震の各防災対策推進地域及び東日本大震災で津波により大きな被災を受けた地域のうち、津波対策の緊急度の高い市町村が対象

(5) 管理協定を締結した避難施設関係 (**79頁から85頁関係**)
　平成27年３月31日までの間に管理協定が締結された避難施設の協定避難用部分（避難場所・避難経路）及び避難の用に供する償却資産（誘導灯、誘導標識、自動解錠装置）については、固定資産税の課税標準が５年間１／２に軽減する特例措置が講じられている（図２参照）。
　また、他にも避難建築物に係る財政上の措置として、都市防災総合推進事業（１／２の補助率（民間施設の場合は最大１／３、社会資本整備総合交付金））や優良建築物等整備事業（１／３の補助率（社会資本整備総合交付金））等がある（図３参照）。

図2　管理協定が締結された避難施設に係る固定資産税の特例措置

管理協定が締結された避難施設に係る固定資産税の特例措置の創設　　国土交通省

【東日本大震災復旧・復興税制に係る特例措置】
津波防災地域づくりに関する法律案(仮称)に基づいて都道府県が指定した津波災害警戒区域において、管理協定が締結された避難施設の「協定避難用部分(避難場所・避難経路)」及び「避難の用に供する償却資産(誘導灯、誘導標識、自動解錠装置)」について、固定資産税の課税標準を1／2に軽減

　　国土交通大臣が基本指針を策定
　　都道府県知事が津波浸水想定を設定
　　都道府県知事が「津波災害警戒区域」を指定できる(イエローゾーン＝警戒避難体制の整備)
　①市町村地域防災計画への津波警戒避難体制(避難施設・避難経路、津波避難訓練、情報伝達等)に関する事項の記載
　②市町村による津波ハザードマップの作成
　③市町村による避難施設の指定・避難施設の管理協定(承継効有り)の締結
　④地下施設、避難困難者利用施設における避難確保計画の作成、津波避難訓練の実施

＜管理協定が締結された避難施設に係る固定資産税の特例の概要＞
【対象資産】
　(家屋)避難施設の協定避難用部分(避難場所・避難経路)
　(償却資産)誘導灯、誘導標識、自動解錠装置(協定避難施設に附属するもの)
　※津波防災地域づくりに関する法律の施行の日から平成27年3月31日までの間に協定が締結された避難施設について適用。
【特例率】
　固定資産税の課税標準の1／2
【適用期間】
　5年間
【その他】
　被災地だけでなく全国適用

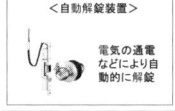

避難施設のイメージ
＜誘導標識＞　　＜自動解錠装置＞
電気の通電などにより自動的に解錠

(国土交通省資料)

図3　支援措置

・管理協定による避難施設に係る避難用スペース・誘導灯・誘導標識・自動解錠装置に関する固定資産税の課税標準：1／2(5年間)

・推進計画区域内の避難建築物の防災用備蓄倉庫等について、建築審査会の同意不要、特定行政庁の認定で容積率の緩和が可。
　※「東日本大震災復興特別区域法」の復興整備計画の計画区域を推進計画区域とみなすことが可。

・避難建築物に係る財政上の措置
　・都市防災総合推進事業：補助率1／2(民間施設の場合は最大1／3、社会資本整備総合交付金)
　・優良建築物等整備事業：補助率1／3(社会資本整備総合交付金)　　　　　　　　　等

(国土交通省資料改変)

参考資料

1 関係法令
2 関係例規
3 その他

1．関係法令
〔参考資料1（1）〕

◯津波防災地域づくりに関する法律

（平成23年12月14日）
（法　律　第　123　号）

目次
　第1章　総則（第1条・第2条）
　第2章　基本指針等（第3条―第5条）
　第3章　津波浸水想定の設定等（第6条―第9条）
　第4章　推進計画の作成等（第10条・第11条）
　第5章　推進計画区域における特別の措置
　　第1節　土地区画整理事業に関する特例（第12条―第14条）
　　第2節　津波からの避難に資する建築物の容積率の特例（第15条）
　　第3節　集団移転促進事業に関する特例（第16条）
　第6章　一団地の津波防災拠点市街地形成施設に関する都市計画（第17条）
　第7章　津波防護施設等
　　第1節　津波防護施設の管理（第18条―第37条）
　　第2節　津波防護施設に関する費用（第38条―第49条）
　　第3節　指定津波防護施設（第50条―第52条）
　第8章　津波災害警戒区域（第53条―第71条）
　第9章　津波災害特別警戒区域（第72条―第92条）
　第10章　雑則（第93条―第98条）
　第11章　罰則（第99条―第103条）
　附則

　　第1章　総則
（目的）
第1条　この法律は、津波による災害を防止し、又は軽減する効果が高く、将来にわたって安心して暮らすことのできる安全な地域の整備、利用及び保全（以下「津波防災地域づくり」という。）を総合的に推進することにより、津波による災害から国民の生命、身体及び財産の保護を図るため、国土交通大臣による基本指針の策定、市町

参考資料

村による推進計画の作成、推進計画区域における特別の措置及び一団地の津波防災拠点市街地形成施設に関する都市計画に関する事項について定めるとともに、津波防護施設の管理、津波災害警戒区域における警戒避難体制の整備並びに津波災害特別警戒区域における一定の開発行為及び建築物の建築等の制限に関する措置等について定め、もって公共の福祉の確保及び地域社会の健全な発展に寄与することを目的とする。

（定義）

第2条　この法律において「海岸保全施設」とは、海岸法（昭和31年法律第101号）第2条第1項に規定する海岸保全施設をいう。

2　この法律において「港湾施設」とは、港湾法（昭和25年法律第218号）第2条第5項に規定する港湾施設をいう。

3　この法律において「漁港施設」とは、漁港漁場整備法（昭和25年法律第137号）第3条に規定する漁港施設をいう。

4　この法律において「河川管理施設」とは、河川法（昭和39年法律第167号）第3条第2項に規定する河川管理施設をいう。

5　この法律において「海岸管理者」とは、海岸法第2条第3項に規定する海岸管理者をいう。

6　この法律において「港湾管理者」とは、港湾法第2条第1項に規定する港湾管理者をいう。

7　この法律において「漁港管理者」とは、漁港漁場整備法第25条の規定により決定された地方公共団体をいう。

8　この法律において「河川管理者」とは、河川法第7条に規定する河川管理者をいう。

9　この法律において「保安施設事業」とは、森林法（昭和26年法律第249号）第41条第3項に規定する保安施設事業をいう。

10　この法律において「津波防護施設」とは、盛土構造物、閘こう門その他の政令で定める施設（海岸保全施設、港湾施設、漁港施設及び河川管理施設並びに保安施設事業に係る施設であるものを除く。）であって、第8条第1項に規定する津波浸水想定を踏まえて津波による人的災害を防止し、又は軽減するために都道府県知事又は市町村長が管理するものをいう。

11　この法律において「津波防護施設管理者」とは、第18条第1項又は第2項の規定により津波防護施設を管理する都道府県知事又は市町村長をいう。

12　この法律において「公共施設」とは、道路、公園、下水道その他政令で定める公共の用に供する施設をいう。

13　この法律において「公益的施設」とは、教育施設、医療施設、官公庁施設、購買施

設その他の施設で、居住者の共同の福祉又は利便のために必要なものをいう。
14 この法律において「特定業務施設」とは、事務所、事業所その他の業務施設で、津波による災害の発生のおそれが著しく、かつ、当該災害を防止し、又は軽減する必要性が高いと認められる区域（当該区域に隣接し、又は近接する区域を含む。）の基幹的な産業の振興、当該区域内の地域における雇用機会の創出及び良好な市街地の形成に寄与するもののうち、公益的施設以外のものをいう。
15 この法律において「一団地の津波防災拠点市街地形成施設」とは、前項に規定する区域内の都市機能を津波が発生した場合においても維持するための拠点となる市街地を形成する一団地の住宅施設、特定業務施設又は公益的施設及び公共施設をいう。

第2章 基本指針等

（基本指針）

第3条 国土交通大臣は、津波防災地域づくりの推進に関する基本的な指針（以下「基本指針」という。）を定めなければならない。

2 基本指針においては、次に掲げる事項を定めるものとする。
一 津波防災地域づくりの推進に関する基本的な事項
二 第6条第1項の調査について指針となるべき事項
三 第8条第1項に規定する津波浸水想定の設定について指針となるべき事項
四 第10条第1項に規定する推進計画の作成について指針となるべき事項
五 第53条第1項の津波災害警戒区域及び第72条第1項の津波災害特別警戒区域の指定について指針となるべき事項

3 国土交通大臣は、基本指針を定めようとするときは、あらかじめ、内閣総理大臣、総務大臣及び農林水産大臣に協議するとともに、社会資本整備審議会の意見を聴かなければならない。

4 国土交通大臣は、基本指針を定めたときは、遅滞なく、これを公表しなければならない。

5 前2項の規定は、基本指針の変更について準用する。

（国及び地方公共団体の責務）

第4条 国及び地方公共団体は、津波による災害の防止又は軽減が効果的に図られるようにするため、津波防災地域づくりに関する施策を、民間の資金、経営能力及び技術的能力の活用に配慮しつつ、地域の実情に応じ適切に組み合わせて一体的に講ずるよう努めなければならない。

（施策における配慮）

第5条 国及び地方公共団体は、この法律に規定する津波防災地域づくりを推進するた

参考資料

めの施策の策定及び実施に当たっては、地域における創意工夫を尊重し、並びに住民の生活の安定及び福祉の向上並びに地域経済の活性化に配慮するとともに、地域住民、民間事業者等の理解と協力を得るよう努めなければならない。

第3章 津波浸水想定の設定等

（基礎調査）

第6条 都道府県は、基本指針に基づき、第8条第1項に規定する津波浸水想定の設定又は変更のために必要な基礎調査として、津波による災害の発生のおそれがある沿岸の陸域及び海域に関する地形、地質、土地利用の状況その他の事項に関する調査を行うものとする。

2 国土交通大臣は、この法律を施行するため必要があると認めるときは、都道府県に対し、前項の調査の結果について必要な報告を求めることができる。

3 国土交通大臣は、都道府県による第8条第1項に規定する津波浸水想定の設定又は変更に資する基礎調査として、津波による災害の発生のおそれがある沿岸の陸域及び海域に関する地形、地質その他の事項に関する調査であって広域的な見地から必要とされるものを行うものとする。

4 国土交通大臣は、関係都道府県に対し、前項の調査の結果を通知するものとする。

（基礎調査のための土地の立入り等）

第7条 都道府県知事若しくは国土交通大臣又はこれらの命じた者若しくは委任した者は、前条第1項又は第3項の調査（次条第1項及び第9条において「基礎調査」という。）のためにやむを得ない必要があるときは、その必要な限度において、他人の占有する土地に立ち入り、又は特別の用途のない他人の土地を作業場として一時使用することができる。

2 前項の規定により他人の占有する土地に立ち入ろうとする者は、あらかじめ、その旨を当該土地の占有者に通知しなければならない。ただし、あらかじめ通知することが困難であるときは、この限りでない。

3 第1項の規定により宅地又は垣、柵等で囲まれた他人の占有する土地に立ち入ろうとする場合においては、その立ち入ろうとする者は、立入りの際、あらかじめ、その旨を当該土地の占有者に告げなければならない。

4 日の出前及び日没後においては、土地の占有者の承諾があった場合を除き、前項に規定する土地に立ち入ってはならない。

5 第1項の規定により他人の占有する土地に立ち入ろうとする者は、その身分を示す証明書を携帯し、関係人の請求があったときは、これを提示しなければならない。

6 第1項の規定により特別の用途のない他人の土地を作業場として一時使用しようと

する者は、あらかじめ、当該土地の占有者及び所有者に通知して、その意見を聴かなければならない。

7 土地の占有者又は所有者は、正当な理由がない限り、第1項の規定による立入り又は一時使用を拒み、又は妨げてはならない。

8 都道府県又は国は、第1項の規定による立入り又は一時使用により損失を受けた者がある場合においては、その者に対して、通常生ずべき損失を補償しなければならない。

9 前項の規定による損失の補償については、都道府県又は国と損失を受けた者とが協議しなければならない。

10 前項の規定による協議が成立しない場合においては、都道府県又は国は、自己の見積もった金額を損失を受けた者に支払わなければならない。この場合において、当該金額について不服のある者は、政令で定めるところにより、補償金の支払を受けた日から30日以内に、収用委員会に土地収用法（昭和26年法律第219号）第94条第2項の規定による裁決を申請することができる。

（津波浸水想定）

第8条 都道府県知事は、基本指針に基づき、かつ、基礎調査の結果を踏まえ、津波浸水想定（津波があった場合に想定される浸水の区域及び水深をいう。以下同じ。）を設定するものとする。

2 都道府県知事は、前項の規定により津波浸水想定を設定しようとするときは、国土交通大臣に対し、情報の提供、技術的な助言その他必要な援助を求めることができる。

3 都道府県知事は、第1項の規定により津波浸水想定を設定しようとする場合において、必要があると認めるときは、関係する海岸管理者及び河川管理者の意見を聴くものとする。

4 都道府県知事は、第1項の規定により津波浸水想定を設定したときは、速やかに、これを、国土交通大臣に報告し、かつ、関係市町村長に通知するとともに、公表しなければならない。

5 国土交通大臣は、前項の規定により津波浸水想定の設定について報告を受けたときは、社会資本整備審議会の意見を聴くものとし、必要があると認めるときは、都道府県知事に対し、必要な勧告をすることができる。

6 第2項から前項までの規定は、津波浸水想定の変更について準用する。

（基礎調査に要する費用の補助）

第9条 国は、都道府県に対し、予算の範囲内において、都道府県の行う基礎調査に要する費用の一部を補助することができる。

参考資料

第4章　推進計画の作成等

（推進計画）

第10条　市町村は、基本指針に基づき、かつ、津波浸水想定を踏まえ、単独で又は共同して、当該市町村の区域内について、津波防災地域づくりを総合的に推進するための計画（以下「推進計画」という。）を作成することができる。

2　推進計画においては、推進計画の区域（以下「推進計画区域」という。）を定めるものとする。

3　前項に規定するもののほか、推進計画においては、おおむね次に掲げる事項を定めるものとする。

一　津波防災地域づくりの総合的な推進に関する基本的な方針

二　津波浸水想定に定める浸水の区域（第50条第1項において「浸水想定区域」という。）における土地の利用及び警戒避難体制の整備に関する事項

三　津波防災地域づくりの推進のために行う事業又は事務に関する事項であって、次に掲げるもの

　イ　海岸保全施設、港湾施設、漁港施設及び河川管理施設並びに保安施設事業に係る施設の整備に関する事項

　ロ　津波防護施設の整備に関する事項

　ハ　一団地の津波防災拠点市街地形成施設の整備に関する事業、土地区画整理法（昭和29年法律第119号）第2条第1項に規定する土地区画整理事業（以下「土地区画整理事業」という。）、都市再開発法（昭和44年法律第38号）第2条第1号に規定する市街地再開発事業その他の市街地の整備改善のための事業に関する事項

　ニ　避難路、避難施設、公園、緑地、地域防災拠点施設その他の津波の発生時における円滑な避難の確保のための施設の整備及び管理に関する事項

　ホ　防災のための集団移転促進事業に係る国の財政上の特別措置等に関する法律（昭和47年法律第132号。第16条において「集団移転促進法」という。）第2条第2項に規定する集団移転促進事業（第16条において「集団移転促進事業」という。）に関する事項

　ヘ　国土調査法（昭和26年法律第180号）第2条第5項に規定する地籍調査（第95条において「地籍調査」という。）の実施に関する事項

　ト　津波防災地域づくりの推進のために行う事業に係る民間の資金、経営能力及び技術的能力の活用の促進に関する事項

4　推進計画は、都市計画法（昭和43年法律第100号）第18条の2第1項の市町村の都市計画に関する基本的な方針との調和が保たれたものでなければならない。

5　市町村は、推進計画を作成しようとする場合において、次条第1項に規定する協議会が組織されていないときは、これに定めようとする第3項第2号及び第3号イからヘまでに掲げる事項について都道府県に、これに定めようとする同号イからヘまでに掲げる事項について関係管理者等（関係する海岸管理者、港湾管理者、漁港管理者、河川管理者、保安施設事業を行う農林水産大臣若しくは都道府県又は津波防護施設管理者をいう。以下同じ。）その他同号イからヘまでに規定する事業又は事務を実施すると見込まれる者に、それぞれ協議しなければならない。

6　市町村は、推進計画のうち、第3項第3号イ及びロに掲げる事項については、関係管理者等が作成する案に基づいて定めるものとする。

7　市町村は、必要があると認めるときは、関係管理者等に対し、前項の案の作成に当たり、津波防災地域づくりを総合的に推進する観点から配慮すべき事項を申し出ることができる。

8　前項の規定による申出を受けた関係管理者等は、当該申出を尊重するものとする。

9　市町村は、推進計画を作成したときは、遅滞なく、これを公表するとともに、国土交通大臣、都道府県及び関係管理者等その他第3項第3号イからヘまでに規定する事業又は事務を実施すると見込まれる者に、推進計画を送付しなければならない。

10　国土交通大臣及び都道府県は、前項の規定により推進計画の送付を受けたときは、市町村に対し、必要な助言をすることができる。

11　国土交通大臣は、前項の助言を行うに際し必要と認めるときは、農林水産大臣その他関係行政機関の長に対し、意見を求めることができる。

12　第5項から前項までの規定は、推進計画の変更について準用する。

（協議会）

第11条　推進計画を作成しようとする市町村は、推進計画の作成に関する協議及び推進計画の実施に係る連絡調整を行うための協議会（以下この条において「協議会」という。）を組織することができる。

2　協議会は、次に掲げる者をもって構成する。
　一　推進計画を作成しようとする市町村
　二　前号の市町村の区域をその区域に含む都道府県
　三　関係管理者等その他前条第3項第3号イからヘまでに規定する事業又は事務を実施すると見込まれる者
　四　学識経験者その他の当該市町村が必要と認める者

3　第1項の規定により協議会を組織する市町村は、同項に規定する協議を行う旨を前項第2号及び第3号に掲げる者に通知しなければならない。

参考資料

4　前項の規定による通知を受けた者は、正当な理由がある場合を除き、当該通知に係る協議に応じなければならない。
5　協議会において協議が調った事項については、協議会の構成員はその協議の結果を尊重しなければならない。
6　前各項に定めるもののほか、協議会の運営に関し必要な事項は、協議会が定める。

第5章　推進計画区域における特別の措置

第1節　土地区画整理事業に関する特例

（津波防災住宅等建設区）
第12条　津波による災害の発生のおそれが著しく、かつ、当該災害を防止し、又は軽減する必要性が高いと認められる区域内の土地を含む土地（推進計画区域内にあるものに限る。）の区域において津波による災害を防止し、又は軽減することを目的とする土地区画整理事業の事業計画においては、施行地区（土地区画整理法第2条第4項に規定する施行地区をいう。以下同じ。）内の津波による災害の防止又は軽減を図るための措置が講じられた又は講じられる土地の区域における住宅及び公益的施設の建設を促進するため特別な必要があると認められる場合には、国土交通省令で定めるところにより、当該土地の区域であって、住宅及び公益的施設の用に供すべきもの（以下「津波防災住宅等建設区」という。）を定めることができる。
2　津波防災住宅等建設区は、施行地区において津波による災害を防止し、又は軽減し、かつ、住宅及び公益的施設の建設を促進する上で効果的であると認められる位置に定め、その面積は、住宅及び公益的施設が建設される見込みを考慮して相当と認められる規模としなければならない。
3　事業計画において津波防災住宅等建設区を定める場合には、当該事業計画は、推進計画に記載された第10条第3項第3号ハに掲げる事項（土地区画整理事業に係る部分に限る。）に適合して定めなければならない。

（津波防災住宅等建設区への換地の申出等）
第13条　前条第1項の規定により事業計画において津波防災住宅等建設区が定められたときは、施行地区内の住宅又は公益的施設の用に供する宅地（土地区画整理法第2条第6項に規定する宅地をいう。以下同じ。）の所有者で当該宅地についての換地に住宅又は公益的施設を建設しようとするものは、施行者（当該津波防災住宅等建設区に係る土地区画整理事業を施行する者をいう。以下この条において同じ。）に対し、国土交通省令で定めるところにより、同法第86条第1項の換地計画（第4項及び次条において「換地計画」という。）において当該宅地についての換地を津波防災住宅等建設区内に定めるべき旨の申出をすることができる。

津波防災地域づくりに関する法律

2　前項の規定による申出に係る宅地について住宅又は公益的施設の所有を目的とする借地権を有する者があるときは、当該申出についてその者の同意がなければならない。
3　第1項の規定による申出は、次の各号に掲げる場合の区分に応じ、当該各号に定める公告があった日から起算して60日以内に行わなければならない。
　一　事業計画が定められた場合　土地区画整理法第76条第1項各号に掲げる公告（事業計画の変更の公告又は事業計画の変更についての認可の公告を除く。）
　二　事業計画の変更により新たに津波防災住宅等建設区が定められた場合　当該事業計画の変更の公告又は当該事業計画の変更についての認可の公告
　三　事業計画の変更により従前の施行地区外の土地が新たに施行地区に編入されたことに伴い津波防災住宅等建設区の面積が拡張された場合　当該事業計画の変更の公告又は当該事業計画の変更についての認可の公告
4　施行者は、第1項の規定による申出があった場合には、遅滞なく、当該申出が次に掲げる要件に該当すると認めるときは、当該申出に係る宅地を、換地計画においてその宅地についての換地を津波防災住宅等建設区内に定められるべき宅地として指定し、当該申出が次に掲げる要件に該当しないと認めるときは、当該申出に応じない旨を決定しなければならない。
　一　当該申出に係る宅地に建築物その他の工作物（住宅及び公益的施設並びに容易に移転し、又は除却することができる工作物で国土交通省令で定めるものを除く。）が存しないこと。
　二　当該申出に係る宅地に地上権、永小作権、賃借権その他の当該宅地を使用し、又は収益することができる権利（住宅又は公益的施設の所有を目的とする借地権及び地役権を除く。）が存しないこと。
5　施行者は、前項の規定による指定又は決定をしたときは、遅滞なく、第1項の規定による申出をした者に対し、その旨を通知しなければならない。
6　施行者は、第4項の規定による指定をしたときは、遅滞なく、その旨を公告しなければならない。
7　施行者が土地区画整理法第14条第1項の規定により設立された土地区画整理組合である場合においては、最初の役員が選挙され、又は選任されるまでの間は、第1項の規定による申出は、同条第1項の規定による認可を受けた者が受理するものとする。

（津波防災住宅等建設区への換地）
第14条　前条第4項の規定により指定された宅地については、換地計画において換地を津波防災住宅等建設区内に定めなければならない。

参考資料

第2節　津波からの避難に資する建築物の容積率の特例

第15条　推進計画区域（第53条第1項の津波災害警戒区域である区域に限る。）内の第56条第1項第1号及び第2号に掲げる基準に適合する建築物については、防災上有効な備蓄倉庫その他これに類する部分で、建築基準法（昭和25年法律第201号）第2条第35号に規定する特定行政庁が交通上、安全上、防火上及び衛生上支障がないと認めるものの床面積は、同法第52条第1項、第2項、第7項、第12項及び第14項、第57条の2第3項第2号、第57条の3第2項、第59条第1項及び第3項、第59条の2第1項、第60条第1項、第60条の2第1項及び第4項、第68条の3第1項、第68条の4、第68条の5（第2号イを除く。）、第68条の5の2（第2号イを除く。）、第68条の5の3第1項（第1号ロを除く。）、第68条の5の4（第1号ロを除く。）、第68条の5の5第1項第1号ロ、第68条の8、第68条の9第1項、第86条第3項及び第4項、第86条の2第2項及び第3項、第86条の5第3項並びに第86条の6第1項に規定する建築物の容積率（同法第59条第1項、第60条の2第1項及び第68条の9第1項に規定するものについては、これらの規定に規定する建築物の容積率の最高限度に係る場合に限る。）の算定の基礎となる延べ面積に算入しない。

第3節　集団移転促進事業に関する特例

第16条　集団移転促進事業（推進計画区域内に存する集団移転促進法第2条第1項に規定する移転促進区域に係るものであって、住民の生命、身体及び財産を津波による災害から保護することを目的とするものに限る。次項において同じ。）に係る集団移転促進事業計画（集団移転促進法第3条第1項に規定する集団移転促進事業計画をいう。次項において同じ。）は、推進計画に記載された第10条第3項第3号ホに掲げる事項に適合するものでなければならない。

2　都道府県は、市町村から集団移転促進事業につき一の市町村の区域を超える広域の見地からの調整を図る必要があることにより当該市町村が当該集団移転促進事業に係る集団移転促進事業計画を定めることが困難である旨の申出を受けた場合においては、当該申出に係る集団移転促進事業計画を定めることができる。この場合において、集団移転促進法第3条第1項、第4項及び第7項並びに第4条（見出しを含む。）中「市町村」とあるのは「都道府県」と、集団移転促進法第3条第1項中「集団移転促進事業を実施しようとするときは、」とあるのは「津波防災地域づくりに関する法律（平成23年法律第123号）第16条第2項の規定により同項の申出に係る」と、「定めなければならない。この場合においては」とあるのは「定める場合においては」と、同条第4項中「第1項後段」とあるのは「第1項」と、「都道府県知事を経由して、集団移転促進事業計画を」とあるのは「集団移転促進事業計画を」と、「当該都道府県

知事は、当該集団移転促進事業計画についてその意見を国土交通大臣に申し出ることができる」とあるのは「当該都道府県は、当該集団移転促進事業計画について、あらかじめ、関係市町村の意見を聴かなければならない」と、同条第7項中「都道府県知事を経由して、国土交通大臣に」とあるのは「国土交通大臣に」とし、同条第8項の規定は、適用しない。

第6章　一団地の津波防災拠点市街地形成施設に関する都市計画

第17条　次に掲げる条件のいずれにも該当する第2条第14項に規定する区域であって、当該区域内の都市機能を津波が発生した場合においても維持するための拠点となる市街地を形成することが必要であると認められるものについては、都市計画に一団地の津波防災拠点市街地形成施設を定めることができる。
一　当該区域内の都市機能を津波が発生した場合においても維持するための拠点として一体的に整備される自然的経済的社会的条件を備えていること。
二　当該区域内の土地の大部分が建築物（津波による災害により建築物が損傷した場合における当該損傷した建築物を除く。）の敷地として利用されていないこと。
2　一団地の津波防災拠点市街地形成施設に関する都市計画においては、次に掲げる事項を定めるものとする。
一　住宅施設、特定業務施設又は公益的施設及び公共施設の位置及び規模
二　建築物の高さの最高限度若しくは最低限度、建築物の延べ面積の敷地面積に対する割合の最高限度若しくは最低限度又は建築物の建築面積の敷地面積に対する割合の最高限度
3　一団地の津波防災拠点市街地形成施設に関する都市計画は、次に掲げるところに従って定めなければならない。
一　前項第1号に規定する施設は、当該区域内の都市機能を津波が発生した場合においても維持するための拠点としての機能が確保されるよう、必要な位置に適切な規模で配置すること。
二　前項第2号に掲げる事項は、当該区域内の都市機能を津波が発生した場合においても維持することが可能となるよう定めること。
三　当該区域が推進計画区域である場合にあっては、推進計画に適合するよう定めること。

第7章　津波防護施設等

第1節　津波防護施設の管理

（津波防護施設の管理）
第18条　津波防護施設の新設、改良その他の管理は、都道府県知事が行うものとする。

参考資料

2 前項の規定にかかわらず、市町村長が管理することが適当であると認められる津波防護施設で都道府県知事が指定したものについては、当該津波防護施設の存する市町村の長がその管理を行うものとする。
3 都道府県知事は、前項の規定による指定をしようとするときは、あらかじめ当該市町村長の意見を聴かなければならない。
4 都道府県知事は、第2項の規定により指定をするときは、国土交通省令で定めるところにより、これを公示しなければならない。これを変更するときも、同様とする。

第19条 津波防護施設の新設又は改良は、推進計画区域内において、推進計画に即して行うものとする。

（境界に係る津波防護施設の管理の特例）

第20条 都府県の境界に係る津波防護施設については、関係都府県知事は、協議して別にその管理の方法を定めることができる。
2 前項の規定による協議が成立した場合においては、関係都府県知事は、国土交通省令で定めるところにより、その成立した協議の内容を公示しなければならない。
3 第1項の規定による協議に基づき、一の都府県知事が他の都府県の区域内に存する津波防護施設について管理を行う場合においては、その都府県知事は、政令で定めるところにより、当該他の都府県知事に代わってその権限を行うものとする。

（津波防護施設区域の指定）

第21条 津波防護施設管理者は、次に掲げる土地の区域を津波防護施設区域として指定するものとする。
 一 津波防護施設の敷地である土地の区域
 二 前号の土地の区域に隣接する土地の区域であって、当該津波防護施設を保全するため必要なもの
2 前項第2号に掲げる土地の区域についての津波防護施設区域の指定は、当該津波防護施設を保全するため必要な最小限度の土地の区域に限ってするものとする。
3 津波防護施設管理者は、津波防護施設区域を指定するときは、国土交通省令で定めるところにより、その旨を公示しなければならない。これを変更し、又は廃止するときも、同様とする。
4 津波防護施設区域の指定、変更又は廃止は、前項の規定による公示によってその効力を生ずる。

（津波防護施設区域の占用）

第22条 津波防護施設区域内の土地（津波防護施設管理者以外の者がその権原に基づき管理する土地を除く。）を占用しようとする者は、国土交通省令で定めるところによ

り、津波防護施設管理者の許可を受けなければならない。
2　津波防護施設管理者は、前項の許可の申請があった場合において、その申請に係る事項が津波防護施設の保全に著しい支障を及ぼすおそれがあると認めるときは、これを許可してはならない。

（津波防護施設区域における行為の制限）
第23条　津波防護施設区域内の土地において、次に掲げる行為をしようとする者は、国土交通省令で定めるところにより、津波防護施設管理者の許可を受けなければならない。ただし、津波防護施設の保全に支障を及ぼすおそれがないものとして政令で定める行為については、この限りでない。
一　津波防護施設以外の施設又は工作物（以下この章において「他の施設等」という。）の新築又は改築
二　土地の掘削、盛土又は切土
三　前2号に掲げるもののほか、津波防護施設の保全に支障を及ぼすおそれがあるものとして政令で定める行為
2　前条第2項の規定は、前項の許可について準用する。

（経過措置）
第24条　津波防護施設区域の指定の際現に権原に基づき、第22条第1項若しくは前条第1項の規定により許可を要する行為を行っている者又は同項の規定によりその設置について許可を要する他の施設等を設置している者は、従前と同様の条件により、当該行為又は他の施設等の設置について当該規定による許可を受けたものとみなす。同項ただし書若しくは同項第3号の政令又はこれを改廃する政令の施行の際現に権原に基づき、当該政令の施行に伴い新たに許可を要することとなる行為を行い、又は他の施設等を設置している者についても、同様とする。

（許可の特例）
第25条　国又は地方公共団体が行う事業についての第22条第1項及び第23条第1項の規定の適用については、国又は地方公共団体と津波防護施設管理者との協議が成立することをもって、これらの規定による許可があったものとみなす。

（占用料）
第26条　津波防護施設管理者は、国土交通省令で定める基準に従い、第22条第1項の許可を受けた者から占用料を徴収することができる。

（監督処分）
第27条　津波防護施設管理者は、次の各号のいずれかに該当する者に対して、その許可を取り消し、若しくはその条件を変更し、又はその行為の中止、他の施設等の改築、

参考資料

移転若しくは除却、他の施設等により生ずべき津波防護施設の保全上の障害を予防するために必要な施設の設置若しくは原状回復を命ずることができる。
　一　第22条第１項又は第23条第１項の規定に違反した者
　二　第22条第１項又は第23条第１項の許可に付した条件に違反した者
　三　偽りその他不正な手段により第22条第１項又は第23条第１項の許可を受けた者
2　津波防護施設管理者は、次の各号のいずれかに該当する場合においては、第22条第１項又は第23条第１項の許可を受けた者に対し、前項に規定する処分をし、又は同項に規定する必要な措置を命ずることができる。
　一　津波防護施設に関する工事のためやむを得ない必要が生じたとき。
　二　津波防護施設の保全上著しい支障が生じたとき。
　三　津波防護施設の保全上の理由以外の理由に基づく公益上やむを得ない必要が生じたとき。
3　前２項の規定により必要な措置をとることを命じようとする場合において、過失がなくて当該措置を命ずべき者を確知することができないときは、津波防護施設管理者は、当該措置を自ら行い、又はその命じた者若しくは委任した者にこれを行わせることができる。この場合においては、相当の期限を定めて、当該措置を行うべき旨及びその期限までに当該措置を行わないときは、津波防護施設管理者又はその命じた者若しくは委任した者が当該措置を行う旨を、あらかじめ公告しなければならない。
4　津波防護施設管理者は、前項の規定により他の施設等を除却し、又は除却させたときは、当該他の施設等を保管しなければならない。
5　津波防護施設管理者は、前項の規定により他の施設等を保管したときは、当該他の施設等の所有者、占有者その他当該他の施設等について権原を有する者（第９項において「所有者等」という。）に対し当該他の施設等を返還するため、政令で定めるところにより、政令で定める事項を公示しなければならない。
6　津波防護施設管理者は、第４項の規定により保管した他の施設等が滅失し、若しくは破損するおそれがあるとき、又は前項の規定による公示の日から起算して３月を経過してもなお当該他の施設等を返還することができない場合において、政令で定めるところにより評価した当該他の施設等の価額に比し、その保管に不相当な費用若しくは手数を要するときは、政令で定めるところにより、当該他の施設等を売却し、その売却した代金を保管することができる。
7　津波防護施設管理者は、前項の規定による他の施設等の売却につき買受人がない場合において、同項に規定する価額が著しく低いときは、当該他の施設等を廃棄することができる。

8　第6項の規定により売却した代金は、売却に要した費用に充てることができる。
9　第3項から第6項までに規定する他の施設等の除却、保管、売却、公示その他の措置に要した費用は、当該他の施設等の返還を受けるべき所有者等その他第3項に規定する当該措置を命ずべき者の負担とする。
10　第5項の規定による公示の日から起算して6月を経過してもなお第4項の規定により保管した他の施設等（第6項の規定により売却した代金を含む。以下この項において同じ。）を返還することができないときは、当該他の施設等の所有権は、都道府県知事が保管する他の施設等にあっては当該都道府県知事が統括する都道府県、市町村長が保管する他の施設等にあっては当該市町村長が統括する市町村に帰属する。

（損失補償）
第28条　津波防護施設管理者は、前条第2項の規定による処分又は命令により損失を受けた者に対し通常生ずべき損失を補償しなければならない。
2　前項の規定による損失の補償については、津波防護施設管理者と損失を受けた者とが協議しなければならない。
3　前項の規定による協議が成立しない場合においては、津波防護施設管理者は、自己の見積もった金額を損失を受けた者に支払わなければならない。この場合において、当該金額について不服がある者は、政令で定めるところにより、補償金の支払を受けた日から30日以内に、収用委員会に土地収用法第94条第2項の規定による裁決を申請することができる。
4　津波防護施設管理者は、第1項の規定による補償の原因となった損失が前条第2項第3号に該当する場合における同項の規定による処分又は命令によるものであるときは、当該補償金額を当該理由を生じさせた者に負担させることができる。

（技術上の基準）
第29条　津波防護施設は、地形、地質、地盤の変動その他の状況を考慮し、自重、水圧及び波力並びに地震の発生、漂流物の衝突その他の事由による振動及び衝撃に対して安全な構造のものでなければならない。
2　前項に定めるもののほか、津波防護施設の形状、構造及び位置について、津波による人的災害の防止又は軽減のため必要とされる技術上の基準は、国土交通省令で定める基準を参酌して都道府県（第18条第2項の規定により市町村長が津波防護施設を管理する場合にあっては、当該市町村長が統括する市町村）の条例で定める。

（兼用工作物の工事等の協議）
第30条　津波防護施設と他の施設等とが相互に効用を兼ねる場合においては、津波防護施設管理者及び他の施設等の管理者は、協議して別に管理の方法を定め、当該津波防

参考資料

護施設及び他の施設等の工事、維持又は操作を行うことができる。
2 　津波防護施設管理者は、前項の規定による協議に基づき、他の施設等の管理者が津波防護施設の工事、維持又は操作を行う場合においては、国土交通省令で定めるところにより、その旨を公示しなければならない。

（工事原因者の工事の施行等）
第31条　津波防護施設管理者は、津波防護施設に関する工事以外の工事（以下この章において「他の工事」という。）又は津波防護施設に関する工事若しくは津波防護施設の維持の必要を生じさせた行為（以下この章において「他の行為」という。）により必要を生じた津波防護施設に関する工事又は津波防護施設の維持を当該他の工事の施行者又は他の行為の行為者に施行させることができる。
2 　前項の場合において、他の工事が河川工事（河川法が適用され、又は準用される河川の河川工事をいう。以下同じ。）、道路（道路法（昭和27年法律第180号）による道路をいう。以下同じ。）に関する工事、地すべり防止工事（地すべり等防止法（昭和33年法律第30号）第2条第4項に規定する地すべり防止工事をいう。以下同じ。）、急傾斜地崩壊防止工事（急傾斜地の崩壊による災害の防止に関する法律（昭和44年法律第57号）第2条第3項に規定する急傾斜地崩壊防止工事をいう。第43条第2項において同じ。）又は海岸保全施設に関する工事であるときは、当該津波防護施設に関する工事については、河川法第19条、道路法第23条第1項、地すべり等防止法第15条第1項、急傾斜地の崩壊による災害の防止に関する法律第16条第1項又は海岸法第17条第1項の規定を適用する。

（附帯工事の施行）
第32条　津波防護施設管理者は、津波防護施設に関する工事により必要を生じた他の工事又は津波防護施設に関する工事を施行するため必要を生じた他の工事をその津波防護施設に関する工事と併せて施行することができる。
2 　前項の場合において、他の工事が河川工事、道路に関する工事、砂防工事（砂防法（明治30年法律第29号）第1条に規定する砂防工事をいう。第44条第2項において同じ。）、地すべり防止工事又は海岸保全施設等（海岸法第8条の2第1項第1号に規定する海岸保全施設等をいう。第44条第2項において同じ。）に関する工事であるときは、当該他の工事の施行については、河川法第18条、道路法第22条第1項、砂防法第8条、地すべり等防止法第14条第1項又は海岸法第16条第1項の規定を適用する。

（津波防護施設管理者以外の者の行う工事等）
第33条　津波防護施設管理者以外の者は、第20条第1項、第30条第1項及び第31条の規定による場合のほか、あらかじめ、政令で定めるところにより津波防護施設管理者の

承認を受けて、津波防護施設に関する工事又は津波防護施設の維持を行うことができる。ただし、政令で定める軽易なものについては、津波防護施設管理者の承認を受けることを要しない。

2　国又は地方公共団体が行う事業についての前項の規定の適用については、国又は地方公共団体と津波防護施設管理者との協議が成立することをもって、同項の規定による承認があったものとみなす。

（津波防護施設区域に関する調査のための土地の立入り等）

第34条　津波防護施設管理者又はその命じた者若しくは委任した者は、津波防護施設区域に関する調査若しくは測量又は津波防護施設に関する工事のためにやむを得ない必要があるときは、その必要な限度において、他人の占有する土地に立ち入り、又は特別の用途のない他人の土地を材料置場若しくは作業場として一時使用することができる。

2　第7条（第1項を除く。）の規定は、前項の規定による立入り及び一時使用について準用する。この場合において、同条第8項から第10項までの規定中「都道府県又は国」とあるのは、「津波防護施設管理者」と読み替えるものとする。

（津波防護施設の新設又は改良に伴う損失補償）

第35条　土地収用法第93条第1項の規定による場合を除き、津波防護施設管理者が津波防護施設を新設し、又は改良したことにより、当該津波防護施設に面する土地について、通路、溝、垣、柵その他の施設若しくは工作物を新築し、増築し、修繕し、若しくは移転し、又は盛土若しくは切土をするやむを得ない必要があると認められる場合においては、津波防護施設管理者は、これらの工事をすることを必要とする者（以下この条において「損失を受けた者」という。）の請求により、これに要する費用の全部又は一部を補償しなければならない。この場合において、津波防護施設管理者又は損失を受けた者は、補償金の全部又は一部に代えて、津波防護施設管理者が当該工事を施行することを要求することができる。

2　前項の規定による損失の補償は、津波防護施設に関する工事の完了の日から1年を経過した後においては、請求することができない。

3　第1項の規定による損失の補償については、津波防護施設管理者と損失を受けた者とが協議しなければならない。

4　前項の規定による協議が成立しない場合においては、津波防護施設管理者又は損失を受けた者は、政令で定めるところにより、収用委員会に土地収用法第94条第2項の規定による裁決を申請することができる。

（津波防護施設台帳）

第36条　津波防護施設管理者は、津波防護施設台帳を調製し、これを保管しなければならない。
2　津波防護施設管理者は、津波防護施設台帳の閲覧を求められたときは、正当な理由がなければこれを拒むことができない。
3　津波防護施設台帳の記載事項その他その調製及び保管に関し必要な事項は、国土交通省令で定める。

（許可等の条件）
第37条　津波防護施設管理者は、第22条第1項若しくは第23条第1項の許可又は第33条第1項の承認には、津波防護施設の保全上必要な条件を付することができる。

　　　　第2節　津波防護施設に関する費用

（津波防護施設の管理に要する費用の負担原則）
第38条　津波防護施設管理者が津波防護施設を管理するために要する費用は、この法律及び他の法律に特別の規定がある場合を除き、当該津波防護施設管理者の属する地方公共団体の負担とする。

（津波防護施設の新設又は改良に要する費用の補助）
第39条　国は、津波防護施設の新設又は改良に関する工事で政令で定めるものを行う地方公共団体に対し、予算の範囲内において、政令で定めるところにより、当該工事に要する費用の一部を補助することができる。

（境界に係る津波防護施設の管理に要する費用の特例）
第40条　都道府県の境界に係る津波防護施設について第20条第1項の規定による協議に基づき関係都道府県知事が別に管理の方法を定めた場合においては、当該津波防護施設の管理に要する費用については、関係都道府県知事は、協議してその分担すべき金額及び分担の方法を定めることができる。

（市町村の分担金）
第41条　前3条の規定により都道府県が負担する費用のうち、その工事又は維持が当該都道府県の区域内の市町村を利するものについては、当該工事又は維持による受益の限度において、当該市町村に対し、その工事又は維持に要する費用の一部を負担させることができる。
2　前項の費用について同項の規定により市町村が負担すべき金額は、当該市町村の意見を聴いた上、当該都道府県の議会の議決を経て定めなければならない。

（兼用工作物の費用）
第42条　津波防護施設が他の施設等の効用を兼ねるときは、当該津波防護施設の管理に要する費用の負担については、津波防護施設管理者と当該他の施設等の管理者とが協

(原因者負担金)

第43条　津波防護施設管理者は、他の工事又は他の行為により必要を生じた津波防護施設に関する工事又は津波防護施設の維持の費用については、その必要を生じた限度において、他の工事又は他の行為につき費用を負担する者にその全部又は一部を負担させるものとする。

2　前項の場合において、他の工事が河川工事、道路に関する工事、地すべり防止工事、急傾斜地崩壊防止工事又は海岸保全施設に関する工事であるときは、当該津波防護施設に関する工事の費用については、河川法第68条、道路法第59条第１項及び第３項、地すべり等防止法第35条第１項及び第３項、急傾斜地の崩壊による災害の防止に関する法律第22条第１項又は海岸法第32条第１項及び第３項の規定を適用する。

(附帯工事に要する費用)

第44条　津波防護施設に関する工事により必要を生じた他の工事又は津波防護施設に関する工事を施行するため必要を生じた他の工事に要する費用は、第22条第１項及び第23条第１項の許可に付した条件に特別の定めがある場合並びに第25条の規定による協議による場合を除き、その必要を生じた限度において、当該津波防護施設に関する工事について費用を負担する者がその全部又は一部を負担するものとする。

2　前項の場合において、他の工事が河川工事、道路に関する工事、砂防工事、地すべり防止工事又は海岸保全施設等に関する工事であるときは、他の工事に要する費用については、河川法第67条、道路法第58条第１項、砂防法第16条、地すべり等防止法第34条第１項又は海岸法第31条第１項の規定を適用する。

3　津波防護施設管理者は、第１項の津波防護施設に関する工事が他の工事又は他の行為のため必要となったものである場合においては、同項の他の工事に要する費用の全部又は一部をその必要を生じた限度において、その原因となった工事又は行為につき費用を負担する者に負担させることができる。

(受益者負担金)

第45条　津波防護施設管理者は、津波防護施設に関する工事によって著しく利益を受ける者がある場合においては、その利益を受ける限度において、当該工事に要する費用の一部を負担させることができる。

2　前項の場合において、負担金の徴収を受ける者の範囲及びその徴収方法については、都道府県知事が負担させるものにあっては当該都道府県知事が統括する都道府県の条例で、市町村長が負担させるものにあっては当該市町村長が統括する市町村の条例で定める。

参考資料

（負担金の通知及び納入手続等）
第46条　第27条及び前3条の規定による負担金の額の通知及び納入手続その他負担金に関し必要な事項は、政令で定める。

（強制徴収）
第47条　第26条の規定に基づく占用料並びに第27条第9項、第42条、第43条第1項、第44条第3項及び第45条第1項の規定に基づく負担金（以下この条及び次条においてこれらを「負担金等」と総称する。）を納付しない者があるときは、津波防護施設管理者は、督促状によって納付すべき期限を指定して督促しなければならない。

2　前項の場合においては、津波防護施設管理者は、国土交通省令で定めるところにより延滞金を徴収することができる。ただし、延滞金は、年14.5パーセントの割合を乗じて計算した額を超えない範囲内で定めなければならない。

3　第1項の規定による督促を受けた者がその指定する期限までにその納付すべき金額を納付しないときは、津波防護施設管理者は、国税滞納処分の例により、前2項に規定する負担金等及び延滞金を徴収することができる。この場合における負担金等及び延滞金の先取特権の順位は、国税及び地方税に次ぐものとする。

4　延滞金は、負担金等に先立つものとする。

5　負担金等及び延滞金を徴収する権利は、5年間行わないときは、時効により消滅する。

（収入の帰属）
第48条　負担金等及び前条第2項の延滞金は、都道府県知事が負担させるものにあっては当該都道府県知事が統括する都道府県、市町村長が負担させるものにあっては当該市町村長が統括する市町村の収入とする。

（義務履行のために要する費用）
第49条　前節の規定又は同節の規定に基づく処分による義務を履行するために必要な費用は、同節又はこの節に特別の規定がある場合を除き、当該義務者が負担しなければならない。

第3節　指定津波防護施設

（指定津波防護施設の指定等）
第50条　都道府県知事は、浸水想定区域（推進計画区域内のものに限る。以下この項において同じ。）内に存する第2条第10項の政令で定める施設（海岸保全施設、港湾施設、漁港施設、河川管理施設、保安施設事業に係る施設及び津波防護施設であるものを除く。）が、当該浸水想定区域における津波による人的災害を防止し、又は軽減するために有用であると認めるときは、当該施設を指定津波防護施設として指定するこ

とができる。
2 都道府県知事は、前項の規定による指定をしようとするときは、あらかじめ、当該指定をしようとする施設が存する市町村の長の意見を聴くとともに、当該施設の所有者の同意を得なければならない。
3 都道府県知事は、第1項の規定による指定をするときは、国土交通省令で定めるところにより、当該指定津波防護施設を公示するとともに、その旨を当該指定津波防護施設が存する市町村の長及び当該指定津波防護施設の所有者に通知しなければならない。
4 第1項の規定による指定は、前項の規定による公示によってその効力を生ずる。
5 前3項の規定は、第1項の規定による指定の解除について準用する。

(標識の設置等)
第51条 都道府県知事は、前条第1項の規定により指定津波防護施設を指定したときは、国土交通省令で定める基準を参酌して都道府県の条例で定めるところにより、指定津波防護施設又はその敷地である土地の区域内に、それぞれ指定津波防護施設である旨又は指定津波防護施設が当該区域内に存する旨を表示した標識を設けなければならない。
2 指定津波防護施設又はその敷地である土地の所有者、管理者又は占有者は、正当な理由がない限り、前項の標識の設置を拒み、又は妨げてはならない。
3 何人も、第1項の規定により設けられた標識を都道府県知事の承諾を得ないで移転し、若しくは除却し、又は汚損し、若しくは損壊してはならない。
4 都道府県は、第1項の規定による行為により損失を受けた者がある場合においては、その損失を受けた者に対して、通常生ずべき損失を補償しなければならない。
5 前項の規定による損失の補償については、都道府県と損失を受けた者とが協議しなければならない。
6 前項の規定による協議が成立しない場合においては、都道府県又は損失を受けた者は、政令で定めるところにより、収用委員会に土地収用法第94条第2項の規定による裁決を申請することができる。

(行為の届出等)
第52条 指定津波防護施設について、次に掲げる行為をしようとする者は、当該行為に着手する日の30日前までに、国土交通省令で定めるところにより、行為の種類、場所、設計又は施行方法、着手予定日その他国土交通省令で定める事項を都道府県知事に届け出なければならない。ただし、通常の管理行為、軽易な行為その他の行為で政令で定めるもの及び非常災害のため必要な応急措置として行う行為については、この限り

参考資料

でない。
一　当該指定津波防護施設の敷地である土地の区域における土地の掘削、盛土又は切土その他土地の形状を変更する行為
二　当該指定津波防護施設の改築又は除却
2　都道府県知事は、前項の規定による届出を受けたときは、国土交通省令で定めるところにより、当該届出の内容を、当該指定津波防護施設が存する市町村の長に通知しなければならない。
3　都道府県知事は、第1項の規定による届出があった場合において、当該指定津波防護施設が有する津波による人的災害を防止し、又は軽減する機能の保全のため必要があると認めるときは、当該届出をした者に対して、必要な助言又は勧告をすることができる。

　　　第8章　津波災害警戒区域
（津波災害警戒区域）
第53条　都道府県知事は、基本指針に基づき、かつ、津波浸水想定を踏まえ、津波が発生した場合には住民その他の者（以下「住民等」という。）の生命又は身体に危害が生ずるおそれがあると認められる土地の区域で、当該区域における津波による人的災害を防止するために警戒避難体制を特に整備すべき土地の区域を、津波災害警戒区域（以下「警戒区域」という。）として指定することができる。
2　前項の規定による指定は、当該指定の区域及び基準水位（津波浸水想定に定める水深に係る水位に建築物等への衝突による津波の水位の上昇を考慮して必要と認められる値を加えて定める水位であって、津波の発生時における避難並びに第73条第1項に規定する特定開発行為及び第82条に規定する特定建築行為の制限の基準となるべきものをいう。以下同じ。）を明らかにしてするものとする。
3　都道府県知事は、第1項の規定による指定をしようとするときは、あらかじめ、関係市町村長の意見を聴かなければならない。
4　都道府県知事は、第1項の規定による指定をするときは、国土交通省令で定めるところにより、その旨並びに当該指定の区域及び基準水位を公示しなければならない。
5　都道府県知事は、前項の規定による公示をしたときは、速やかに、国土交通省令で定めるところにより、関係市町村長に、同項の規定により公示された事項を記載した図書を送付しなければならない。
6　第2項から前項までの規定は、第1項の規定による指定の変更又は解除について準用する。

（市町村地域防災計画に定めるべき事項等）

第54条　市町村防災会議（災害対策基本法（昭和36年法律第223号）第16条第１項の市町村防災会議をいい、これを設置しない市町村にあっては、当該市町村の長とする。以下同じ。）は、前条第１項の規定による警戒区域の指定があったときは、市町村地域防災計画（同法第42条第１項の市町村地域防災計画をいう。以下同じ。）において、当該警戒区域ごとに、次に掲げる事項について定めるものとする。
　一　人的災害を生ずるおそれがある津波に関する情報の収集及び伝達並びに予報又は警報の発令及び伝達に関する事項
　二　避難施設その他の避難場所及び避難路その他の避難経路に関する事項
　三　災害対策基本法第48条第１項の防災訓練として市町村長が行う津波に係る避難訓練（第70条において「津波避難訓練」という。）の実施に関する事項
　四　警戒区域内に、地下街等（地下街その他地下に設けられた不特定かつ多数の者が利用する施設をいう。第71条第１項第１号において同じ。）又は社会福祉施設、学校、医療施設その他の主として防災上の配慮を要する者が利用する施設であって、当該施設の利用者の津波の発生時における円滑かつ迅速な避難を確保する必要があると認められるものがある場合にあっては、これらの施設の名称及び所在地
　五　前各号に掲げるもののほか、警戒区域における津波による人的災害を防止するために必要な警戒避難体制に関する事項
２　市町村防災会議は、前項の規定により市町村地域防災計画において同項第４号に掲げる事項を定めるときは、当該市町村地域防災計画において、同号に規定する施設の利用者の津波の発生時における円滑かつ迅速な避難の確保が図られるよう、同項第１号に掲げる事項のうち人的災害を生ずるおそれがある津波に関する情報、予報及び警報の伝達に関する事項を定めるものとする。

（住民等に対する周知のための措置）
第55条　警戒区域をその区域に含む市町村の長は、市町村地域防災計画に基づき、国土交通省令で定めるところにより、人的災害を生ずるおそれがある津波に関する情報の伝達方法、避難施設その他の避難場所及び避難路その他の避難経路に関する事項その他警戒区域における円滑な警戒避難を確保する上で必要な事項を住民等に周知させるため、これらの事項を記載した印刷物の配布その他の必要な措置を講じなければならない。

（指定避難施設の指定）
第56条　市町村長は、警戒区域において津波の発生時における円滑かつ迅速な避難の確保を図るため、警戒区域内に存する施設（当該市町村が管理する施設を除く。）であって次に掲げる基準に適合するものを指定避難施設として指定することができる。

参考資料

一　当該施設が津波に対して安全な構造のものとして国土交通省令で定める技術的基準に適合するものであること。
二　基準水位以上の高さに避難上有効な屋上その他の場所が配置され、かつ、当該場所までの避難上有効な階段その他の経路があること。
三　津波の発生時において当該施設が住民等に開放されることその他当該施設の管理方法が内閣府令・国土交通省令で定める基準に適合するものであること。
2　市町村長は、前項の規定により指定避難施設を指定しようとするときは、当該施設の管理者の同意を得なければならない。
3　建築主事を置かない市町村の市町村長は、建築物又は建築基準法第88条第1項の政令で指定する工作物について第1項の規定による指定をしようとするときは、あらかじめ、都道府県知事に協議しなければならない。
4　市町村長は、第1項の規定による指定をしたときは、その旨を公示しなければならない。

（市町村地域防災計画における指定避難施設に関する事項の記載等）
第57条　市町村防災会議は、前条第1項の規定により指定避難施設が指定されたときは、当該指定避難施設に関する事項を、第54条第1項第2号の避難施設に関する事項として、同項の規定により市町村地域防災計画において定めるものとする。この場合においては、当該市町村地域防災計画において、併せて当該指定避難施設の管理者に対する人的災害を生ずるおそれがある津波に関する情報、予報及び警報の伝達方法を、同項第1号に掲げる事項として定めるものとする。

（指定避難施設に関する届出）
第58条　指定避難施設の管理者は、当該指定避難施設を廃止し、又は改築その他の事由により当該指定避難施設の現状に政令で定める重要な変更を加えようとするときは、内閣府令・国土交通省令で定めるところにより市町村長に届け出なければならない。

（指定の取消し）
第59条　市町村長は、当該指定避難施設が廃止され、又は第56条第1項各号に掲げる基準に適合しなくなったと認めるときは、同項の規定による指定を取り消すものとする。
2　市町村は、前項の規定により第56条第1項の規定による指定を取り消したときは、その旨を公示しなければならない。

（管理協定の締結等）
第60条　市町村は、警戒区域において津波の発生時における円滑かつ迅速な避難の確保を図るため、警戒区域内に存する施設（当該市町村が管理する施設を除く。）であって第56条第1項第1号及び第2号に掲げる基準に適合するものについて、その避難用

部分（津波の発生時における避難の用に供する部分をいう。以下同じ。）を自ら管理する必要があると認めるときは、施設所有者等（当該施設の所有者、その敷地である土地の所有者又は当該土地の使用及び収益を目的とする権利（臨時設備その他一時使用のため設定されたことが明らかなものを除く。次条第１項において同じ。）を有する者をいう。以下同じ。）との間において、管理協定を締結して当該施設の避難用部分の管理を行うことができる。

2　前項の規定による管理協定については、施設所有者等の全員の合意がなければならない。

第61条　市町村は、警戒区域において津波の発生時における円滑かつ迅速な避難の確保を図るため、警戒区域内において建設が予定されている施設又は建設中の施設であって、第56条第１項第１号及び第２号に掲げる基準に適合する見込みのもの（当該市町村が管理することとなる施設を除く。）について、その避難用部分を自ら管理する必要があると認めるときは、施設所有者等となろうとする者（当該施設の敷地である土地の所有者又は当該土地の使用及び収益を目的とする権利を有する者を含む。次項及び第68条において「予定施設所有者等」という。）との間において、管理協定を締結して建設後の当該施設の避難用部分の管理を行うことができる。

2　前項の規定による管理協定については、予定施設所有者等の全員の合意がなければならない。

（管理協定の内容）

第62条　第60条第１項又は前条第１項の規定による管理協定（以下「管理協定」という。）には、次に掲げる事項を定めるものとする。

一　管理協定の目的となる避難用部分（以下この条及び第65条において「協定避難用部分」という。）

二　協定避難用部分の管理の方法に関する事項

三　管理協定の有効期間

四　管理協定に違反した場合の措置

2　管理協定の内容は、次に掲げる基準のいずれにも適合するものでなければならない。

一　協定避難施設（協定避難用部分の属する施設をいう。以下同じ。）の利用を不当に制限するものでないこと。

二　前項第２号から第４号までに掲げる事項について内閣府令・国土交通省令で定める基準に適合するものであること。

（管理協定の縦覧等）

第63条　市町村は、管理協定を締結しようとするときは、内閣府令・国土交通省令で定

めるところにより、その旨を公告し、当該管理協定を当該公告の日から2週間利害関係人の縦覧に供さなければならない。
2　前項の規定による公告があったときは、利害関係人は、同項の縦覧期間満了の日までに、当該管理協定について、市町村に意見書を提出することができる。

第64条　建築主事を置かない市町村は、建築物又は建築基準法第88条第1項の政令で指定する工作物について管理協定を締結しようとするときは、あらかじめ、都道府県知事に協議しなければならない。

（管理協定の公告等）

第65条　市町村は、管理協定を締結したときは、内閣府令・国土交通省令で定めるところにより、その旨を公告し、かつ、当該管理協定の写しを当該市町村の事務所に備えて公衆の縦覧に供するとともに、協定避難施設又はその敷地である土地の区域内の見やすい場所に、それぞれ協定避難施設である旨又は協定避難施設が当該区域内に存する旨を明示し、かつ、協定避難用部分の位置を明示しなければならない。

（市町村地域防災計画における協定避難施設に関する事項の記載）

第66条　市町村防災会議は、当該市町村が管理協定を締結したときは、当該管理協定に係る協定避難施設に関する事項を、第54条第1項第2号の避難施設に関する事項として、同項の規定により市町村地域防災計画において定めるものとする。

（管理協定の変更）

第67条　第60条第2項、第61条第2項、第62条第2項、第63条及び第65条の規定は、管理協定において定めた事項の変更について準用する。この場合において、第61条第2項中「予定施設所有者等」とあるのは、「予定施設所有者等（施設の建設後にあっては、施設所有者等）」と読み替えるものとする。

（管理協定の効力）

第68条　第65条（前条において準用する場合を含む。）の規定による公告のあった管理協定は、その公告のあった後において当該管理協定に係る協定避難施設の施設所有者等又は予定施設所有者等となった者に対しても、その効力があるものとする。

（市町村防災会議の協議会が設置されている場合の準用）

第69条　第54条、第55条、第57条及び第66条の規定は、災害対策基本法第17条第1項の規定により津波による人的災害の防止又は軽減を図るため同項の市町村防災会議の協議会が設置されている場合について準用する。この場合において、第54条第1項中「市町村防災会議（災害対策基本法（昭和36年法律第223号）第16条第1項の市町村防災会議をいい、これを設置しない市町村にあっては、当該市町村の長とする。）」とあるのは「市町村防災会議の協議会（災害対策基本法（昭和36年法律第223号）第17条

第1項の市町村防災会議の協議会をいう。」と、「市町村地域防災計画（同法第42条第1項の市町村地域防災計画をいう。」とあるのは「市町村相互間地域防災計画（同法第44条第1項の市町村相互間地域防災計画をいう。」と、同条第2項、第57条及び第66条中「市町村防災会議」とあるのは「市町村防災会議の協議会」と、同項、第55条、第57条及び第66条中「市町村地域防災計画」とあるのは「市町村相互間地域防災計画」と読み替えるものとする。

（津波避難訓練への協力）

第70条　指定避難施設の管理者は、津波避難訓練が行われるときは、これに協力しなければならない。

（避難確保計画の作成等）

第71条　次に掲げる施設であって、第54条第1項（第69条において準用する場合を含む。）の規定により市町村地域防災計画又は災害対策基本法第44条第1項の市町村相互間地域防災計画にその名称及び所在地が定められたもの（以下この条において「避難促進施設」という。）の所有者又は管理者は、単独で又は共同して、国土交通省令で定めるところにより、避難訓練その他当該避難促進施設の利用者の津波の発生時における円滑かつ迅速な避難の確保を図るために必要な措置に関する計画（以下この条において「避難確保計画」という。）を作成し、これを市町村長に報告するとともに、公表しなければならない。

　一　地下街等
　二　社会福祉施設、学校、医療施設その他の主として防災上の配慮を要する者が利用する施設のうち、その利用者の津波の発生時における円滑かつ迅速な避難を確保するための体制を計画的に整備する必要があるものとして政令で定めるもの

2　避難促進施設の所有者又は管理者は、避難確保計画の定めるところにより避難訓練を行うとともに、その結果を市町村長に報告しなければならない。

3　市町村長は、前2項の規定により報告を受けたときは、避難促進施設の所有者又は管理者に対し、当該避難促進施設の利用者の津波の発生時における円滑かつ迅速な避難の確保を図るために必要な助言又は勧告をすることができる。

4　避難促進施設の所有者又は管理者の使用人その他の従業者は、避難確保計画の定めるところにより、第2項の避難訓練に参加しなければならない。

5　避難促進施設の所有者又は管理者は、第2項の避難訓練を行おうとするときは、避難促進施設を利用する者に協力を求めることができる。

　　　第9章　津波災害特別警戒区域

（津波災害特別警戒区域）

参考資料

第72条　都道府県知事は、基本指針に基づき、かつ、津波浸水想定を踏まえ、警戒区域のうち、津波が発生した場合には建築物が損壊し、又は浸水し、住民等の生命又は身体に著しい危害が生ずるおそれがあると認められる土地の区域で、一定の開発行為（都市計画法第４条第12項に規定する開発行為をいう。次条第１項及び第80条において同じ。）及び一定の建築物（居室（建築基準法第２条第４号に規定する居室をいう。以下同じ。）を有するものに限る。以下同じ。）の建築（同条第13号に規定する建築をいう。以下同じ。）又は用途の変更の制限をすべき土地の区域を、津波災害特別警戒区域（以下「特別警戒区域」という。）として指定することができる。

2　前項の規定による指定は、当該指定の区域を明らかにしてするものとする。

3　都道府県知事は、第１項の規定による指定をしようとするときは、あらかじめ、国土交通省令で定めるところにより、その旨を公告し、当該指定の案を、当該指定をしようとする理由を記載した書面を添えて、当該公告から２週間公衆の縦覧に供しなければならない。

4　前項の規定による公告があったときは、住民及び利害関係人は、同項の縦覧期間満了の日までに、縦覧に供された指定の案について、都道府県知事に意見書を提出することができる。

5　都道府県知事は、第１項の規定による指定をしようとするときは、あらかじめ、前項の規定により提出された意見書の写しを添えて、関係市町村長の意見を聴かなければならない。

6　都道府県知事は、第１項の規定による指定をするときは、国土交通省令で定めるところにより、その旨及び当該指定の区域を公示しなければならない。

7　都道府県知事は、前項の規定による公示をしたときは、速やかに、国土交通省令で定めるところにより、関係市町村長に、同項の規定により公示された事項を記載した図書を送付しなければならない。

8　第１項の規定による指定は、第６項の規定による公示によってその効力を生ずる。

9　関係市町村長は、第７項の図書を当該市町村の事務所において、公衆の縦覧に供しなければならない。

10　都道府県知事は、海岸保全施設又は津波防護施設の整備の実施その他の事由により、特別警戒区域の全部又は一部について第１項の規定による指定の事由がなくなったと認めるときは、当該特別警戒区域の全部又は一部について当該指定を解除するものとする。

11　第２項から第９項までの規定は、第１項の規定による指定の変更又は前項の規定による当該指定の解除について準用する。

(特定開発行為の制限)
第73条　特別警戒区域内において、政令で定める土地の形質の変更を伴う開発行為で当該開発行為をする土地の区域内において建築が予定されている建築物(以下「予定建築物」という。)の用途が制限用途であるもの(以下「特定開発行為」という。)をしようとする者は、あらかじめ、都道府県知事(地方自治法(昭和22年法律第67号)第252条の19第1項に規定する指定都市(第3項及び第94条において「指定都市」という。)、同法第252条の22第1項に規定する中核市(第3項において「中核市」という。)又は同法第252条の26の3第1項に規定する特例市(第3項において「特例市」という。)の区域内にあっては、それぞれの長。以下「都道府県知事等」という。)の許可を受けなければならない。
2　前項の制限用途とは、予定建築物の用途で、次に掲げる用途以外の用途でないものをいう。
　一　高齢者、障害者、乳幼児その他の特に防災上の配慮を要する者が利用する社会福祉施設、学校及び医療施設(政令で定めるものに限る。)
　二　前号に掲げるもののほか、津波の発生時における利用者の円滑かつ迅速な避難を確保することができないおそれが大きいものとして特別警戒区域内の区域であって市町村の条例で定めるものごとに市町村の条例で定める用途
3　市町村(指定都市、中核市及び特例市を除く。)は、前項第2号の条例を定めようとするときは、あらかじめ、都道府県知事と協議し、その同意を得なければならない。
4　第1項の規定は、次に掲げる行為については、適用しない。
　一　特定開発行為をする土地の区域(以下「開発区域」という。)が特別警戒区域の内外にわたる場合における、特別警戒区域外においてのみ第1項の制限用途の建築物の建築がされる予定の特定開発行為
　二　開発区域が第2項第2号の条例で定める区域の内外にわたる場合における、当該区域外においてのみ第1項の制限用途(同号の条例で定める用途に限る。)の建築物の建築がされる予定の特定開発行為
　三　非常災害のために必要な応急措置として行う行為その他の政令で定める行為

(申請の手続)
第74条　前条第1項の許可を受けようとする者は、国土交通省令で定めるところにより、次に掲げる事項を記載した申請書を提出しなければならない。
　一　開発区域の位置、区域及び規模
　二　予定建築物(前条第1項の制限用途のものに限る。)の用途及びその敷地の位置
　三　特定開発行為に関する工事の計画

参考資料

四　その他国土交通省令で定める事項
2　前項の申請書には、国土交通省令で定める図書を添付しなければならない。
（許可の基準）
第75条　都道府県知事等は、第73条第1項の許可の申請があったときは、特定開発行為に関する工事の計画が、擁壁の設置その他の津波が発生した場合における開発区域内の土地の安全上必要な措置を国土交通省令で定める技術的基準に従い講じるものであり、かつ、その申請の手続がこの法律及びこの法律に基づく命令の規定に違反していないと認めるときは、その許可をしなければならない。
（許可の特例）
第76条　国又は地方公共団体が行う特定開発行為については、国又は地方公共団体と都道府県知事等との協議が成立することをもって第73条第1項の許可を受けたものとみなす。
2　都市計画法第29条第1項又は第2項の許可を受けた特定開発行為は、第73条第1項の許可を受けたものとみなす。
（許可又は不許可の通知）
第77条　都道府県知事等は、第73条第1項の許可の申請があったときは、遅滞なく、許可又は不許可の処分をしなければならない。
2　前項の処分をするには、文書をもって当該申請をした者に通知しなければならない。
（変更の許可等）
第78条　第73条第1項の許可（この項の規定による許可を含む。）を受けた者は、第74条第1項各号に掲げる事項の変更をしようとする場合においては、都道府県知事等の許可を受けなければならない。ただし、変更後の予定建築物の用途が第73条第1項の制限用途以外のものであるとき、又は国土交通省令で定める軽微な変更をしようとするときは、この限りでない。
2　前項の許可を受けようとする者は、国土交通省令で定める事項を記載した申請書を都道府県知事等に提出しなければならない。
3　第73条第1項の許可を受けた者は、第1項ただし書に該当する変更をしたときは、遅滞なく、その旨を都道府県知事等に届け出なければならない。
4　前3条の規定は、第1項の許可について準用する。
5　第1項の許可又は第3項の規定による届出の場合における次条から第81条までの規定の適用については、第1項の許可又は第3項の規定による届出に係る変更後の内容を第73条第1項の許可の内容とみなす。
6　第76条第2項の規定により第73条第1項の許可を受けたものとみなされた特定開発

行為に係る都市計画法第35条の2第1項の許可又は同条第3項の規定による届出は、当該特定開発行為に係る第1項の許可又は第3項の規定による届出とみなす。

（工事完了の検査等）

第79条　第73条第1項の許可を受けた者は、当該許可に係る特定開発行為（第76条第2項の規定により第73条第1項の許可を受けたものとみなされた特定開発行為を除く。）に関する工事の全てを完了したときは、国土交通省令で定めるところにより、その旨を都道府県知事等に届け出なければならない。

2　都道府県知事等は、前項の規定による届出があったときは、遅滞なく、当該工事が第75条の国土交通省令で定める技術的基準に適合しているかどうかについて検査し、その検査の結果当該工事が当該技術的基準に適合していると認めたときは、国土交通省令で定める様式の検査済証を当該届出をした者に交付しなければならない。

3　都道府県知事等は、前項の規定により検査済証を交付したときは、遅滞なく、国土交通省令で定めるところにより、当該工事が完了した旨及び当該工事の完了後において当該工事に係る開発区域（特別警戒区域内のものに限る。）に地盤面の高さが基準水位以上である土地の区域があるときはその区域を公告しなければならない。

（開発区域の建築制限）

第80条　第73条第1項の許可を受けた開発区域（特別警戒区域内のものに限る。）内の土地においては、前条第3項の規定による公告又は第76条第2項の規定により第73条第1項の許可を受けたものとみなされた特定開発行為に係る都市計画法第36条第3項の規定による公告があるまでの間は、第73条第1項の制限用途の建築物の建築をしてはならない。ただし、開発行為に関する工事用の仮設建築物の建築をするときその他都道府県知事等が支障がないと認めたときは、この限りでない。

（特定開発行為の廃止）

第81条　第73条第1項の許可を受けた者は、当該許可に係る特定開発行為に関する工事を廃止したときは、遅滞なく、国土交通省令で定めるところにより、その旨を都道府県知事等に届け出なければならない。

2　第76条第2項の規定により第73条第1項の許可を受けたものとみなされた特定開発行為に係る都市計画法第38条の規定による届出は、当該特定開発行為に係る前項の規定による届出とみなす。

（特定建築行為の制限）

第82条　特別警戒区域内において、第73条第2項各号に掲げる用途の建築物の建築（既存の建築物の用途を変更して同項各号に掲げる用途の建築物とすることを含む。以下「特定建築行為」という。）をしようとする者は、あらかじめ、都道府県知事等の許可

を受けなければならない。ただし、次に掲げる行為については、この限りでない。
一　第79条第３項又は都市計画法第36条第３項後段の規定により公告されたその地盤面の高さが基準水位以上である土地の区域において行う特定建築行為
二　非常災害のために必要な応急措置として行う行為その他の政令で定める行為

（申請の手続）

第83条　第73条第２項第１号に掲げる用途の建築物について前条の許可を受けようとする者は、国土交通省令で定めるところにより、次に掲げる事項を記載した申請書を提出しなければならない。
一　特定建築行為に係る建築物の敷地の位置及び区域
二　特定建築行為に係る建築物の構造方法
三　次条第１項第２号の政令で定める居室の床面の高さ
四　その他国土交通省令で定める事項
2　前項の申請書には、国土交通省令で定める図書を添付しなければならない。
3　第73条第２項第２号の条例で定める用途の建築物について前条の許可を受けようとする者は、市町村の条例で定めるところにより、次に掲げる事項を記載した申請書を提出しなければならない。
一　特定建築行為に係る建築物の敷地の位置及び区域
二　特定建築行為に係る建築物の構造方法
三　その他市町村の条例で定める事項
4　前項の申請書には、国土交通省令で定める図書及び市町村の条例で定める図書を添付しなければならない。
5　第73条第３項の規定は、前２項の条例を定める場合について準用する。

（許可の基準）

第84条　都道府県知事等は、第73条第２項第１号に掲げる用途の建築物について第82条の許可の申請があったときは、当該建築物が次に掲げる基準に適合するものであり、かつ、その申請の手続がこの法律又はこの法律に基づく命令の規定に違反していないと認めるときは、その許可をしなければならない。
一　津波に対して安全な構造のものとして国土交通省令で定める技術的基準に適合するものであること。
二　第73条第２項第１号の政令で定める用途ごとに政令で定める居室の床面の高さ（当該居室の構造その他の事由を勘案して都道府県知事等が津波に対して安全であると認める場合にあっては、当該居室の床面の高さに都道府県知事等が当該居室について指定する高さを加えた高さ）が基準水位以上であること。

2　都道府県知事等は、第73条第2項第2号の条例で定める用途の建築物について第82条の許可の申請があったときは、当該建築物が次に掲げる基準に適合するものであり、かつ、その申請の手続がこの法律若しくはこの法律に基づく命令の規定又は前条第3項若しくは第4項の条例の規定に違反していないと認めるときは、その許可をしなければならない。
　一　前項第1号の国土交通省令で定める技術的基準に適合するものであること。
　二　次のいずれかに該当するものであることとする基準を参酌して市町村の条例で定める基準に適合するものであること。
　　イ　居室（共同住宅その他の各戸ごとに利用される建築物にあっては、各戸ごとの居室）の床面の全部又は一部の高さが基準水位以上であること。
　　ロ　基準水位以上の高さに避難上有効な屋上その他の場所が配置され、かつ、当該場所までの避難上有効な階段その他の経路があること。
3　第73条第3項の規定は、前項第2号の条例を定める場合について準用する。
4　建築主事を置かない市の市長は、第82条の許可をしようとするときは、都道府県知事に協議しなければならない。

（許可の特例）
第85条　国又は地方公共団体が行う特定建築行為については、国又は地方公共団体と都道府県知事等との協議が成立することをもって第82条の許可を受けたものとみなす。

（許可証の交付又は不許可の通知）
第86条　都道府県知事等は、第82条の許可の申請があったときは、遅滞なく、許可又は不許可の処分をしなければならない。
2　都道府県知事等は、当該申請をした者に、前項の許可の処分をしたときは許可証を交付し、同項の不許可の処分をしたときは文書をもって通知しなければならない。
3　前項の許可証の交付を受けた後でなければ、特定建築行為に関する工事（根切り工事その他の政令で定める工事を除く。）は、することができない。
4　第2項の許可証の様式は、国土交通省令で定める。

（変更の許可等）
第87条　第82条の許可（この項の規定による許可を含む。）を受けた者は、次に掲げる場合においては、都道府県知事等の許可を受けなければならない。ただし、変更後の建築物が第73条第2項各号に掲げる用途の建築物以外のものとなるとき、又は国土交通省令で定める軽微な変更をしようとするときは、この限りでない。
　一　第73条第2項第1号に掲げる用途の建築物について第83条第1項各号に掲げる事項の変更をしようとする場合

参考資料

二　第73条第2項第2号の条例で定める用途の建築物について第83条第3項各号に掲げる事項の変更をしようとする場合
2　前項の許可を受けようとする者は、国土交通省令で定める事項（同項第2号に掲げる場合にあっては、市町村の条例で定める事項）を記載した申請書を都道府県知事等に提出しなければならない。
3　第73条第3項の規定は、前項の条例を定める場合について準用する。
4　第82条の許可を受けた者は、第1項ただし書に該当する変更をしたときは、遅滞なく、その旨を都道府県知事等に届け出なければならない。
5　前3条の規定は、第1項の許可について準用する。

（監督処分）
第88条　都道府県知事等は、次の各号のいずれかに該当する者に対して、特定開発行為に係る土地又は特定建築行為に係る建築物における津波による人的災害を防止するために必要な限度において、第73条第1項、第78条第1項、第82条若しくは前条第1項の許可を取り消し、若しくはその許可に付した条件を変更し、又は工事その他の行為の停止を命じ、若しくは相当の期限を定めて必要な措置をとることを命ずることができる。
一　第73条第1項又は第78条第1項の規定に違反して、特定開発行為をした者
二　第82条又は前条第1項の規定に違反して、特定建築行為をした者
三　第73条第1項、第78条第1項、第82条又は前条第1項の許可に付した条件に違反した者
四　特別警戒区域で行われる又は行われた特定開発行為（当該特別警戒区域の指定の際当該特別警戒区域内において既に着手している行為を除く。）であって、開発区域内の土地の安全上必要な措置を第75条の国土交通省令で定める技術的基準に従って講じていないものに関する工事の注文主若しくは請負人（請負工事の下請人を含む。）又は請負契約によらないで自らその工事をしている者若しくはした者
五　特別警戒区域で行われる又は行われた特定建築行為（当該特別警戒区域の指定の際当該特別警戒区域内において既に着手している行為を除く。）であって、第84条第1項各号に掲げる基準又は同条第2項各号に掲げる基準に従って行われていないものに関する工事の注文主若しくは請負人（請負工事の下請人を含む。）又は請負契約によらないで自らその工事をしている者若しくはした者
六　偽りその他不正な手段により第73条第1項、第78条第1項、第82条又は前条第1項の許可を受けた者
2　前項の規定により必要な措置をとることを命じようとする場合において、過失がな

くて当該措置を命ずべき者を確知することができないときは、都道府県知事等は、その者の負担において、当該措置を自ら行い、又はその命じた者若しくは委任した者にこれを行わせることができる。この場合においては、相当の期限を定めて、当該措置を行うべき旨及びその期限までに当該措置を行わないときは、都道府県知事等又はその命じた者若しくは委任した者が当該措置を行う旨を、あらかじめ、公告しなければならない。

3　都道府県知事等は、第1項の規定による命令をした場合においては、標識の設置その他国土交通省令で定める方法により、その旨を公示しなければならない。

4　前項の標識は、第1項の規定による命令に係る土地又は建築物若しくは建築物の敷地内に設置することができる。この場合においては、同項の規定による命令に係る土地又は建築物若しくは建築物の敷地の所有者、管理者又は占有者は、当該標識の設置を拒み、又は妨げてはならない。

（立入検査）

第89条　都道府県知事等又はその命じた者若しくは委任した者は、第73条第1項、第78条第1項、第79条第2項、第80条、第82条、第87条第1項又は前条第1項の規定による権限を行うため必要がある場合においては、当該土地に立ち入り、当該土地又は当該土地において行われている特定開発行為若しくは特定建築行為に関する工事の状況を検査することができる。

2　第7条第5項の規定は、前項の場合について準用する。

3　第1項の規定による立入検査の権限は、犯罪捜査のために認められたものと解してはならない。

（報告の徴収等）

第90条　都道府県知事等は、第73条第1項又は第78条第1項の許可を受けた者に対し、当該許可に係る土地若しくは当該許可に係る特定開発行為に関する工事の状況について報告若しくは資料の提出を求め、又は当該土地における津波による人的災害を防止するために必要な助言若しくは勧告をすることができる。

2　都道府県知事等は、第82条又は第87条第1項の許可を受けた者に対し、当該許可に係る建築物若しくは当該許可に係る特定建築行為に関する工事の状況について報告若しくは資料の提出を求め、又は当該建築物における津波による人的災害を防止するために必要な助言若しくは勧告をすることができる。

（許可の条件）

第91条　都道府県知事等は、第73条第1項又は第78条第1項の許可には、特定開発行為に係る土地における津波による人的災害を防止するために必要な条件を付することが

参考資料

できる。
2　都道府県知事等は、第82条又は第87条第１項の許可には、特定建築行為に係る建築物における津波による人的災害を防止するために必要な条件を付することができる。
（移転等の勧告）
第92条　都道府県知事は、津波が発生した場合には特別警戒区域内に存する建築物が損壊し、又は浸水し、住民等の生命又は身体に著しい危害が生ずるおそれが大きいと認めるときは、当該建築物の所有者、管理者又は占有者に対し、当該建築物の移転その他津波による人的災害を防止し、又は軽減するために必要な措置をとることを勧告することができる。
2　都道府県知事は、前項の規定による勧告をした場合において、必要があると認めるときは、その勧告を受けた者に対し、土地の取得についてのあっせんその他の必要な措置を講ずるよう努めなければならない。

第10章　雑則

（財政上の措置等）
第93条　国は、津波防災地域づくりの推進に関する施策を実施するために必要な財政上、金融上及び税制上の措置その他の措置を講ずるよう努めるものとする。
（監視区域の指定）
第94条　都道府県知事又は指定都市の長は、推進計画区域のうち、地価が急激に上昇し、又は上昇するおそれがあり、これによって適正かつ合理的な土地利用の確保が困難となるおそれがあると認められる区域を国土利用計画法（昭和49年法律第92号）第27条の６第１項の規定により監視区域として指定するよう努めるものとする。
（地籍調査の推進）
第95条　国は、推進計画区域における地籍調査の推進を図るため、地籍調査の推進に資する調査を行うよう努めるものとする。
（権限の委任）
第96条　この法律に規定する国土交通大臣の権限は、国土交通省令で定めるところにより、その一部を地方整備局長又は北海道開発局長に委任することができる。
（命令への委任）
第97条　この法律に定めるもののほか、この法律の実施のために必要な事項は、命令で定める。
（経過措置）
第98条　この法律に基づき命令を制定し、又は改廃する場合においては、その命令で、その制定又は改廃に伴い合理的に必要と判断される範囲内において、所要の経過措置

（罰則に関する経過措置を含む。）を定めることができる。

第11章　罰則

第99条　次の各号のいずれかに該当する者は、1年以下の懲役又は50万円以下の罰金に処する。
一　第22条第1項の規定に違反して、津波防護施設区域を占用した者
二　第23条第1項の規定に違反して、同項各号に掲げる行為をした者
三　第73条第1項又は第78条第1項の規定に違反して、特定開発行為をした者
四　第80条の規定に違反して、第73条第1項の制限用途の建築物の建築をした者
五　第82条又は第87条第1項の規定に違反して、特定建築行為をした者
六　第88条第1項の規定による都道府県知事等の命令に違反した者

第100条　次の各号のいずれかに該当する者は、6月以下の懲役又は30万円以下の罰金に処する。
一　第7条第7項（第34条第2項において準用する場合を含む。）の規定に違反して、土地の立入り又は一時使用を拒み、又は妨げた者
二　第89条第1項の規定による立入検査を拒み、妨げ、又は忌避した者

第101条　次の各号のいずれかに該当する者は、30万円以下の罰金に処する。
一　第51条第3項の規定に違反した者
二　第52条第1項の規定に違反して、届出をしないで、又は虚偽の届出をして、同項各号に掲げる行為をした者
三　第90条第1項又は第2項の規定による報告又は資料の提出を求められて、報告若しくは資料を提出せず、又は虚偽の報告若しくは資料の提出をした者

第102条　法人の代表者又は法人若しくは人の代理人、使用人その他の従業者が、その法人又は人の業務又は財産に関し、前3条の違反行為をしたときは、行為者を罰するほか、その法人又は人に対しても各本条の罰金刑を科する。

第103条　第58条、第78条第3項、第81条第1項又は第87条第4項の規定に違反して、届出をせず、又は虚偽の届出をした者は、20万円以下の過料に処する。

附　則

この法律は、公布の日から起算して2月を超えない範囲内において政令で定める日〔平23政425により平成23・12・27〕から施行する。ただし、第9章、第99条（第3号から第6号までに係る部分に限る。）、第100条（第2号に係る部分に限る。）、第101条（第3号に係る部分に限る。）及び第103条（第58条に係る部分を除く。）の規定は、公布の日から起算して6月を超えない範囲内において政令で定める日〔平24政157により平24・6・13〕から施行する。

参考資料

〔参考資料1（2）〕

○津波防災地域づくりに関する法律施行令

$$\begin{pmatrix}平成23年12月26日\\政　令　第　426　号\end{pmatrix}$$

改正　平成24年 2 月 3 日政令第 26号
　　　平成24年 6 月 1 日政令第158号
　　　平成25年11月27日政令第319号

（津波防護施設）

第 1 条　津波防災地域づくりに関する法律（以下「法」という。）第 2 条第10項の政令で定める施設は、盛土構造物（津波による浸水を防止する機能を有するものに限る。第15条において同じ。）、護岸、胸壁及び閘こう門をいう。

（公共施設）

第 2 条　法第 2 条第12項の政令で定める公共の用に供する施設は、広場、緑地、水道、河川及び水路並びに防水、防砂又は防潮の施設とする。

（収用委員会の裁決の申請手続）

第 3 条　法第 7 条第10項（法第34条第 2 項において準用する場合を含む。）、第28条第 3 項、第35条第 4 項又は第51条第 6 項の規定により土地収用法（昭和26年法律第219号）第94条第 2 項の規定による裁決を申請しようとする者は、国土交通省令で定める様式に従い、同条第 3 項各号（第 3 号を除く。）に掲げる事項を記載した裁決申請書を収用委員会に提出しなければならない。

（他の都府県知事の権限の代行）

第 4 条　法第20条第 3 項の規定により一の都府県知事が他の都府県知事に代わって行う権限は、法第 7 章第 1 節及び第 2 節に規定する都府県知事の権限のうち、次に掲げるもの以外のものとする。

　一　法第18条第 2 項の規定により市町村長が管理することが適当であると認められる津波防護施設を指定し、及び同条第 4 項の規定により公示すること。

　二　法第18条第 3 項の規定により市町村長の意見を聴くこと。

　三　法第21条第 1 項の規定により津波防護施設区域を指定し、及び同条第 3 項の規定により公示すること。

　四　法第36条第 1 項の規定により津波防護施設台帳を調製し、及びこれを保管すること。

（津波防護施設区域における行為で許可を要しないもの）

第5条　法第23条第1項ただし書の政令で定める行為は、次に掲げるもの（第2号から第4号までに掲げる行為で、津波防護施設の敷地から5メートル（津波防護施設の構造又は地形、地質その他の状況により津波防護施設管理者がこれと異なる距離を指定した場合には、当該距離）以内の土地におけるものを除く。）とする。
一　津波防護施設区域（法第21条第1項第2号に掲げる土地の区域に限る。次号から第4号までにおいて同じ。）内の土地における耕うん
二　津波防護施設区域内の土地における地表から高さ3メートル以内の盛土（津波防護施設に沿って行う盛土で津波防護施設に沿う部分の長さが20メートル以上のものを除く。）
三　津波防護施設区域内の土地における地表から深さ1メートル以内の土地の掘削又は切土
四　津波防護施設区域内の土地における施設又は工作物（鉄骨造、コンクリート造、石造、れんが造その他これらに類する構造のもの及び貯水池、水槽、井戸、水路その他これらに類する用途のものを除く。）の新築又は改築
五　前各号に掲げるもののほか、津波防護施設の敷地である土地の区域における施設又は工作物の新築又は改築以外の行為であって、津波防護施設管理者が津波防護施設の保全上影響が少ないと認めて指定したもの

2　津波防護施設管理者は、前項の規定による指定をするときは、国土交通省令で定めるところにより、その旨を公示しなければならない。これを変更し、又は廃止するときも、同様とする。

（津波防護施設区域における制限行為）
第6条　法第23条第1項第3号の政令で定める行為は、津波防護施設を損壊するおそれがあると認めて津波防護施設管理者が指定する行為とする。
2　前条第2項の規定は、前項の規定による指定について準用する。

（他の施設等を保管した場合の公示事項）
第7条　法第27条第5項の政令で定める事項は、次に掲げるものとする。
一　保管した他の施設等の名称又は種類、形状及び数量
二　保管した他の施設等の放置されていた場所及び当該他の施設等を除却した日時
三　当該他の施設等の保管を始めた日時及び保管の場所
四　前3号に掲げるもののほか、保管した他の施設等を返還するため必要と認められる事項

（他の施設等を保管した場合の公示の方法）
第8条　法第27条第5項の規定による公示は、次に掲げる方法により行わなければなら

参考資料

ない。
一　前条各号に掲げる事項を、保管を始めた日から起算して14日間、当該津波防護施設管理者の事務所に掲示すること。
二　前号の公示の期間が満了しても、なお当該他の施設等の所有者、占有者その他当該他の施設等について権原を有する者（第12条において「所有者等」という。）の氏名及び住所を知ることができないときは、前条各号に掲げる事項の要旨を公報又は新聞紙への掲載その他の適切な方法により公表すること。
2　津波防護施設管理者は、前項に規定する方法による公示を行うとともに、国土交通省令で定める様式による保管した他の施設等一覧簿を当該津波防護施設管理者の事務所に備え付け、かつ、これをいつでも関係者に自由に閲覧させなければならない。

（他の施設等の価額の評価の方法）
第9条　法第27条第6項の規定による他の施設等の価額の評価は、当該他の施設等の購入又は製作に要する費用、使用年数、損耗の程度その他当該他の施設等の価額の評価に関する事情を勘案してするものとする。この場合において、津波防護施設管理者は、必要があると認めるときは、他の施設等の価額の評価に関し専門的知識を有する者の意見を聴くことができる。

（保管した他の施設等を売却する場合の手続）
第10条　法第27条第6項の規定による保管した他の施設等の売却は、競争入札に付して行わなければならない。ただし、競争入札に付しても入札者がない他の施設等その他競争入札に付することが適当でないと認められる他の施設等については、随意契約により売却することができる。
第11条　津波防護施設管理者は、前条本文の規定による競争入札のうち一般競争入札に付そうとするときは、その入札期日の前日から起算して少なくとも5日前までに、当該他の施設等の名称又は種類、形状、数量その他国土交通省令で定める事項を当該津波防護施設管理者の事務所に掲示し、又はこれに準ずる適当な方法で公示しなければならない。
2　津波防護施設管理者は、前条本文の規定による競争入札のうち指名競争入札に付そうとするときは、なるべく3人以上の入札者を指定し、かつ、それらの者に当該他の施設等の名称又は種類、形状、数量その他国土交通省令で定める事項をあらかじめ通知しなければならない。
3　津波防護施設管理者は、前条ただし書の規定による随意契約によろうとするときは、なるべく2人以上の者から見積書を徴さなければならない。

（他の施設等を返還する場合の手続）

第12条　津波防護施設管理者は、保管した他の施設等（法第27条第6項の規定により売却した代金を含む。）を所有者等に返還するときは、返還を受ける者にその氏名及び住所を証するに足りる書類を提出させる方法その他の方法によってその者が当該他の施設等の返還を受けるべき所有者等であることを証明させ、かつ、国土交通省令で定める様式による受領書と引換えに返還するものとする。

（津波防護施設管理者以外の者の行う工事等の承認申請手続）

第13条　法第33条第1項の承認を受けようとする者は、工事の設計及び実施計画又は維持の実施計画を記載した承認申請書を津波防護施設管理者に提出しなければならない。

（津波防護施設管理者以外の者の行う工事等で承認を要しないもの）

第14条　法第33条第1項ただし書の政令で定める軽易なものは、ごみその他の廃物の除去、草刈りその他これらに類する小規模な維持とする。

（国が費用を補助する工事の範囲及び補助率）

第15条　法第39条の規定により国がその費用を補助することができる工事は、次に掲げる施設であって津波防護施設であるものの新設又は改良に関する工事とし、その補助率は2分の1とする。

一　道路又は鉄道と相互に効用を兼ねる盛土構造物であって、国土交通省令で定める規模以下のもの

二　前号に掲げる施設に設けられる護岸

三　胸壁又は閘門であって、盛土構造物と一体となって機能を発揮するもの

（補助額）

第16条　国が法第39条の規定により補助する金額は、前条各号に掲げる施設であって津波防護施設であるものの新設又は改良に関する工事に要する費用の額（法第43条から第45条までの規定による負担金があるときは、当該費用の額からこれらの負担金の額を控除した額）に前条に規定する国の補助率を乗じて得た額とする。

（通常の管理行為、軽易な行為その他の行為）

第17条　法第52条第1項ただし書の政令で定める行為は、次に掲げるものとする。

一　法第52条第1項第1号に掲げる行為であって、指定津波防護施設の維持管理のためにするもの

二　法第52条第1項第1号に掲げる行為であって、仮設の建築物の建築その他これに類する土地の一時的な利用のためにするもの（当該利用に供された後に当該指定津波防護施設の機能が当該行為前の状態に戻されることが確実な場合に限る。）

（指定避難施設の重要な変更）

第18条　法第58条の政令で定める重要な変更は、次に掲げるものとする。

参考資料

　一　改築又は増築による指定避難施設の構造耐力上主要な部分（建築基準法施行令（昭和25年政令第338号）第1条第3号に規定する構造耐力上主要な部分をいう。）の変更
　二　指定避難施設の避難上有効な屋上その他の場所として市町村長が指定するものの総面積の10分の1以上の面積の増減を伴う変更
　三　前号に規定する場所までの避難上有効な階段その他の経路として市町村長が指定するものの廃止

（避難促進施設）
第19条　法第71条第1項第2号の政令で定める施設は、次に掲げるものとする。
　一　老人福祉施設（老人介護支援センターを除く。）、有料老人ホーム、認知症対応型老人共同生活援助事業の用に供する施設、身体障害者社会参加支援施設、障害者支援施設、地域活動支援センター、福祉ホーム、障害福祉サービス事業（生活介護、短期入所、自立訓練、就労移行支援、就労継続支援又は共同生活援助を行う事業に限る。）の用に供する施設、保護施設（医療保護施設及び宿所提供施設を除く。）、児童福祉施設（母子生活支援施設及び児童遊園を除く。）、障害児通所支援事業（児童発達支援又は放課後等デイサービスを行う事業に限る。）の用に供する施設、児童自立生活援助事業の用に供する施設、放課後児童健全育成事業の用に供する施設、子育て短期支援事業の用に供する施設、一時預かり事業の用に供する施設、児童相談所、母子健康センターその他これらに類する施設
　二　幼稚園、小学校、中学校、高等学校、中等教育学校、特別支援学校、高等専門学校及び専修学校（高等課程を置くものに限る。）
　三　病院、診療所及び助産所

（特定開発行為に係る土地の形質の変更）
第20条　法第73条第1項の政令で定める土地の形質の変更は、次に掲げるものとする。
　一　切土であって、当該切土をした土地の部分に高さが2メートルを超える崖（地表面が水平面に対し30度を超える角度をなす土地で硬岩盤（風化の著しいものを除く。）以外のものをいう。以下この条において同じ。）を生ずることとなるもの
　二　盛土であって、当該盛土をした土地の部分に高さが1メートルを超える崖を生ずることとなるもの
　三　切土及び盛土を同時にする場合における盛土であって、当該盛土をした土地の部分に高さが1メートル以下の崖を生じ、かつ、当該切土及び盛土をした土地の部分に高さが2メートルを超える崖を生ずることとなるもの
　2　前項の規定の適用については、小段その他のものによって上下に分離された崖があ

る場合において、下層の崖面（崖の地表面をいう。以下この項において同じ。）の下端を含み、かつ、水平面に対し30度の角度をなす面の上方に上層の崖面の下端があるときは、その上下の崖は一体のものとみなす。

（制限用途）

第21条　法第73条第2項第1号の政令で定める社会福祉施設、学校及び医療施設は、次に掲げるものとする。

一　老人福祉施設（老人介護支援センターを除く。）、有料老人ホーム、認知症対応型老人共同生活援助事業の用に供する施設、身体障害者社会参加支援施設、障害者支援施設、地域活動支援センター、福祉ホーム、障害福祉サービス事業（生活介護、短期入所、自立訓練、就労移行支援、就労継続支援又は共同生活援助を行う事業に限る。）の用に供する施設、保護施設（医療保護施設及び宿所提供施設を除く。）、児童福祉施設（母子生活支援施設、児童厚生施設、児童自立支援施設及び児童家庭支援センターを除く。）、障害児通所支援事業（児童発達支援又は放課後等デイサービスを行う事業に限る。）の用に供する施設、子育て短期支援事業の用に供する施設、一時預かり事業の用に供する施設、母子健康センター（妊婦、産婦又はじょく婦の収容施設があるものに限る。）その他これらに類する施設

二　幼稚園及び特別支援学校

三　病院、診療所（患者の収容施設があるものに限る。）及び助産所（妊婦、産婦又はじょく婦の収容施設があるものに限る。）

（特定開発行為の制限の適用除外）

第22条　法第73条第4項第3号の政令で定める行為は、次に掲げるものとする。

一　非常災害のために必要な応急措置として行う開発行為（法第72条第1項に規定する開発行為をいう。次号において同じ。）

二　仮設の建築物の建築の用に供する目的で行う開発行為

（特定建築行為の制限の適用除外）

第23条　法第82条第2号の政令で定める行為は、次に掲げるものとする。

一　非常災害のために必要な応急措置として行う建築

二　仮設の建築物の建築

三　特定用途（第21条各号に掲げる用途をいう。以下この号において同じ。）の既存の建築物（法第72条第1項の規定による津波災害特別警戒区域の指定の日以後に建築に着手されたものを除く。）の用途を変更して他の特定用途の建築物とする行為

（居室の床面の高さを基準水位以上の高さにすべき居室）

第24条　法第84条第1項第2号（法第87条第5項において準用する場合を含む。）の政

参考資料

令で定める居室は、次の各号に掲げる用途の区分に応じ、当該各号に定める居室（当該用途の建築物に当該居室の利用者の避難上有効なものとして法第73条第1項に規定する都道府県知事等が認める他の居室がある場合にあっては、当該他の居室）とする。
一　第21条第1号に掲げる用途（次号に掲げるものを除く。）　寝室（入所する者の使用するものに限る。）
二　第21条第1号に掲げる用途（通所のみにより利用されるものに限る。）　当該用途の建築物の居室のうちこれらに通う者に対する日常生活に必要な便宜の供与、訓練、保育その他これらに類する目的のために使用されるもの
三　第21条第2号に掲げる用途　教室
四　第21条第3号に掲げる用途　病室その他これに類する居室

（行為着手の制限の例外となる工事）
第25条　法第86条第3項（法第87条第5項において準用する場合を含む。）の政令で定める工事は、根切り工事、山留め工事、ウェル工事、ケーソン工事その他基礎工事とする。

　　　　附　則
この政令は、法の施行の日（平成23年12月27日）から施行する。

　　〔附則　省略〕

〔参考資料1 (3)〕

○津波防災地域づくりに関する法律施行規則

$$\begin{pmatrix}平成23年12月26日\\国土交通省令第99号\end{pmatrix}$$

改正 平成24年6月12日国土交通省令第58号
　　 平成24年9月20日国土交通省令第76号

目次

　第1章　津波浸水想定の設定等（第1条）
　第2章　推進計画区域における特別の措置
　　第1節　土地区画整理事業に関する特例（第2条—第5条）
　　第2節　津波からの避難に資する建築物の容積率の特例（第6条）
　　第3節　集団移転促進事業に関する特例（第7条）
　第3章　津波防護施設等
　　第1節　津波防護施設の管理（第8条—第20条）
　　第2節　津波防護施設に関する費用（第21条・第22条）
　　第3節　指定津波防護施設（第23条—第27条）
　第4章　津波災害警戒区域（第28条—第32条）
　第5章　津波災害特別警戒区域（第33条—第61条）
　第6章　雑則（第62条）
　附則

　　第1章　津波浸水想定の設定等

（損失の補償の裁決申請書の様式）

第1条　津波防災地域づくりに関する法律施行令（以下「令」という。）第3条の規定による裁決申請書の様式は、別記様式第一とし、正本一部及び写し一部を提出するものとする。

　　第2章　推進計画区域における特別の措置
　　　第1節　土地区画整理事業に関する特例

（津波防災住宅等建設区を定める場合の地方公共団体施行に関する認可申請手続）

第2条　土地区画整理法（昭和29年法律第119号）第52条第1項又は第55条第12項の認可を申請しようとする者は、津波防災地域づくりに関する法律（以下「法」という。）第12条第1項の規定により事業計画において津波防災住宅等建設区を定めようとする

191

ときは、認可申請書に、土地区画整理法施行規則（昭和30年建設省令第5号）第3条の2各号に掲げる事項のほか、津波防災住宅等建設区の位置及び面積を記載しなければならない。

（津波防災住宅等建設区に関する図書）
第3条　津波防災住宅等建設区は、設計説明書及び設計図を作成して定めなければならない。
2　前項の設計説明書には津波防災住宅等建設区の面積を記載し、前項の設計図は縮尺1200分の1以上とするものとする。
3　第1項の設計図及び土地区画整理法施行規則第6条第1項の設計図は、併せて一葉の図面とするものとする。

（津波防災住宅等建設区への換地の申出）
第4条　法第13条第1項の申出は、別記様式第2の申出書を提出して行うものとする。
2　前項の申出書には、法第13条第2項の規定による同意を得たことを証する書類を添付しなければならない。

（津波防災住宅等建設区内に換地を定められるべき宅地の指定につき支障とならない工作物）
第5条　法第13条第4項第1号の国土交通省令で定める工作物は、仮設の工作物とする。

第2節　津波からの避難に資する建築物の容積率の特例

（認定申請書及び認定通知書の様式）
第6条　法第15条の規定による認定を申請しようとする者は、別記様式第3の申請書の正本及び副本に、それぞれ、特定行政庁が規則で定める図書又は書面を添えて、特定行政庁に提出するものとする。
2　特定行政庁は、法第15条の規定による認定をしたときは、別記様式第4の通知書に、前項の申請書の副本及びその添付図書を添えて、申請者に通知するものとする。
3　特定行政庁は、法第15条の規定による認定をしないときは、別記様式第5の通知書に、第1項の申請書の副本及びその添付図書を添えて、申請者に通知するものとする。

第3節　集団移転促進事業に関する特例

（集団移転促進事業に関する特例）
第7条　法第16条第2項の規定に基づき都道府県が防災のための集団移転促進事業に係る国の財政上の特別措置等に関する法律（昭和47年法律第132号）第3条第1項に規定する集団移転促進事業計画を定める場合における防災のための集団移転促進事業に係る国の財政上の特別措置等に関する法律施行規則（昭和47年自治省令第28号）別記第1号様式、別記第2号様式及び別記第3号様式の規定の適用については、これらの

規定中「市町村長」とあるのは「都道府県知事」とする。
　　第3章　津波防護施設等
　　　第1節　津波防護施設の管理
（市町村長が管理する津波防護施設の指定の公示）
第8条　法第18条第4項の規定による公示は、次に掲げるところにより津波防護施設の位置を明示して、都道府県の公報への掲載、インターネットの利用その他の適切な方法により行うものとする。
　一　市町村、大字、字、小字及び地番
　二　平面図又は一定の地物、施設、工作物からの距離及び方向
（関係都府県知事の協議の内容の公示）
第9条　法第20条第2項の規定による公示は、次に掲げる事項について、関係都府県の公報への掲載、インターネットの利用その他の適切な方法により行うものとする。
　一　津波防護施設の位置及び種類
　二　管理を行う都府県知事
　三　管理の内容
　四　管理の期間
2　前項第1号の津波防護施設の位置は、前条各号に掲げるところにより明示するものとする。
（津波防護施設区域の指定の公示）
第10条　法第21条第3項の規定による公示は、第8条各号に掲げるところにより津波防護施設区域を明示して、都道府県又は市町村の公報への掲載、インターネットの利用その他の適切な方法により行うものとする。
（津波防護施設区域の占用の許可）
第11条　法第22条第1項の規定による許可を受けようとする者は、次に掲げる事項を記載した申請書を津波防護施設管理者に提出しなければならない。
　一　津波防護施設区域の占用の目的
　二　津波防護施設区域の占用の期間
　三　津波防護施設区域の占用の場所
（津波防護施設区域における制限行為の許可）
第12条　法第23条第1項第1号に該当する行為をしようとするため同項の許可を受けようとする者は、次に掲げる事項を記載した申請書を津波防護施設管理者に提出しなければならない。
　一　施設又は工作物を新設又は改築する目的

参考資料

　二　施設又は工作物を新設又は改築する場所
　三　新設又は改築する施設又は工作物の構造
　四　工事実施の方法
　五　工事実施の期間
2　法第23条第1項第2号又は第3号に該当する行為をしようとするため同項の許可を受けようとする者は、次に掲げる事項を記載した申請書を津波防護施設管理者に提出しなければならない。
　一　行為の目的
　二　行為の内容
　三　行為の期間
　四　行為の場所
　五　行為の方法

（津波防護施設区域における行為の制限に係る指定の公示）
第13条　令第5条第2項（令第6条第2項において準用する場合を含む。）の規定による指定の公示は、都道府県又は市町村の公報への掲載、インターネットの利用その他の適切な方法により行うものとする。

（占用料の基準）
第14条　法第26条に規定する占用料は、近傍類地の地代等を考慮して定めるものとする。

（保管した他の施設等一覧簿の様式）
第15条　令第8条第2項の国土交通省令で定める様式は、別記様式第6とする。

（競争入札における掲示事項等）
第16条　令第11条第1項及び第2項の国土交通省令で定める事項は、次に掲げるものとする。
　一　当該競争入札の執行を担当する職員の職及び氏名
　二　当該競争入札の執行の日時及び場所
　三　契約条項の概要
　四　その他津波防護施設管理者が必要と認める事項

（他の施設等の返還に係る受領書の様式）
第17条　令第12条の国土交通省令で定める様式は、別記様式第7とする。

（津波防護施設の技術上の基準）
第18条　盛土構造物に関する法第29条第2項の国土交通省令で定める基準は、次に掲げるものとする。
　一　型式、天端高、法のり勾配及び法線は、盛土構造物の背後地の状況等を考慮して、

津波浸水想定（法第8条第1項に規定する津波浸水想定をいう。以下同じ。）を設定する際に想定した津波の作用に対して、津波による海水の浸入を防止する機能が確保されるよう定めるものとする。
　二　津波浸水想定を設定する際に想定した津波の作用に対して安全な構造とするものとする。
　三　天端高は、津波浸水想定に定める水深に係る水位に盛土構造物への衝突による津波の水位の上昇等を考慮して必要と認められる値を加えた値以上とするものとする。
　四　盛土構造物の近傍の土地の利用状況により必要がある場合においては、樋ひ門、樋管、陸閘こうその他排水又は通行のための設備を設けるものとする。
　五　津波の作用から盛土構造物を保護するため必要がある場合においては、盛土構造物の表面に護岸を設けるものとする。
2　胸壁に関する法第29条第2項の国土交通省令で定める基準は、次に掲げるものとする。
　一　型式、天端高及び法線は、胸壁の背後地の状況等を考慮して、津波浸水想定を設定する際に想定した津波の作用に対して、津波による海水の浸入を防止する機能が確保されるよう定めるものとする。
　二　津波浸水想定を設定する際に想定した津波の作用に対して安全な構造とするものとする。
　三　天端高は、津波浸水想定に定める水深に係る水位に胸壁への衝突による津波の水位の上昇等を考慮して必要と認められる値を加えた値以上とするものとする。
3　閘門に関する法第29条第2項の国土交通省令で定める基準は、次に掲げるものとする。
　一　型式、閘門のゲートの閉鎖時における上端の高さ及び位置は、閘門の背後地の状況等を考慮して、津波浸水想定を設定する際に想定した津波の作用に対して、津波による海水の浸入を防止する機能が確保されるよう定めるものとする。
　二　津波浸水想定を設定する際に想定した津波の作用に対して安全な構造とするものとする。
　三　閘門のゲートの閉鎖時における上端の高さは、津波浸水想定に定める水深に係る水位に閘門への衝突による津波の水位の上昇等を考慮して必要と認められる値を加えた値以上とするものとする。

（他の工作物の管理者による津波防護施設の管理の公示）
第19条　法第30条第2項の公示は、次に掲げる事項について、都道府県又は市町村の公報への掲載、インターネットの利用その他の適切な方法により行うものとする。

参考資料

　一　津波防護施設の位置及び種類
　二　管理を行う者の氏名及び住所（法人にあっては、その名称及び住所並びに代表者の氏名）
　三　管理の内容
　四　管理の期間
2　前項第1号の津波防護施設の位置は、第8条各号に掲げるところにより明示するものとする。

（津波防護施設台帳）
第20条　津波防護施設台帳は、帳簿及び図面をもって組成するものとする。
2　帳簿及び図面は、一の津波防護施設ごとに調製するものとする。
3　帳簿には、津波防護施設につき、少なくとも次に掲げる事項を記載するものとし、その様式は、別記様式第8とする。
　一　津波防護施設管理者の名称
　二　津波防護施設の位置、種類、構造及び数量
　三　津波防護施設区域が指定された年月日
　四　津波防護施設区域
　五　津波防護施設区域の面積
　六　津波防護施設区域の概況
4　図面は、津波防護施設につき、平面図、横断図及び構造図とし、必要がある場合は縦断図を添付し、次の各号により調製するものとする。
　一　尺度は、メートルを単位とすること。
　二　高さは、東京湾中等潮位を基準とし、小数点以下2位まで示すこと。
　三　平面図については、
　　イ　縮尺は、原則として2000分の1とすること。
　　ロ　原則として2メートルごとに等高線を記入すること。
　　ハ　津波防護施設の位置及び種類を記号又は色別をもって表示すること。
　　ニ　津波防護施設区域は、黄色をもって表示すること。
　　ホ　イからニまでのほか、少なくとも次に掲げる事項を記載すること。
　　　(イ)　津波防護施設区域の境界線
　　　(ロ)　市町村名、大字名、字名及びその境界線
　　　(ハ)　地形
　　　(ニ)　法第23条第1項第1号に規定する他の施設等のうち主要なもの
　　　(ホ)　方位

　　　　(ヘ)　縮尺
　　　　(ト)　調製年月日
　　四　横断図については、
　　　　イ　津波防護施設、地形その他の状況に応じて調製すること。この場合において、横断測量線を朱色破線をもって平面図に記入すること。
　　　　ロ　横縮尺は、原則として500分の1とし、縦縮尺は、原則として100分の1とすること。
　　　　ハ　イ及びロのほか、少なくとも次に掲げる事項を記載すること。
　　　　　　(イ)　津波浸水想定に定める水深に係る水位
　　　　　　(ロ)　津波防護施設の高さ
　　　　　　(ハ)　縮尺
　　　　　　(ニ)　調製年月日
　　五　構造図については、
　　　　イ　各部分の寸法を記入すること。
　　　　ロ　調製年月日を記載すること。
5　帳簿及び図面の記載事項に変更があったときは、津波防護施設管理者は、速やかにこれを訂正しなければならない。

　　　　　　第2節　津波防護施設に関する費用
（令第15条第1号の国土交通省令で定める規模）
第21条　令第15条第1号の国土交通省令で定める規模は、おおむね500メートルとする。
（延滞金）
第22条　法第47条第2項に規定する延滞金は、同条第1項に規定する負担金等の額につき年10.75パーセントの割合で、納期限の翌日からその負担金等の完納の日又は財産差押えの日の前日までの日数により計算した額とする。

　　　　　　第3節　指定津波防護施設
（指定津波防護施設の指定の公示）
第23条　法第50条第3項（同条第5項において準用する場合を含む。）の規定による指定（同条第5項において準用する場合にあっては、指定の解除。以下この項において同じ。）の公示は、次に掲げる事項について、都道府県の公報への掲載、インターネットの利用その他の適切な方法により行うものとする。
　一　指定津波防護施設の指定をする旨
　二　当該指定津波防護施設の名称及び指定番号
　三　当該指定津波防護施設の位置

参考資料

四　当該指定津波防護施設の高さ
2　前項第3号の指定津波防護施設の位置は、第8条各号に掲げるところにより明示するものとする。

（指定津波防護施設の標識の設置の基準）
第24条　法第51条第1項の国土交通省令で定める基準は、次に掲げるものとする。
一　次に掲げる事項を明示したものであること。
　　イ　指定津波防護施設の名称及び指定番号
　　ロ　指定津波防護施設の高さ及び構造の概要
　　ハ　指定津波防護施設の管理者及びその連絡先
　　ニ　標識の設置者及びその連絡先
二　指定津波防護施設の周辺に居住し、又は事業を営む者の見やすい場所に設けること。

（指定津波防護施設に関する行為の届出）
第25条　法第52条第1項の規定による届出は、別記様式第9の届出書を提出して行うものとする。
2　法第52条第1項各号に掲げる行為の設計又は施行方法は、計画図により定めなければならない。
3　前項の計画図は、次の表の定めるところにより作成したものでなければならない。

図面の種類	明示すべき事項	縮尺	備考
指定津波防護施設の位置図	指定津波防護施設の位置	2500分の1以上	
指定津波防護施設の現況図	指定津波防護施設の形状	2500分の1以上	平面図、縦断面図及び横断面図により示すこと。
	指定津波防護施設の構造の詳細	500分の1以上	
法第52条第1項各号に掲げる行為の計画図	当該行為を行う場所	2500分の1以上	
	当該行為を行った後の指定津波防護施設及びその敷地の形状	2500分の1以上	平面図、縦断面図及び横断面図により示すこと。
	当該行為を行った後の指定津波防護施設の構造の詳細	500分の1以上	

（指定津波防護施設に関する行為の届出書の記載事項）

第26条　法第52条第1項の国土交通省令で定める事項は、同項各号に掲げる行為の完了予定日、当該行為の対象となる指定津波防護施設の名称及び指定番号とする。
（指定津波防護施設に関する行為の届出の内容の通知）
第27条　法第52条第2項の規定による通知は、第25条第1項の届出書の写しを添付してするものとする。

　　　　第4章　津波災害警戒区域
（津波災害警戒区域の指定の公示）
第28条　法第53条第4項（同条第6項において準用する場合を含む。）の規定による津波災害警戒区域の指定（同条第6項において準用する場合にあっては、指定の変更又は解除。以下この項において同じ。）の公示は、次に掲げる事項について、都道府県の公報への掲載、インターネットの利用その他の適切な方法により行うものとする。
一　津波災害警戒区域の指定をする旨
二　津波災害警戒区域
三　基準水位（法第53条第2項に規定する基準水位をいう。以下同じ。）
2　前項第2号の津波災害警戒区域は、次に掲げるところにより明示するものとする。
一　市町村、大字、字、小字及び地番
二　平面図
（都道府県知事の行う津波災害警戒区域の指定の公示に係る図書の送付）
第29条　法第53条第5項（同条第6項において準用する場合を含む。）の規定による送付は、津波災害警戒区域位置図及び津波災害警戒区域区域図により行わなければならない。
2　前項の津波災害警戒区域位置図は、縮尺50000分の1以上とし、津波災害警戒区域の位置を表示した地形図でなければならない。
3　第1項の津波災害警戒区域区域図は、縮尺2500分の1以上とし、当該津波災害警戒区域及び基準水位を表示したものでなければならない。
（津波に関する情報の伝達方法等を住民に周知させるための必要な措置）
第30条　法第55条（法第69条において準用する場合を含む。）の住民等に周知させるための必要な措置は、次に掲げるものとする。
一　津波災害警戒区域及び当該区域における基準水位を表示した図面に法第55条に規定する事項を記載したもの（電子的方式、磁気的方式その他人の知覚によっては認識することができない方式で作られる記録を含む。）を、印刷物の配布その他の適切な方法により、各世帯に提供すること。
二　前号の図面に表示した事項及び記載した事項に係る情報を、インターネットの利

参考資料

用その他の適切な方法により、住民等がその提供を受けることができる状態に置くこと。

(指定避難施設の技術的基準)

第31条　建築物その他の工作物である指定避難施設に関する法第56条第1項第1号の国土交通省令で定める技術的基準は、次に掲げるものとする。
一　津波浸水想定を設定する際に想定した津波の作用に対して安全なものとして国土交通大臣が定める構造方法を用いるものであること。
二　地震に対する安全性に係る建築基準法(昭和25年法律第201号)並びにこれに基づく命令及び条例の規定又は地震に対する安全上これらに準ずるものとして国土交通大臣が定める基準に適合するものであること。

(避難確保計画に定めるべき事項)

第32条　法第71条第1項の避難確保計画においては、次に掲げる事項を定めなければならない。
一　津波の発生時における避難促進施設の防災体制に関する事項
二　津波の発生時における避難促進施設の利用者の避難の誘導に関する事項
三　津波の発生時を想定した避難促進施設における避難訓練及び防災教育の実施に関する事項
四　第1号から第3号までに掲げるもののほか、避難促進施設の利用者の津波の発生時の円滑かつ迅速な避難の確保を図るために必要な措置に関する事項

第5章　津波災害特別警戒区域

(津波災害特別警戒区域の指定をしようとする旨の公告)

第33条　法第72条第3項(同条第11項において準用する場合を含む。)の規定による津波災害特別警戒区域の指定(同条第11項において準用する場合にあっては、指定の変更又は解除。以下この項及び次条第1項において同じ。)をしようとする旨の公告は、次に掲げる事項について、都道府県の公報への掲載、インターネットの利用その他の適切な方法により行うものとする。
一　津波災害特別警戒区域の指定をしようとする旨
二　津波災害特別警戒区域の指定をしようとする土地の区域
2　前項第2号の土地の区域は、次に掲げるところにより明示するものとする。
一　市町村、大字、字、小字及び地番
二　平面図

(津波災害特別警戒区域の指定の公示)

第34条　法第72条第6項(同条第11項において準用する場合を含む。)の規定による津

波災害特別警戒区域の指定の公示は、次に掲げる事項について、都道府県の公報への掲載、インターネットの利用その他の適切な方法により行うものとする。
　一　津波災害特別警戒区域の指定をする旨
　二　津波災害特別警戒区域
２　前項第２号の津波災害特別警戒区域は、次に掲げるところにより明示するものとする。
　一　市町村、大字、字、小字及び地番
　二　平面図

（都道府県知事の行う津波災害特別警戒区域の指定の公示に係る図書の送付）
第35条　法第72条第７項（同条第11項において準用する場合を含む。）の規定による送付は、津波災害特別警戒区域位置図及び津波災害特別警戒区域区域図により行わなければならない。
２　前項の津波災害特別警戒区域位置図は、縮尺50000分の１以上とし、津波災害特別警戒区域の位置を表示した地形図でなければならない。
３　第１項の津波災害特別警戒区域区域図は、縮尺2500分の１以上とし、当該津波災害特別警戒区域を表示したものでなければならない。

（特定開発行為の許可の申請）
第36条　法第73条第１項の許可を受けようとする者は、別記様式第10の特定開発行為許可申請書を都道府県知事等（同項に規定する都道府県知事等をいう。以下同じ。）に提出しなければならない。
２　法第74条第１項第３号の特定開発行為に関する工事の計画は、計画説明書及び計画図により定めなければならない。
３　前項の計画説明書は、特定開発行為に関する工事の計画の方針、開発区域（開発区域を工区に分けたときは、開発区域及び工区。次項及び第38条第２項から第４項までにおいて同じ。）内の土地の現況及び土地利用計画を記載したものでなければならない。
４　第２項の計画図は、次の表の定めるところにより作成したものでなければならない。

図面の種類	明示すべき事項	縮　尺	備　考
現況地形図	地形並びに津波災害特別警戒区域、法第73条第２項第２号の条例で定める区域及び開発区域の境界	2500分の一以上	等高線は、２メートルの標高差を示すものであること。

参考資料

土地利用計画図	開発区域の境界並びに予定建築物（法第73条第1項の制限用途のものに限る。第43条第2項第2号において同じ。）の用途及び敷地の形状	1000分の1以上	
造成計画平面図	開発区域の境界、切土又は盛土をする土地の部分及び崖（令第20条第1項第1号に規定する崖をいう。以下同じ。）又は擁壁の位置	1000分の1以上	
造成計画断面図	切土又は盛土をする前後の地盤面	1000分の1以上	
排水施設計画平面図	排水施設の位置、種類、材料、形状、内法のり寸法、勾配、水の流れの方向、吐口の位置及び放流先の名称	500分の1以上	
崖の断面図	崖の高さ、勾配及び土質（土質の種類が2以上であるときは、それぞれの土質及びその地層の厚さ）、切土又は盛土をする前の地盤面、崖面の保護の方法、崖の上端の周辺の地盤の保護の方法（当該崖の上端が基準水位より高い場合を除く。）並びに崖の崖面の下端の周辺の地盤の保護の方法（第43条第2項各号のいずれかに	50分の一以上	一　切土をした土地の部分に生ずる高さが2メートルを超える崖、盛土をした土地の部分に生ずる高さが1メートルを超える崖又は切土及び盛土を同時にした土地の部分に生ずる高さが2メートルを超える崖について作成すること。 二　擁壁で覆われる崖面については、土質に関する事項は、示すことを要しない。

擁壁の断面図	該当する場合を除く。) 擁壁の寸法及び勾配、擁壁の材料の種類及び寸法、裏込めコンクリートの寸法、透水層の位置及び寸法、擁壁を設置する前後の地盤面、基礎地盤の土質並びに基礎ぐいの位置、材料及び寸法	50分の1以上	

(特定開発行為の許可の申請書の記載事項)

第37条 法第74条第1項第4号の国土交通省令で定める事項は、特定開発行為に関する工事の着手予定年月日及び完了予定年月日とする。

(特定開発行為の許可の申請書の添付図書)

第38条 法第74条第2項の国土交通省令で定める図書は、次に掲げるものとする。

一 開発区域位置図

二 開発区域区域図

三 特定開発行為に関する工事の完了後において当該工事に係る開発区域(津波災害特別警戒区域内のものに限る。)に地盤面の高さが基準水位以上となる土地の区域があるときは、その区域の位置を表示した地形図

四 第40条第3項に該当する場合にあっては、土質試験その他の調査又は試験(以下「土質試験等」という。)に基づく安定計算を記載した安定計算書その他の同項に該当することを証する書類

五 第43条第2項各号のいずれかに該当する場合にあっては、土質試験等に基づく安定計算を記載した安定計算書その他の同項各号のいずれかに該当することを証する書類

2 前項第1号の開発区域位置図は、縮尺5万分の1以上とし、開発区域の位置を表示した地形図でなければならない。

3 第1項第2号の開発区域区域図は、縮尺2500分の1以上とし、開発区域の区域並びにその区域を明らかに表示するのに必要な範囲内において都道府県界、市町村界、市町村の区域内の町又は字の境界、津波災害特別警戒区域界、法第73条第2項第2号の条例で定める区域の区域界並びに土地の地番及び形状を表示したものでなければならない。

参考資料

4　第1項第3号の地形図は、縮尺1000分の1以上とし、開発区域の区域及び当該区域（津波災害特別警戒区域内のものに限る。）のうち地盤面の高さが基準水位以上となる土地の区域並びにこれらの区域を明らかに表示するのに必要な範囲内において都道府県界、市町村界、市町村の区域内の町又は字の境界、津波災害特別警戒区域界、法第73条第2項第2号の条例で定める区域の区域界並びに土地の地番及び形状を表示したものでなければならない。

（地盤について講ずる措置に関する技術的基準）

第39条　法第75条（法第78条第4項において準用する場合を含む。以下同じ。）の国土交通省令で定める技術的基準のうち地盤について講ずる措置に関するものは、次に掲げるものとする。

一　地盤の沈下又は開発区域外の地盤の隆起が生じないように、土の置換え、水抜きその他の措置を講ずること。

二　特定開発行為によって生ずる崖の上端に続く地盤面には、特別の事情がない限り、その崖の反対方向に雨水その他の地表水が流れるように勾配を付すること。

三　切土をする場合において、切土をした後の地盤に滑りやすい土質の層があるときは、その地盤に滑りが生じないように、地滑り抑止ぐい又はグラウンドアンカーその他の土留（次号において「地滑り抑止ぐい等」という。）の設置、土の置換えその他の措置を講ずること。

四　盛土をする場合には、盛土に雨水その他の地表水又は地下水（第44条において「地表水等」という。）の浸透による緩み、沈下、崩壊又は滑りが生じないように、おおむね30センチメートル以下の厚さの層に分けて土を盛り、かつ、その層の土を盛るごとに、これをローラーその他これに類する建設機械を用いて締め固めるとともに、必要に応じて地滑り抑止ぐい等の設置その他の措置を講ずること。

五　著しく傾斜している土地において盛土をする場合には、盛土をする前の地盤と盛土とが接する面が滑り面とならないように、段切りその他の措置を講ずること。

（擁壁の設置に関する技術的基準）

第40条　法第75条の国土交通省令で定める技術的基準のうち擁壁の設置に関するものは、特定開発行為によって生ずる崖（切土をした土地の部分に生ずる高さが2メートルを超えるもの、盛土をした土地の部分に生ずる高さが1メートルを超えるもの又は切土及び盛土を同時にした土地の部分に生ずる高さが2メートルを超えるものに限る。第43条において同じ。）の崖面を擁壁で覆うこととする。ただし、切土をした土地の部分に生ずることとなる崖又は崖の部分で、次の各号のいずれかに該当するものの崖面については、この限りでない。

一 土質が次の表の上欄に掲げるものに該当し、かつ、土質に応じ勾配が同表の中欄の角度以下のもの

土質	擁壁を要しない勾配の上限	擁壁を要する勾配の下限
軟岩（風化の著しいものを除く。）	60度	80度
風化の著しい岩	40度	50度
砂利、真砂土、関東ローム、硬質粘土その他これらに類するもの	35度	45度

二 土質が前号の表の上欄に掲げるものに該当し、かつ、土質に応じ勾配が同表の中欄の角度を超え同表の下欄の角度以下のもので、その上端から下方に垂直距離5メートル以内の部分。この場合において、前号に該当する崖の部分により上下に分離された崖の部分があるときは、同号に該当する崖の部分は存在せず、その上下の崖の部分は連続しているものとみなす。

2 前項の規定の適用については、小段その他のものによって上下に分離された崖がある場合において、下層の崖面の下端を含み、かつ、水平面に対し30度の角度をなす面の上方に上層の崖面の下端があるときは、その上下の崖は一体のものとみなす。

3 第1項の規定は、土質試験等に基づき地盤の安定計算をした結果崖の安全を保つために擁壁の設置が必要でないことが確かめられた場合又は災害の防止上支障がないと認められる土地において擁壁の設置に代えて他の措置を講ずる場合には、適用しない。

（擁壁の構造等）

第41条 前条第1項の規定により設置される擁壁については、次に定めるところによらなければならない。

一 擁壁の構造は、構造計算、実験その他の方法によって次のイからニまでに該当することが確かめられたものであること。

イ 土圧、水圧及び自重（以下この号において「土圧等」という。）によって擁壁が破壊されないこと。

ロ 土圧等によって擁壁が転倒しないこと。

ハ 土圧等によって擁壁の基礎が滑らないこと。

ニ 土圧等によって擁壁が沈下しないこと。

二 擁壁には、その裏面の排水を良くするため、水抜穴を設け、擁壁の裏面で水抜穴の周辺その他必要な場所には、砂利その他の資材を用いて透水層を設けること。ただし、空積造その他擁壁の裏面の水が有効に排水できる構造のものにあっては、こ

参考資料

の限りでない。
2　特定開発行為によって生ずる崖の崖面を覆う擁壁で高さが2メートルを超えるものについては、建築基準法施行令（昭和25年政令第338号）第142条（同令第7章の8の準用に関する部分を除く。）の規定を準用する。

（崖面について講ずる措置に関する技術的基準）
第42条　法第75条の国土交通省令で定める技術的基準のうち特定開発行為によって生ずる崖の崖面について講ずる措置に関するものは、当該崖の崖面（擁壁で覆われたものを除く。）が風化、津波浸水想定を設定する際に想定した津波による洗掘その他の侵食に対して保護されるように、芝張りその他の措置を講ずることとする。

（崖の上端の周辺の地盤等について講ずる措置に関する技術的基準）
第43条　法第75条の国土交通省令で定める技術的基準のうち特定開発行為によって生ずる崖の上端の周辺の地盤について講ずる措置に関するものは、当該崖の上端が基準水位より高い場合を除き、当該崖の上端の周辺の地盤が津波浸水想定を設定する際に想定した津波による侵食に対して保護されるように、石張り、芝張り、モルタルの吹付けその他の措置を講ずることとする。
2　法第75条の国土交通省令で定める技術的基準のうち特定開発行為によって生ずる崖の崖面の下端の周辺の地盤について講ずる措置に関するものは、次の各号のいずれかに該当する場合を除き、当該崖面の下端の周辺の地盤が津波浸水想定を設定する際に想定した津波による洗掘に対して保護されるように、根固め、根入れその他の措置を講ずることとする。
　一　土質試験等に基づき地盤の安定計算をした結果崖の安全を保つために根固め、根入れその他の措置が必要でないことが確かめられた場合
　二　津波浸水想定を設定する際に想定した津波による洗掘に起因する地滑りの滑り面の位置に対し、予定建築物の位置が安全であることが確かめられた場合

（排水施設の設置に関する技術的基準）
第44条　法第75条の国土交通省令で定める技術的基準のうち排水施設の設置に関するものは、切土又は盛土をする場合において、地表水等により崖崩れ又は土砂の流出が生ずるおそれがあるときは、その地表水等を排出することができるように、排水施設で次の各号のいずれにも該当するものを設置することとする。
　一　堅固で耐久性を有する構造のものであること。
　二　陶器、コンクリート、れんがその他の耐水性の材料で造られ、かつ、漏水を最少限度のものとする措置を講ずるものであること。ただし、崖崩れ又は土砂の流出の防止上支障がない場合においては、専ら雨水その他の地表水を排除すべき排水施設

は、多孔管その他雨水を地下に浸透させる機能を有するものとすることができる。
三　その管渠きよの勾配及び断面積が、その排除すべき地表水等を支障なく流下させることができるものであること。
四　専ら雨水その他の地表水を排除すべき排水施設は、その暗渠である構造の部分の次に掲げる箇所に、ます又はマンホールを設けるものであること。
　イ　管渠の始まる箇所
　ロ　排水の流路の方向又は勾配が著しく変化する箇所（管渠の清掃上支障がない箇所を除く。）
　ハ　管渠の内径又は内法幅の120倍を超えない範囲内の長さごとの管渠の部分のその清掃上適当な箇所
五　ます又はマンホールに、蓋を設けるものであること。
六　ますの底に、深さが15センチメートル以上の泥溜ためを設けるものであること。

（軽微な変更）
第45条　法第78条第1項ただし書の国土交通省令で定める軽微な変更は、特定開発行為に関する工事の着手予定年月日又は完了予定年月日の変更とする。

（変更の許可の申請書の記載事項）
第46条　法第78条第2項の国土交通省令で定める事項は、次に掲げるものとする。
一　変更に係る事項
二　変更の理由
三　法第73条第1項の許可の許可番号

（変更の許可の申請書の添付図書）
第47条　法第78条第2項の申請書には、法第74条第2項に規定する図書のうち特定開発行為の変更に伴いその内容が変更されるものを添付しなければならない。この場合においては、第38条第2項から第4項までの規定を準用する。

（特定開発行為に関する工事の完了の届出）
第48条　法第79条第1項の規定による届出は、別記様式第11の工事完了届出書を提出して行うものとする。

（検査済証の様式）
第49条　法第79条第2項の国土交通省令で定める様式は、別記様式第12とする。

（特定開発行為に関する工事の完了等の公告）
第50条　法第79条第3項の規定による公告は、開発区域（開発区域を工区に分けたときは、工区。以下この条及び第54条第1項において同じ。）に含まれる地域の名称、法第73条第1項の許可を受けた者の住所及び氏名並びに開発区域（津波災害特別警戒区

参考資料

域内のものに限る。）のうち地盤面の高さが基準水位以上である土地の区域があるときはその区域を明示して、都道府県、地方自治法（昭和22年法律第67号）第252条の19第1項に規定する指定都市、同法第252条の22第1項に規定する中核市又は同法第252条の26の3第1項に規定する特例市（第54条第3項及び第61条において「都道府県等」という。）の公報への掲載、インターネットの利用その他の適切な方法により行うものとする。

（特定開発行為に関する工事の廃止の届出）
第51条　法第81条第1項に規定する特定開発行為に関する工事の廃止の届出は、別記様式第13の特定開発行為に関する工事の廃止の届出書を提出して行うものとする。

（特定建築行為の許可の申請）
第52条　法第73条第2項第1号に掲げる用途の建築物について法第82条の許可を受けようとする者は、別記様式第14の特定建築行為許可申請書（第55条第2号の国土交通大臣が定める基準に適合するものとして法第82条の許可を受けようとする場合にあっては、別記様式第14の特定建築行為許可申請書及び別記様式第15の建築物状況調書。第56条第2項及び第3項において同じ。）の正本及び副本に、それぞれ法第83条第2項に規定する図書を添えて、都道府県知事等に提出しなければならない。

（特定建築行為の許可の申請書の記載事項）
第53条　法第83条第1項第4号の国土交通省令で定める事項は、特定建築行為に係る建築物の敷地における基準水位、特定建築行為に係る建築物の階数、延べ面積、建築面積、用途及び居室の種類並びに特定建築行為に関する工事の内容、着手予定年月日及び完了予定年月日とする。

（特定建築行為の許可の申請書の添付図書）
第54条　法第83条第2項及び第4項の国土交通省令で定める図書は、特定建築物位置図、法第79条第2項に規定する検査済証の写し又は都市計画法第36条第2項に規定する検査済証の写し（これらに準ずる書面を含み、法第73条第1項の許可を受けた開発区域内の土地において特定建築行為を行う場合に限る。）及び次の各号に掲げる場合に応じ当該各号に定めるものとする。
一　次条第2号の地震に対する安全性に係る建築基準法並びにこれに基づく命令及び条例の規定に適合するものとして法第82条の許可を受けようとする場合　次の表の(い)項、(ろ)項、(は)項及び(に)項に掲げる図書（エレベーターを設ける建築物にあっては、これらの図書のほか、同表の(へ)項に掲げる図書）

図書の種類		明示すべき事項
(い)	付近見取図	方位、道路及び目標となる地物
	配置図	縮尺及び方位
		敷地境界線、敷地内における建築物の位置及び申請に係る建築物と他の建築物との別
		擁壁の位置その他安全上適当な措置
		土地の高低、敷地と敷地の接する道の境界部分との高低差及び申請に係る建築物の各部分の高さ
		敷地の接する道路の位置、幅員及び種類
		下水管、下水溝又はためますその他これらに類する施設の位置及び排出経路又は処理経路
	各階平面図	縮尺及び方位
		間取、各室の用途及び床面積
		壁及び筋かいの位置及び種類
		通し柱及び開口部の位置
		延焼のおそれのある部分の外壁の位置及び構造
		申請に係る建築物が建築基準法第3条第2項の規定により同法第28条の2（建築基準法施行令第137条の4の2に規定する基準に係る部分に限る。）の規定の適用を受けない建築物である場合であって、当該建築物について、増築又は改築をしようとするときにあっては、当該増築又は改築に係る部分以外の部分について行う同令第137条の4の3第3号に規定する措置
(ろ)	基礎伏図	縮尺並びに構造耐力上主要な部分（建築基準法施行令第1条第3号に規定する構造耐力上主要な部分をいう。以下同じ。）の材料の種別及び寸法
	各階床伏図	
	小屋伏図	
	構造詳細図	
(は)	構造計算書	次条第1号の国土交通大臣が定める構造方法に係る構造計算
(に)	構造計算書	一　建築基準法施行令第81条第2項第1号イに規定する保有水平耐力計算により安全性を確かめた建築物の場合 　　建築基準法施行規則（昭和25年建設省令第40号）第1条の3第1項の表3の(1)項に掲げる構造計算書に明示すべき事項 二　建築基準法施行令第81条第2項第1号ロに規定する限界耐力計算により安全性を確かめた建築物の場合

参考資料

		建築基準法施行規則第1条の3第1項の表3の(2)項に掲げる構造計算書に明示すべき事項 三　建築基準法施行令第81条第2項第2号イに規定する許容応力度等計算により安全性を確かめた建築物の場合 　　建築基準法施行規則第1条の3第1項の表3の(3)項に掲げる構造計算書に明示すべき事項 四　建築基準法施行令第81条第3項に規定する同令第82条各号及び同令第82条の4に定めるところによる構造計算により安全性を確かめた建築物 　　建築基準法施行規則第1条の3第1項の表3の(4)項に掲げる構造計算書に明示すべき事項
(ほ)	構造計算書	各階の保有水平耐力及び各階の靱じん性、各階の形状特性、地震の地域における特性並びに建築物の振動特性を考慮して行った各階の耐震性能の水準に係る構造計算並びに各階の保有水平耐力、各階の形状特性、当該階が支える固定荷重と積載荷重との和（建築基準法施行令第86条第2項ただし書の多雪区域においては、更に積雪荷重を加えたもの）、地震の地域における特性、建築物の振動特性、地震層せん断力係数の建築物の高さ方向の分布及び建築物の構造方法を考慮して行った各階の保有水平耐力の水準に係る構造計算
(へ)	各階平面図	エレベーターの機械室に設ける換気上有効な開口部又は換気設備の位置
		エレベーターの機械室の出入口の構造
		エレベーターの機械室に通ずる階段の構造
		エレベーター昇降路の壁又は囲いの全部又は一部を有さない部分の構造
	構造詳細図	エレベーターのかごの構造
		エレベーターのかご及び昇降路の壁又は囲い及び出入口の戸の位置及び構造
		非常の場合においてかご内の人を安全にかご外に救出することができる開口部の位置及び構造
		エレベーターの駆動装置及び制御器の位置及び取付方法
		エレベーターの制御器の構造
		エレベーターの安全装置の位置及び構造
		乗用エレベーター及び寝台用エレベーターである場合にあっては、エレベーターの用途及び積載量並びに最大定員を明示した

| | | 標識の意匠及び当該標識を掲示する位置 |

二　次条第2号の国土交通大臣が定める基準に適合するものとして法第82条の許可を受けようとする場合　次のイからホまでに掲げる場合に応じそれぞれイからホまでに定める図書（エレベーターを設ける建築物にあっては、これらの図書のほか、前号の表の(へ)項に掲げる図書）
　　イ　木造の建築物（ロに規定する建築物を除く。）である場合　前号の表の(い)項、(ろ)項及び(は)項に掲げる図書（同表の(ろ)項に掲げる図書にあっては、各階床伏図、小屋伏図及び構造詳細図を除く。以下この号において同じ。）
　　ロ　建築基準法第6条第1項第2号に掲げる建築物である場合　前号の表の(い)項、(ろ)項、(は)項及び(に)項に掲げる図書
　　ハ　木造と木造以外の構造とを併用する建築物（ニに規定する建築物を除く。）である場合　前号の表の(い)項、(ろ)項、(は)項及び(ほ)項に掲げる図書
　　ニ　木造と木造以外の構造とを併用する建築物であって木造の構造部分が建築基準法第6条第1項第2号に掲げる建築物に該当するものである場合　前号の表の(い)項、(ろ)項、(は)項、(に)項及び(ほ)項に掲げる図書
　　ホ　木造の構造部分を有しない建築物である場合　前号の表の(い)項、(ろ)項、(は)項及び(ほ)項に掲げる図書（同表の(い)項に掲げる図書にあっては、各階平面図を除く。）
2　前項の特定建築物位置図は、縮尺2500分の1以上とし、特定建築行為に係る建築物の敷地の位置及び区域を明らかに表示するのに必要な範囲内において都道府県界、市町村界、市町村の区域内の町又は字の境界、津波災害特別警戒区域界、法第73条第2項第2号の条例で定める区域の区域界並びに土地の地番及び形状を表示したものでなければならない。
3　都道府県知事等は、都道府県等の規則で、第1項第1号の表に掲げる図書の一部の添付を要しないこととすることができる。

（特定建築行為に係る建築物の技術的基準）
第55条　法第84条第1項第1号（法第87条第5項において準用する場合を含む。）の国土交通省令で定める技術的基準は、次に掲げるものとする。
　一　津波浸水想定を設定する際に想定した津波の作用に対して安全なものとして国土交通大臣が定める構造方法を用いるものであること。
　二　地震に対する安全性に係る建築基準法並びにこれに基づく命令及び条例の規定又は地震に対する安全上これらに準ずるものとして国土交通大臣が定める基準に適合するものであること。

参考資料

（許可証の様式）

第56条　法第86条第4項の国土交通省令で定める様式は、別記様式第16とする。

2　都道府県知事等は、法第73条第2項第1号に掲げる用途の建築物について法第86条第1項の許可の処分をしたときは、同条第2項の許可証に、第52条の特定建築行為許可申請書の副本及びその添付図書を添えて、申請者に交付するものとする。

3　都道府県知事等は、法第73条第2項第1号に掲げる用途の建築物について法第86条第1項の不許可の処分をしたときは、同条第2項の文書に、第52条の特定建築行為許可申請書の副本及びその添付図書を添えて、申請者に通知するものとする。

（変更の許可の申請）

第57条　法第87条第1項第1号に掲げる場合において同項の許可を受けようとする者は、同条第2項の申請書の正本及び副本に、それぞれ法第83条第2項に規定する図書のうち特定建築行為の変更に伴いその内容が変更されるものを添えて、都道府県知事等に提出しなければならない。この場合においては、第54条第2項の規定を準用する。

（軽微な変更）

第58条　法第87条第1項ただし書の国土交通省令で定める軽微な変更は、特定建築行為に関する工事の着手予定年月日又は完了予定年月日の変更とする。

（変更の許可の申請書の記載事項）

第59条　法第87条第2項の国土交通省令で定める事項は、次に掲げるものとする。

一　変更に係る事項
二　変更の理由
三　法第82条の許可の許可番号

（変更の許可証の様式等）

第60条　法第87条第5項において準用する法第86条第4項の国土交通省令で定める様式は、別記様式第17とする。

2　第56条第2項又は第3項の規定は、法第73条第2項第1号に掲げる用途の建築物に係る法第87条第5項において準用する法第86条第1項の許可の処分又は不許可の処分について準用する。

（都道府県知事等の命令に関する公示の方法）

第61条　法第88条第3項の国土交通省令で定める方法は、都道府県等の公報への掲載、インターネットの利用その他の適切な方法とする。

第6章　雑則

（権限の委任）

第62条　法第7条第1項の規定による国土交通大臣の権限は、地方整備局長及び北海道

開発局長も行うことができる。
　　　　附　則
この省令は、法の施行の日（平成23年12月27日）から施行する。
　　〔附則　省略〕

参考資料

別記様式第一（第1条関係）

裁決申請書

　　　　　　　　　　裁決申請者　住　所
　　　　　　　　　　　　　　　　氏　名

　　　　　　　　　　相　手　方　住　所
　　　　　　　　　　　　　　　　氏　名

　津波防災地域づくりに関する法律第七条第八項（第三十四条第二項において準用する場合を含む。）、第三十八条第二項、第三十五条第二項及び第五十一条第四項の規定による損失の補償について、同条第七条第九項（第三十四条第二項において準用する場合を含む。）、第三十八条第二項、第三十五条第二項及び第五十一条第五項の規定による協議が成立しないから、左記により裁決を申請します。

　　　　　　　記
一　損失の事実
二　損失の補償の見積及びその内容
三　協議の経過

　　年　　月　　日
　　　　　　　　　　裁決申請者　住　所
　　　　　　　　　　　　　　　　氏　名　　　　　　　　　印

収用委員会御中

備考
　一　裁決申請者又は相手方が法人である場合においては、住所及び氏名を、それぞれその法人の主たる事務所の所在地、名称及びその代表者の氏名を記載すること。
　二　裁決申請者の氏名（法人にあってはその代表者の氏名）の記載を自署で行う場合においては、押印を省略することができる。
　三　裁決申請者が二人以上の場合は、連名で申請することができる。
　四　「損失の事実」については、発生の場所及び時期をあわせて記載すること。
　五　「損失の補償の見積及びその内容」については、積算の基礎を明らかにするものとし、法第三十五条第一項の規定により工事を行うことを要求する場合は、その費用の見積をあわせて記載すること。
　六　「協議の経過」については、経過の説明のほかに協議が成立しない事情を明らかにすること。

別記様式第二（第四条第一項関係）

津波防災住宅等建設区換地申出書

年　　月　　日

　　　　　殿

申出人　住所

氏名　　　　　　　　　印

　津波防災地域づくりに関する法律第13条第1項の規定により、下記の宅地についての換地を津波防災住宅等建設区内に定めるべき旨の申出をします。

記

所　在　地　及　び　地　番	地　　　　目	地　　　積

備考
1　申出人が法人である場合においては、住所及び氏名は、それぞれその法人の主たる事務所の所在地、名称及びその代表者の氏名を記載すること。
2　申出人の氏名（法人にあってはその代表者の氏名）の記載を自署で行う場合においては、押印を省略することができる。

参考資料

別記様式第三（第六条第一項関係）（日本工業規格Ａ４）

認定申請書

（第一面）

　津波防災地域づくりに関する法律第15条の規定による認定を申請します。この申請書及び添付図書に記載の事項は、事実に相違ありません。

特定行政庁　　　　　　　　　殿

平成　　年　　月　　日

申請者氏名　　　　　　　　　印

【１．申請者】
　【イ．氏名のフリガナ】
　【ロ．氏名】
　【ハ．郵便番号】
　【ニ．住所】
　【ホ．電話番号】

【２．設計者】
　【イ．資格】　　　　　　（　　）建築士　　　（　　）登録第　　　号
　【ロ．氏名】
　【ハ．建築士事務所名】（　　）建築士事務所（　　）知事登録第　　　号
　【ニ．郵便番号】
　【ホ．所在地】
　【ヘ．電話番号】

※手数料欄			
※受付欄	※決裁欄		※認定番号欄
平成　　年　　月　　日 第　　　　　　　　号 係員印			平成　　年　　月　　日 第　　　　　　　　号 係員印

（第二面）

建築物及びその敷地に関する事項

【１．地名地番】

【２．住居表示】

【３．防火地域】　□防火地域　　□準防火地域　　□指定なし

【４．その他の区域、地域、地区又は街区】

216

【5．道路】
　【イ．幅員】
　【ロ．敷地と接している部分の長さ】

【6．敷地面積】
　【イ．敷地面積】　　(1) (　　　　　)(　　　　　)(　　　　　)(　　　　　)
　　　　　　　　　　(2) (　　　　　)(　　　　　)(　　　　　)(　　　　　)
　【ロ．用途地域等】　　　(　　　　　)(　　　　　)(　　　　　)(　　　　　)
　【ハ．建築基準法第52条第1項及び第2項の規定による建築物の容積率】
　　　　　　　　　　　　(　　　　　)(　　　　　)(　　　　　)(　　　　　)
　【ニ．建築基準法第53条第1項の規定による建築物の建ぺい率】
　　　　　　　　　　　　(　　　　　)(　　　　　)(　　　　　)(　　　　　)
　【ホ．敷地面積の合計】　(1)
　　　　　　　　　　　　(2)
　【ヘ．敷地に建築可能な延べ面積を敷地面積で除した数値】
　【ト．敷地に建築可能な建築面積を敷地面積で除した数値】
　【チ．備考】

【7．主要用途】　（区分　　　　）

【8．工事種別】
　　□新築　□増築　□改築　□移転　□用途変更　□大規模の修繕　□大規模の模様替

【9．建築面積】　　　　　　　（申請部分　　　）（申請以外の部分）（合計　　　　）
　【イ．建築面積】　　　　　（　　　　　）（　　　　　）（　　　　　）
　【ロ．建ぺい率】

【10．延べ面積】　　　　　　（申請部分　　　）（申請以外の部分）（合計　　　　）
　【イ．建築物全体】　　　　（　　　　　）（　　　　　）（　　　　　）
　【ロ．地階の住宅の部分】　（　　　　　）（　　　　　）（　　　　　）
　【ハ．共同住宅の共用の廊下等の部分】
　　　　　　　　　　　　　（　　　　　）（　　　　　）（　　　　　）
　【ニ．自動車車庫等の部分】（　　　　　）（　　　　　）（　　　　　）
　【ホ．住宅の部分】　　　　（　　　　　）（　　　　　）（　　　　　）
　【ヘ．延べ面積】
　【ト．容積率】

参考資料

【11. 建築物の数】
　【イ．申請に係る建築物の数】
　【ロ．同一敷地内の他の建築物の数】

【12. 工事着手予定年月日】　平成　　年　　月　　日

【13. 工事完了予定年月日】　平成　　年　　月　　日

【14. その他必要な事項】

【15. 備考】

(第三面)

建築物別概要

【1．番号】

【2．工事種別等】　□新築　□増築　□改築　□移転　□用途変更
　　　　　　　　　□大規模の修繕　□大規模の模様替　□既設

【3．構造】　　　　　　造　　一部　　　　造

【4．高さ】
　【イ．最高の高さ】
　【ロ．最高の軒の高さ】

【5．用途別床面積】
　　　（用途の区分）　（具体的な用途の名称）　（申請部分）　（申請以外の部分）　（合計）
　【イ】(　　　)　(　　　　　　)　(　　　)　(　　　　)　(　　　)
　【ロ】(　　　)　(　　　　　　)　(　　　)　(　　　　)　(　　　)
　【ハ】(　　　)　(　　　　　　)　(　　　)　(　　　　)　(　　　)
　【ニ】(　　　)　(　　　　　　)　(　　　)　(　　　　)　(　　　)
　【ホ】(　　　)　(　　　　　　)　(　　　)　(　　　　)　(　　　)

【6．その他必要な事項】

【7．備考】

津波防災地域づくりに関する法律施行規則

(注意)
1．各面共通関係
　数字は算用数字を、単位はメートル法を用いてください。
2．第一面関係
　①申請者の氏名の記載を自署で行う場合においては、押印を省略することができます。
　②申請者が2以上のときは、1欄は代表となる申請者について記入し、別紙に他の申請者についてそれぞれ必要な事項を記入して添えてください。
　③2欄は、設計者が建築士事務所に属しているときは、その名称を書き、建築士事務所に属していないときは、所在地は設計者の住所を書いてください。
　④設計者が2以上のときは、2欄は代表となる設計者について記入し、別紙に他の設計者について棟別にそれぞれ必要な事項を記入して添えてください。
　⑤※印のある欄は記入しないでください。
3．第二面関係
　①住居表示が定まつているときは、2欄に記入してください。
　②3欄は、該当するチェックボックスに「レ」マークを入れてください。なお、建築物の敷地が防火地域、準防火地域又は指定のない区域のうち2以上の地域又は区域にわたるときは、それぞれの地域又は区域について記入してください。
　③4欄は、建築物の敷地が存する3欄に掲げる地域以外の区域、地域、地区又は街区を記入してください。なお、建築物の敷地が2以上の区域、地域、地区又は街区にわたる場合は、それぞれの区域、地域、地区又は街区を記入してください。
　④5欄は、建築物の敷地が2メートル以上接している道路のうち最も幅員の大きなものについて記入してください。
　⑤6欄の「イ」(1)は、建築物の敷地が、2以上の用途地域若しくは高層住居誘導地区、建築基準法第52条第1項第1号から第6号までに規定する容積率の異なる地域、地区若しくは区域又は同法第53条第1項第1号から第6号までに規定する建ぺい率若しくは高層住居誘導地区に関する都市計画において定められた建築物の建ぺい率の最高限度の異なる地域、地区若しくは区域（以下「用途地域が異なる地域等」という。）にわたる場合においては、用途地域が異なる地域等ごとに、それぞれの用途地域が異なる地域等に対応する敷地の面積を記入してください。「イ」(2)は、同法第52条第12項の規定を適用する場合において、同条第13項の規定に基づき、「イ」(1)で記入した敷地面積に対応する敷地の部分について、建築物の敷地のうち前面道路と壁面線又は壁面の位置の制限として定められた限度の線との間の部分を除いた敷地の面積を記入してください。
　⑥6欄の「ロ」、「ハ」及び「ニ」は、「イ」に記入した敷地面積に対応する敷地の部分について、それぞれ記入してください。
　⑦6欄の「ホ」(1)は、「イ」(1)の合計とし、「ホ」(2)は、「イ」(2)の合計とします。
　⑧建築物の敷地が、建築基準法第52条第7項若しくは第9項に該当する場合又は同条第8項若しくは第12項の規定が適用される場合においては、6欄の「ヘ」に、同条第7項若しくは第9項の規定に基づき定められる当該建築物の容積率又は同条第8項若しくは第12項の規定が適用される場合における当該建築物の容積率を記入してください。
　⑨建築物の敷地について、建築基準法第57条の2第4項の規定により現に特例容積率の限度が公告されているときは、6欄の「チ」にその旨及び当該特例容積率の限度を記入してください。
　⑩建築物の敷地が建築基準法第53条第2項若しくは同法第57条の5第2項に該当する場合又は建

参考資料

築物が同法第53条第3項、第5項若しくは第6項に該当する場合においては、6欄の「ト」に、同条第2項、第3項、第5項又は第6項の規定に基づき定められる当該建築物の建ぺい率を記入してください。
⑪7欄は、建築基準法施行規則別紙の表の用途の区分に従い対応する記号を記入した上で、主要用途をできるだけ具体的に書いてください。
⑫8欄は、該当するチェックボックスに「レ」マークを入れてください。
⑬10欄の「ロ」に建築物の地階でその天井が地盤面からの高さ1メートル以下にあるものの住宅の用途に供する部分の床面積を記入してください。
⑭共同住宅については、10欄の「ロ」の床面積は、その地階の住宅の用途に供する部分の床面積から、その地階の共用の廊下又は階段の用に供する部分の床面積を除いた面積とします。
⑮10欄の「ハ」に共同住宅の共用の廊下又は階段の用に供する部分の床面積を記入してください。
⑯10欄の「ニ」に自動車車庫その他の専ら自動車又は自転車の停留又は駐車のための施設（誘導車路、操車場所及び乗降場を含む。）の用途に供する部分の床面積を記入してください。
⑰10欄の「ヘ」の延べ面積及び「ト」の容積率の算定の基礎となる延べ面積は、各階の床面積の合計から「ロ」に記入した床面積（この面積が敷地内の建築物の住宅の用途に供する部分の床面積の合計の3分の1を超える場合においては、敷地内の建築物の住宅の用途に供する部分の床面積の合計の3分の1の面積）、「ハ」に記入した床面積及び「ニ」に記入した床面積（この面積が敷地内の建築物の各階の床面積の合計の5分の1を超える場合においては、敷地内の建築物の各階の床面積の合計の5分の1の面積）を除いた面積とします。また、建築基準法第52条第12項の規定を適用する場合においては、「ト」の敷地面積は、6欄「ホ」(2)によることとします。
⑱6欄の「ハ」、「ニ」、「ヘ」及び「ト」、9欄の「ロ」並びに10欄の「ト」は、百分率を用いてください。
⑲ここに書き表せない事項で特に認定を受けようとする事項は、14欄又は別紙に記載して添えてください。

4．第三面関係
①この書類は、建築物ごとに作成してください。
②この書類に記載する事項のうち、5欄の事項については、別紙に明示して添付すれば記載する必要はありません。
③1欄は、建築物の数が1のときは「1」と記入し、建築物の数が2以上のときは、建築物ごとに通し番号を付し、その番号を記入してください。
④2欄は、該当するチェックボックスに「レ」マークを入れてください。
⑤5欄は、建築基準法施行規則別紙の表の用途の区分に従い対応する記号を記入した上で、用途をできるだけ具体的に書き、それぞれの用途に供する部分の床面積を記入してください。
⑥ここに書き表せない事項で特に認定を受けようとする事項は、6欄又は別紙に記載して添えてください。
⑦建築物が高床式住宅（豪雪地において積雪対策のため通常より床を高くした住宅をいう。）である場合には、床面積の算定において床下部分の面積を除くものとし、7欄に、高床式住宅である旨及び床下の部分の面積を記入してください。

別記様式第四（第六条第二項関係）（日本工業規格Ａ４）

認 定 通 知 書

第　　　　　号

平成　年　月　日

申請者　　　　　　　殿

特定行政庁　　　　　　　印

　下記による認定申請書及び添付図書に記載の計画について、津波防災地域づくりに関する法律第15条の規定に基づき、認定しましたので通知します。

記

1．申請年月日　平成　　年　　月　　日
2．建築場所
3．建築物又はその部分の概要
（注意）この通知書は、大切に保存しておいてください。

別記様式第五（第六条第三項関係）（日本工業規格Ａ４）

認定しない旨の通知書

第　　　　　号

平成　年　月　日

申請者　　　　　　　殿

特定行政庁　　　　　　　印

　別添の認定申請書及び添付図書に記載の計画については、下記の理由により津波防災地域づくりに関する法律第15条の規定による認定をしないこととしましたので、通知します。

　なお、この処分に不服があるときは、この通知を受けた日の翌日から起算して60日以内に　　　　　に対して行政不服審査法（昭和37年法律第160号）に基づく異議申立てをすることができます（なお、この通知を受けた日の翌日から起算して60日以内であっても、処分の日から１年を経過すると異議申立てをすることができなくなります。）。この処分について訴訟により取消しを求めるときには、この通知を受けた日の翌日から起算して６ヶ月以内に　　　　　を被告として（訴訟において　　　　　を代表する者は　　　　　となります。）行政事件訴訟法（昭和37年法律第139号）に基づく処分の取消しの訴えを提起することができます（なお、この通知を受けた日の翌日から起算して６ヶ月以内であっても、処分の日から１年を経過すると処分の取消しの訴えを提起することができなくなります。）。

（理由）

参考資料

別記様式第六（第十五条関係）

整理番号	保管した他の施設等			保管した他の施設等が放置されていた場所	除却した年月日時	保管を始めた年月日時	保管の場所	備考
	名称又は種類	形状又は特徴	数量					

表題：保管した他の施設等の一覧簿

津波防災地域づくりに関する法律施行規則

別記様式第七（第十七条関係）（日本工業規格Ａ４）

<table>
<tr><td colspan="2" rowspan="5">受　領　書
　　　　　　　　　　　　　　　　　　　　年　　月　　日
　　　　　殿
　　　　　　　　　　　返還を受けた者
　　　　　　　　　　　　　　住　所
　　　　　　　　　　　　　　氏　名　　　　　　　　　印
　下記のとおり他の施設等（現金）の返還を受けました。</td></tr>
<tr></tr><tr></tr><tr></tr><tr></tr>
<tr><td colspan="2">返還を受けた日時</td><td></td></tr>
<tr><td colspan="2">返還を受けた場所</td><td></td></tr>
<tr rowspan="4">返還を受けた他の施設等</tr>
<tr><td>整　理　番　号</td><td></td></tr>
<tr><td>名称又は種類</td><td></td></tr>
<tr><td>形状又は特徴</td><td></td></tr>
<tr><td>数　　　　量</td><td></td></tr>
<tr><td colspan="2">（返還を受けた金額）</td><td></td></tr>
</table>

備考
1　返還を受けた者が法人である場合においては、住所及び氏名は、それぞれその法人の主たる事務所の所在地、名称及びその代表者の氏名を記載すること。
2　氏名（法人にあっては、その代表者の氏名）の記載を自署で行う場合においては、押印を省略することができる。

参考資料

別記様式第八 （第二十条関係）（日本工業規格Ａ４）

第一表

○○津波防護施設台帳

整理番号			
指定年月日及び番号	年　　月　　日（　）	津波防護施設管理者名	
津波防護施設区域			
津波防護施設区域の面積	M^2		
津波防護施設区域の概況			
摘　　　要	占用許可等の概要 その他特記すべき事項		

第二表

津　波　防　護　施　設　調　書

位置	種類	管理者名	構造	数量	竣功年月日	摘要

別記様式第九（第二十五条関係）

指定津波防護施設に関する行為の届出書

津波防災地域づくりに関する法律（以下「法」という。）第52条第1項の規定により法第52条第1項各号に掲げる行為を届け出ます。 　　　　　年　　月　　日 　　　　　　　　　殿 　　　　　　　　　　届出者　住所 　　　　　　　　　　　　　　氏名　　　　　　　　　　　印	
1　指定津波防護施設の名称及び指定番号	
2　法第52条第1項各号に掲げる行為の種類	
3　法第52条第1項各号に掲げる行為を行う場所	
4　法第52条第1項各号に掲げる行為の設計又は施行方法の概要	
5　法第52条第1項各号に掲げる行為の着手予定日	年　　　月　　　日
6　法第52条第1項各号に掲げる行為の完了予定日	年　　　月　　　日
7　その他必要な事項	
※　受付番号	年　　月　　日　　第　　　号

備考　1　届出者が法人である場合においては、住所及び氏名は、それぞれその法人の主たる事務所の所在地、名称及びその代表者の氏名を記載すること。
　　　2　届出者の氏名（法人にあっては、その代表者の氏名）の記載を自署で行う場合においては、押印を省略することができる。
　　　3　※印のある欄は記載しないこと。
　　　4　法第52条第1項各号に掲げる行為の設計又は施行方法については、概要の記述の末尾に「（設計又は施行方法の詳細は、別葉の計画図による。）」と記載し、計画図を別葉とすること。
　　　5　「その他必要な事項」の欄には、法第52条第1項各号に掲げる行為を行うことについて、建築基準法その他の法令による許可、認可等を要する場合には、その手続の状況を記載すること。

参考資料

別記様式第十（第三十六条第一項関係）

特定開発行為許可申請書

<table>
<tr><td colspan="3">津波防災地域づくりに関する法律第73条第1項の規定により、特定開発行為の許可を申請します。
　　　　　年　　月　　日
　　　　　　　　　殿
　　　　　許可申請者　住所
　　　　　　　　　　　氏名　　　　　　　　　印</td><td>※　手数料欄</td></tr>
<tr><td rowspan="7">特定開発行為の概要</td><td>1</td><td>開発区域に含まれる地域の名称</td><td colspan="2"></td></tr>
<tr><td>2</td><td>開発区域の面積</td><td colspan="2">平方メートル</td></tr>
<tr><td>3</td><td>予定建築物の用途</td><td colspan="2"></td></tr>
<tr><td>4</td><td>予定建築物の敷地の位置</td><td colspan="2"></td></tr>
<tr><td>5</td><td>工事着手予定年月日</td><td colspan="2">年　　月　　日</td></tr>
<tr><td>6</td><td>工事完了予定年月日</td><td colspan="2">年　　月　　日</td></tr>
<tr><td>7</td><td>その他必要な事項</td><td colspan="2"></td></tr>
<tr><td>※</td><td colspan="2">受付番号</td><td colspan="2">年　　月　　日　　第　　　号</td></tr>
<tr><td>※</td><td colspan="2">許可に付した条件</td><td colspan="2"></td></tr>
<tr><td>※</td><td colspan="2">許可番号</td><td colspan="2">年　　月　　日　　第　　　号</td></tr>
</table>

備考　1　許可申請者が法人である場合においては、住所及び氏名は、それぞれその法人の主たる事務所の所在地、名称及びその代表者の氏名を記載すること。
　　　2　許可申請者の氏名（法人にあっては、その代表者の氏名）の記載を自署で行う場合においては、押印を省略することができる。
　　　3　※印のある欄は記載しないこと。
　　　4　「予定建築物の用途」及び「予定建築物の敷地の位置」の欄には、法第73条第1項の制限用途の予定建築物に関する事項を記載すること。
　　　5　「その他必要な事項」の欄には、特定開発行為を行うことについて、他の法令による許可、認可等を要する場合には、その手続の状況を記載すること。

津波防災地域づくりに関する法律施行規則

別記様式第十一（第四十八条関係）

工事完了届出書

年　月　日

　　　　　殿

　　　　　　　届出者　住所
　　　　　　　　　　　氏名　　　　　　　　　　印

　津波防災地域づくりに関する法律第79条第1項の規定により、特定開発行為に関する工事（許可番号　　年　月　日　第　　号）が下記のとおり完了しましたので届け出ます。

記

1　工事完了年月日　　　年　月　日
2　工事を完了した開発区域又は
　　工区に含まれる地域の名称

※受付番号	年　月　日　第　　号
※検査年月日	年　月　日
※検査結果	合　　否
※検査済証番号	年　月　日　第　　号
※工事完了公告年月日	年　月　日

　備考　1　届出者が法人である場合においては、住所及び氏名は、それぞれその法人の主たる事務所の所在地、名称及びその代表者の氏名を記載すること。
　　　　2　届出者の氏名（法人にあっては、その代表者の氏名）の記載を自署で行う場合においては、押印を省略することができる。
　　　　3　※印のある欄は記載しないこと。

参考資料

別記様式第十二（第四十九条関係）

特定開発行為に関する工事の検査済証

第　　　号
年　月　日

　　　　　　　　　都道府県知事
　　　　　　　　　指定都市の長
　　　　　　　　　中核市の長
　　　　　　　　　特例市の長　　　　　　　印

　下記の特定開発行為に関する工事は、　　年　　月　　日検査の結果津波防災地域づくりに関する法律第75条の国土交通省令で定める技術的基準に適合していることを証明します。

記

1　許可番号　　　年　月　日　第　　号
2　開発区域又は工区に含まれる
　　地域の名称
3　特定開発行為の許可を受けた
　　者の住所及び氏名

津波防災地域づくりに関する法律施行規則

別記様式第十三（第五十一条関係）
　　　　　　　特定開発行為に関する工事の廃止の届出書
　　　　　　　　　　　　　　　　　　　　　　　　　年　　月　　日
　　　　殿
　　　　　　届出者　住所
　　　　　　　　　　氏名　　　　　　　　　　　印

　津波防災地域づくりに関する法律第81条第1項の規定により、特定開発行為に関する工事（許可番号　　　年　　月　　日　第　　　　号）を下記のとおり廃止しましたので届け出ます。
　　　　　　　　　　　　　記
1　特定開発行為に関する工事を
　　廃止した年月日　　　　　　　　　　　　　　　年　　月　　日
2　特定開発行為に関する工事の
　　廃止に係る開発区域に含まれ
　　る地域の名称
3　特定開発行為に関する工事の
　　廃止に係る開発区域の面積

備考　1　届出者が法人である場合においては、住所及び氏名は、それぞれその法人の主たる事務所の所在地、名称及びその代表者の氏名を記載すること。
　　　2　届出者の氏名（法人にあっては、その代表者の氏名）の記載を自署で行う場合においては、押印を省略することができる。

参考資料

別記様式第十四（第五十二条関係）（日本工業規格Ａ４）

（第一面）

特定建築行為許可申請書

年　　月　　日

都道府県知事
指定都市の長
中核市の長
特例市の長　　　　　　　殿

許可申請者　住所
　　　　　　氏名　　　　　　　　印

　津波防災地域づくりに関する法律第82条の規定により、特定建築行為の許可を申請します。

　この申請書及び添付図書に記載の事項は、事実に相違ありません。

※手数料欄			
※受付欄		※決裁欄	※許可番号欄
年　月　日			年　月　日
第　　　号			第　　　号
係員印			係員印

230

津波防災地域づくりに関する法律施行規則

(第二面)
建築物及びその敷地に関する事項

【1．地名地番】

【2．住居表示】

【3．特定建築行為に係る建築物の敷地における基準水位】

【4．建築物の階数】

【5．延べ面積】

【6．建築面積】

【7．構造方法】
　　　　　　　造　　一部　　　　　　造

【8．用途】　（区分　　　　）

【9．居室の種類】

【10．居室における基準水位から床面までの高さ】

【11．工事種別】
　　□新築　□増築　□改築　□移転　□用途変更

【12．その他必要な事項】

参考資料

(第三面)

特定建築行為に関する工事の内容等

【1．柱、壁等の構造方法】

【2．構造耐力上主要な部分の配置】

【3．構造耐力上主要な部分が靭性を持つための方法】

【4．構造耐力上主要な部分の接合部に係る措置】

【5．構造耐力上主要な部分の錆止め若しくは防腐のための措置又は白蟻その他の虫による害を防ぐための措置】

【6．基礎の構造方法】

【7．敷地の整備】

【8．屋根ふき材、内装材料、外装材その他これらに類する建築物の部分若しくは広告塔、装飾塔その他建築物の屋外に取り付けるもの、屋上から突出する水槽、煙突その他これらに類するもの、給水、排水その他の配管設備又は冷却塔設備の構造耐力上主要な部分若しくは支持構造部との緊結方法又は支持構造部の構造耐力上主要な部分との緊結方法】

【9．エレベーターの構造方法】

【10．その他】

【11．工事着手予定年月日】　　　年　　　月　　　日

【12．工事完了予定年月日】　　　年　　　月　　　日

(注意)
1．各面共通関係
　　数字は算用数字を、単位はメートル法を用いてください。
2．第一面関係
　①　申請者の氏名の記載を自署で行う場合においては、押印を省略することができます。
　②　※印のある欄は記入しないでください。
3．第二面関係
　①　住居表示が定まっているときは、2欄に記入してください。
　②　8欄は、建築基準法施行規則別紙の表の用途の区分に従い対応する記号を記入した上で、用途をできるだけ具体的に書いてください。
　③　9欄は、津波防災地域づくりに関する法律施行令第24条各号に掲げる用途の区分に応じ、当該各号に定める居室をできるだけ具体的に記入してください。また、建築物に当該居室の利用者の避難上有効な他の居室がある場合においては、当該他の居室についても記入してください。
　④　10欄は、9欄に記入した居室ごとに、当該居室の床面の高さと当該居室における3欄の基準水位との差を記入してください。
　⑤　11欄は、該当するチェックボックスに「レ」マークを入れてください。
　⑥　ここに書き表せない事項で許可の参考となる事項は、12欄又は別紙に記載して添えてください。

参考資料

別記様式第十五（第五十二条関係）（日本工業規格Ａ４）

建築物状況調書

１．木造の建築物又は木造と木造以外の構造とを併用した建築物の木造の構造部分の状況

【イ．欠込みの有無】

【ロ．筋かいの端部の柱又ははりその他の横架材との緊結の状態】

【ハ．継手又は仕口の緊結の状態】

【ニ．防腐のための措置又は白蟻(あり)その他の虫による害を防ぐための措置の内容】

２．屋根ふき材、内装材料、外装材その他これらに類する建築物の部分若しくは広告塔、装飾塔その他建築物の屋外に取り付けるもの、屋上から突出する水槽、煙突その他これらに類するもの、給水、排水その他の配管設備、冷却塔設備の状況

【イ．屋根ふき材、内装材料、外装材その他これらに類する建築物の部分若しくは広告塔、装飾塔その他建築物の屋外に取り付けるものの緊結の状態】

【ロ．屋上から突出する水槽、煙突その他これらに類するものの構造及び緊結の状態】

【ハ．給水、排水その他の配管設備の設置の状況】

【ニ．冷却塔設備の緊結の状態】

３．エレベーターの状況

【イ．綱車又は巻銅への主索の取付方法】

【ロ．レールへのかご又は釣合おもりの取付方法】

【ハ．昇降路内の突出物の状況】

【ニ．原動機、制御器及び巻上機の設置方法】

津波防災地域づくりに関する法律施行規則

別記様式第十六（第五十六条第一項関係）（日本工業規格Ａ４）

特定建築行為許可証

第　　　号
年　　月　　日

殿

都道府県知事
指定都市の長
中核市の長
特例市の長　　　　　印

　下記のとおり申請のあった特定建築行為について、津波防災地域づくりに関する法律第82条の規定により許可します。

記

1　申請年月日　　　年　　月　　日

2　特定建築行為に係る建築物の敷地の位置

3　許可に付した条件

4　備考

参考資料

別記様式第十七（第六十条第一項関係）（日本工業規格Ａ４）

特定建築行為変更許可証

第　　　号
年　月　日

　　　　　　殿

都道府県知事
指定都市の長
中核市の長
特例市の長　　　　　印

　下記のとおり申請のあった特定建築行為の変更について、津波防災地域づくりに関する法律第87条第１項の規定により許可します。

記

1　申請年月日　　　　年　　月　　日

2　特定建築行為に係る建築物の敷地の位置

3　特定建築行為の許可の許可番号

4　変更の許可に付した条件

5　備考

2．関係例規
〔参考資料2（1）〕

◯津波防災地域づくりの推進に関する基本的な指針

（平成24年1月16日）
（国土交通省告示第51号）

一　津波防災地域づくりの推進に関する基本的な事項

1　津波防災地域づくりの推進に関する基本的な指針（以下「津波防災地域づくり基本指針」という。）の位置づけ

　平成二十三年三月十一日に発生した東北地方太平洋沖地震は、我が国の観測史上最大のマグニチュード九.〇という巨大な地震と津波により、広域にわたって大規模な被害が発生するという未曾有の災害となった。「災害には上限がない」こと、津波災害に対する備えの必要性を多くの国民があらためて認識し、最大規模の災害が発生した場合においても避難等により「なんとしても人命を守る」という考え方で対策を講ずることの重要性、歴史と経験を後世に伝えて今後の津波対策に役立てることの重要性などが共有されつつある。

　また、東海・東南海・南海地震など津波による大規模な被害の発生が懸念される地震の発生が高い確率で予想されており、東北地方太平洋沖地震の津波による被災地以外の地域においても津波による災害に強い地域づくりを早急に進めることが求められている。

　このような中、平成二十三年六月には津波対策に関する基本法ともいうべき津波対策の推進に関する法律（平成二十三年法律第七十七号）が成立し、多数の人命を奪った東日本大震災の惨禍を二度と繰り返すことのないよう、津波に関する基本的認識が示されるとともに、津波に関する防災上必要な教育及び訓練の実施、津波からの迅速かつ円滑な避難を確保するための措置、津波対策のための施設の整備、津波対策に配慮したまちづくりの推進等により、津波対策は総合的かつ効果的に推進されなければならないこととされた。また、国民の間に広く津波対策についての理解と関心を深めるようにするため、一八五四年に発生した安政南海地震の津波の際に稲に火を付けて暗闇の中で逃げ遅れていた人たちを高台に避難させて救った「稲むらの火」の逸話にちなみ、十一月五日を「津波防災の日」とすることとされた。

　一方、これまで津波対策については、一定頻度の津波レベルを想定して主に海岸

参考資料

堤防等のハードを中心とした対策が行われてきたが、東北地方太平洋沖地震の経験を踏まえ、このような低頻度ではあるが大規模かつ広範囲にわたる被害をもたらす津波に対しては、国がその責務として津波防災及び減災の考え方や津波防災対策の基本的な方向性や枠組みを示すとともに、都道府県及び市町村が、津波による災害の防止・軽減の効果が高く、将来にわたって安心して暮らすことのできる安全な地域づくり(以下「津波防災地域づくり」という。)を、地域の実情等に応じて具体的に進める必要があると認識されるようになった。

このため、平成二十三年十二月、津波による災害から国民の生命、身体及び財産の保護を図ることを目的として、津波防災地域づくりに関する法律(平成二十三年法律第百二十三号。以下「法」という。)が成立した。

津波防災地域づくり基本指針は、法に基づき行われる津波防災地域づくりを総合的に推進するための基本的な方向を示すものである。

2　津波防災地域づくりの考え方について

津波防災地域づくりにおいては、最大クラスの津波が発生した場合でも「なんとしても人命を守る」という考え方で、地域ごとの特性を踏まえ、既存の公共施設や民間施設も活用しながら、ハード・ソフトの施策を柔軟に組み合わせて総動員させる「多重防御」の発想により、国、都道府県及び市町村の連携・協力の下、地域活性化の観点も含めた総合的な地域づくりの中で津波防災を効率的かつ効果的に推進することを基本理念とする。

このため、津波防災地域づくりを推進するに当たっては、国が、広域的な見地からの基礎調査の結果や津波を発生させる津波の断層モデル(波源域及びその変動量)をはじめ、津波浸水想定の設定に必要な情報提供、技術的助言等を都道府県に行い、都道府県知事が、これらの情報提供等を踏まえて、津波防災地域づくりを実施するための基礎となる法第八条第一項の津波浸水想定を設定する。

その上で、当該津波浸水想定を踏まえて、法第十条第一項のハード・ソフト施策を組み合わせた市町村の推進計画の作成、推進計画に定められた事業・事務の実施、法第五章の推進計画区域における特別の措置の活用、法第七章の津波防護施設の管理等、都道府県知事による警戒避難体制の整備を行う法第五十三条第一項の津波災害警戒区域(以下「警戒区域」という。)や一定の建築物の建築及びそのための開発行為の制限を行う法第七十二条第一項の津波災害特別警戒区域(以下「特別警戒区域」という。)の指定等を、地域の実情に応じ、適切かつ総合的に組み合わせることにより、発生頻度は低いが地域によっては近い将来に発生する確率が高まっている最大クラスの津波への対策を効率的かつ効果的に講ずるよう努めるものとする。

また、海岸保全施設等については、引き続き、発生頻度の高い一定程度の津波高に対して整備を進めるとともに、設計対象の津波高を超えた場合でも、施設の効果が粘り強く発揮できるような構造物の技術開発を進め、整備していくものとする。

　これらの施策を立案・実施する際には、地域における創意工夫を尊重するとともに、生活基盤となる住居や地域の産業、都市機能の確保等を図ることにより、地域の発展を展望できる津波防災地域づくりを推進するよう努めるものとする。

　また、これらの施策を実施するに当たっては、国、都道府県、市町村等様々な主体が緊密な連携・協力を図る必要があるが、なかでも地域の実情を最も把握している市町村が、地域の特性に応じた推進計画の作成を通じて、当該市町村の区域における津波防災地域づくりにおいて主体的な役割を果たすことが重要である。その上で、国及び都道府県は、それぞれが実施主体となる事業を検討することなどを通じて、積極的に推進計画の作成に参画することが重要である。

　さらに、過去の歴史や経験を生かしながら、防災教育や避難訓練の実施、避難場所や避難経路を記載した津波ハザードマップの周知などを通じて、津波に対する住民その他の者（滞在者を含む。以下「住民等」という。）の意識を常に高く保つよう努めることや、担い手となる地域住民、民間事業者等の理解と協力を得るよう努めることが極めて重要である。

二　法第六条第一項の基礎調査について指針となるべき事項
　1　総合的かつ計画的な調査の実施
　　都道府県が法第六条第一項の基礎調査を実施するに当たっては、津波による災害の発生のおそれがある地域のうち、過去に津波による災害が発生した地域等について優先的に調査を行うなど、計画的な調査の実施に努める。

　　また、都道府県は、調査を実施するに当たっては、津波災害関連情報を有する国及び地域開発の動向をより詳細に把握する市町村の関係部局との連携・協力体制を強化することが重要である。

　2　津波による災害の発生のおそれがある地域に関する調査
　　津波による災害の発生のおそれがある地域について、津波浸水想定を設定し又は変更するために必要な調査として、次に掲げるものを行う。
　　ア　海域、陸域の地形に関する調査
　　　津波が波源域から海上及び陸上へどのような挙動で伝播するかについて、適切に津波浸水シミュレーションで予測をするため、海底及び陸上の地形データの調査を実施する。
　　　このため、公開されている海底及び陸上の地形データを収集するとともに、航

参考資料

空レーザ測量等のより詳細な標高データの取得に努めることとする。なお、広域的な見地から航空レーザ測量等については国が実施し、その調査結果を都道府県に提供する。これらに基づき、各都道府県において、地形に関する数値情報を構築した上で、津波浸水の挙動を精度よく再現できるよう適切な格子間隔を設定する。

　イ　過去に発生した地震・津波に係る地質等に関する調査

　　最大クラスの津波を想定するためには、被害をもたらした過去の津波の履歴を可能な限り把握することが重要であることから、都道府県において、津波高に関する文献調査、痕跡調査、津波堆積物調査等を実施する。

　　歴史記録等の資料を使用する際には、国の中央防災会議等が検討に当たって用いた資料や気象庁、国土地理院、地方整備局、都道府県等の調査結果等の公的な調査資料等を用いることとする。また、将来発生の可能性が高いとされた想定地震、津波に関する調査研究成果の収集を行う。

　　国土交通大臣においては、各都道府県による調査結果を集約し、津波高に関する断片的な記録を広域的かつ分布的に扱うことで、当該津波を発生させる断層モデルの設定に係る調査を今後継続的に行っていくものとする。

　ウ　土地利用等に関する調査

　　陸上に浸水した津波が、市街地等の建築物等により阻害影響を受ける挙動を、建物の立地など土地利用の状況に応じた粗度として表現し、津波浸水シミュレーションを行うため、都道府県において、土地利用の状況について調査を行い、既存の研究成果を用い、調査結果を踏まえた適切な粗度係数を数段階で設定する。

　　その際、建物の立地状況、建物の用途・構造・階数、土地の開発動向、道路の有無、人口動態や構成、資産の分布状況、地域の産業の状況等のほか、海岸保全施設、港湾施設、漁港施設、河川管理施設、保安施設事業に係る施設の整備状況など津波の浸水に影響のある施設の状況について調査・把握し、これらの調査結果を、避難経路や避難場所の設定などの検討の際の参考として活用することとする。

三　法第八条第一項に規定する津波浸水想定の設定について指針となるべき事項

　法第八条第一項に規定する津波浸水想定の設定は、基礎調査の結果を踏まえ、最大クラスの津波を想定して、その津波があった場合に想定される浸水の区域及び水深を設定するものとする。

　最大クラスの津波を発生させる地震としては、日本海溝・千島海溝や南海トラフを震源とする地震などの海溝型巨大地震があり、例えば、東北地方太平洋沖地震が該当

する。

　これらの地震によって発生する最大クラスの津波は、国の中央防災会議等により公表された津波の断層モデルも参考にして設定する。

　中央防災会議等により津波の断層モデルが公表されていない海域については、現時点で十分な調査結果が揃っていない場合が多く、過去発生した津波の痕跡調査、文献調査、津波堆積物調査等から、最大クラスの津波高を推定し、その津波を発生させる津波の断層モデルの逆算を今後行っていくものとする。

　上記による最大クラスの津波の断層モデルの設定等については、高度な知見と広域的な見地を要することから、国において検討し都道府県に示すこととするが、これを待たずに都道府県独自の考え方に基づき最大クラスの津波の断層モデルを設定することもある。

　なお、最大クラスの津波について、津波の断層モデルの新たな知見が得られた場合には、適切に見直す必要がある。

　都道府県知事は、国からの情報提供等を踏まえて、各都道府県の各沿岸にとって最大クラスとなる津波を念頭において、津波浸水想定を設定する。その結果として示される最大の浸水の区域や水深は、警戒区域の指定等に活用されることから、津波による浸水が的確に再現できる津波浸水シミュレーションモデルを活用する必要がある。

　なお、津波浸水シミュレーションにより、津波が沿岸まで到達する時間が算定できることから、最大クラスの津波に対する避難時間等の検討にも活用できる。その際、最大クラスの場合よりも到達時間が短くなる津波の発生があることにも留意が必要である。

　津波浸水想定により設定された浸水の区域（以下「浸水想定区域」という。）においては、「なんとしても人命を守る」という考え方でハード・ソフトの施策を総合的に組み合わせた津波防災地域づくりを検討するため、東北地方太平洋沖地震の津波で見られたような海岸堤防、河川堤防等の破壊事例などを考慮し、最大クラスの津波が悪条件下において発生し浸水が生じることを前提に算出することが求められる。このため、悪条件下として、設定潮位は朔望平均満潮位を設定すること、海岸堤防、河川堤防等は津波が越流した場合には破壊されることを想定することなどの設定を基本とする。

　なお、港湾等における津波防波堤等については、最大クラスの津波に対する構造、強度、減災効果等を考慮する必要があるため、当該施設に係る地域における津波浸水想定の設定に当たっては、法第八条第三項に基づき関係海岸管理者等の意見を聴くものとする。

参考資料

　　また、津波浸水想定は、建築物等の立地状況、盛土構造物等の整備状況等により変化することが想定されるため、津波浸水の挙動に影響を与えるような状況の変化があった場合には、再度津波浸水シミュレーションを実施し、適宜変更していくことが求められる。
　　津波浸水想定の設定に当たっては、都道府県知事は、法第八条第二項に基づき、国土交通大臣に対して、必要な情報の提供、技術的助言その他の援助を求めることができるとしている。
　　都道府県知事は、津波浸水想定を設定又は変更した場合には、法第八条第四項及び第六項に基づき、速やかに、国土交通大臣へ報告し、かつ、関係市町村長へ通知するとともに、公表しなければならないこととされている。
　　津波浸水想定は、津波防災地域づくりの基本ともなるものであることから、公表にあたっては、都道府県の広報、印刷物の配布、インターネット等により十分な周知が図られるよう努めるものとする。
四　法第十条第一項に規定する推進計画の作成について指針となるべき事項
　1　推進計画を作成する際の考え方
　　推進計画を作成する意義は、最大クラスの津波に対する地域ごとの危険度・安全度を示した津波浸水想定を踏まえ、様々な主体が実施するハード・ソフト施策を総合的に組み合わせることで低頻度ではあるが大規模な被害をもたらす津波に対応してどのような津波防災地域づくりを進めていくのか、市町村がその具体の姿を地域の実情に応じて総合的に描くことにある。これにより、大規模な津波災害に対する防災・減災対策を効率的かつ効果的に図りながら、地域の発展を展望できる津波防災地域づくりを実現しようとするものであり、「一　津波防災地域づくりの推進に関する基本的な事項」に示した考え方を踏まえて作成するよう努めるものとする。
　　また、市町村が推進計画に事業・事務等を定める際には、都道府県が指定する警戒区域や特別警戒区域の制度の趣旨や内容を踏まえ、当該制度との連携や整合性に十分配意することによって、津波防災地域づくりの効果を最大限発揮できるよう努めるものとする。
　　津波防災地域づくりにおいては、地域の防災性の向上を追求することで地域の発展が見通せなくなるような事態が生じないよう推進計画を作成する市町村が総合的な視点から検討する必要があり、具体的には、推進計画は、住民の生活の安定や地域経済の活性化など既存のまちづくりに関する方針との整合性が図られたものである必要がある。このため、地域のあるべき市街地像、地域の都市生活、経済活動等を支える諸施設の計画等を総合的に定めている市町村マスタープラン（都市計画法

（昭和四十三年法律第百号）第十八条の二第一項の市町村の都市計画に関する基本的な方針をいう。以下同じ。）との調和が保たれている必要がある。また、景観法（平成十六年法律第百十号）第八条第一項に基づく景観計画その他の既存のまちづくりに関する計画や、災害対策基本法（昭和三十六年法律第二百二十三号）に基づく地域防災計画等とも相互に整合性が保たれるよう留意する必要がある。

なお、隣接する市町村と連携した対策を行う場合等、地域の選択により、複数の市町村が共同で推進計画を作成することもできる。

2 推進計画の記載事項について

ア 推進計画区域（法第十条第二項）について

推進計画区域は、必ず定める必要がある事項であり、市町村単位で設定することを基本とするが、地域の実情に応じて柔軟に定めることができる。ただし、推進計画区域を定める際には、浸水想定区域外において行われる事業等もあること、推進計画区域内において土地区画整理事業に関する特例、津波避難建築物の容積率の特例及び集団移転促進事業に関する特例が適用されること、津波防護施設の整備に関する事項を推進計画に定めることができることに留意するとともに、推進計画に定める事業・事務の範囲がすべて含まれるようにする必要がある。

イ 津波防災地域づくりの総合的な推進に関する基本的な方針（法第十条第三項第一号）について

本事項は、推進計画の策定主体である市町村の津波防災地域づくりの基本的な考え方を記載することを想定したものである。また、津波浸水想定を踏まえ、様々な主体が実施する様々なハード・ソフトの施策を総合的に組み合わせ、市町村が津波防災地域づくりの姿を総合的に描くという推進計画の目的を達成するために必要な事項である。

このため、推進計画を作成する市町村の概況（人口、交通、土地利用、海岸等の状況）、津波浸水想定により示される地域ごとの危険度・安全度、想定被害規模等について分析を行った上で、その分析結果及び地域の目指すべき姿を踏まえたまちづくりの方針、施設整備、警戒避難体制など津波防災・減災対策の基本的な方向性や重点的に推進する施策を記載することが望ましい。

また、市町村の津波防災地域づくりの考え方を住民等に広く周知し、推進計画区域内で津波防災地域づくりに参画する公共・民間の様々な主体が、推進計画の方向に沿って取り組むことができるよう、図面等で分かりやすく推進計画の全体像を示すなどの工夫を行うことが望ましい。

ウ 浸水想定区域における土地利用及び警戒避難体制の整備に関する事項（法第十

参考資料

条第三項第二号）について

　本事項は、推進計画と浸水想定区域における土地利用と警戒避難体制の整備に関する施策、例えば警戒区域や特別警戒区域の指定との整合的・効果的な運用を図るために必要な事項を記載することを想定したものである。

　都道府県知事が指定する警戒区域においては、避難訓練の実施、避難場所や避難経路等を定める市町村地域防災計画の充実などを市町村が行うことになり、一方、推進計画区域では、推進計画に基づき、避難路や避難施設等避難の確保のための施設の整備などが行われるため、これらの施策・事業間及び実施主体間の整合を図る必要がある。

　また、頻度が低いが大規模な被害をもたらす最大クラスの津波に対して、土地区画整理事業等の市街地の整備改善のための事業や避難路や避難施設等の避難の確保のための施設等のハード整備を行う区域、ハード整備の状況等を踏まえ警戒避難体制の整備を特に推進する必要がある区域、ハード整備や警戒避難体制の整備に加えて一定の建築物の建築とそのための開発行為を制限することにより対応する必要がある区域等、地域ごとの特性とハード整備の状況に応じて、必要となる手法を分かりやすく示しておくことが重要である。

　そこで、本事項においては、推進計画に定める市街地の整備改善のための事業、避難路や避難施設等の整備等に係る事業・事務と、警戒避難体制を整備する警戒区域や一定の建築物の建築とそのための開発行為を制限する特別警戒区域の指定などを、推進計画区域内において、地域の特性に応じて区域ごとにどのように組み合わせることが適当であるか、基本的な考え方を記載することが望ましい。また、これらの組み合わせを検討するに当たっては、津波浸水想定により示されるその地域の津波に対する危険度・安全度を踏まえるとともに、津波被害が想定される沿岸地域は市街化が進んだ都市的機能が集中するエリアであったり、水産業などの地域の重要な産業が立地するエリアであることも多いことから、市街化や土地利用の現状、地域の再生・活性化の方向性を含めた地域づくりの方針など多様な地域の実態・ニーズに適合するように努めるものとする。

エ　津波防災地域づくりの推進のために行う事業又は事務に関する事項（法第十条第三項第三号）について

　本事項は、推進計画の区域内において実施する事業又は事務を列挙することを想定したものである。

　法第十条第三項第三号イの海岸保全施設、港湾施設、漁港施設及び河川管理施設並びに保安施設事業に係る施設の整備に関する事項をはじめ、同号イからヘま

でに掲げられた事項については、一及び四.1に示した基本的な考え方を踏まえ、実施する事業等の全体としての位置と規模、実施時期、期待される効果等を網羅的に記載し、津波防災地域づくりの意義と全体像が分かるように記載することが望ましい。

同号ロの津波防護施設は、津波そのものを海岸で防ぐことを目的とする海岸保全施設等を代替するものではなく、発生頻度が極めて低い最大クラスの津波が、海岸保全施設等を乗り越えて内陸に浸入するという場合に、その浸水の拡大を防止しようとするために内陸部に設ける施設である。このため、津波防護施設は、ソフト施策との組み合わせによる津波防災地域づくり全体の将来的なあり方の中で、当該施設により浸水の拡大が防止される区域・整備効果等を十分に検討した上で、地域の選択として、市町村が定める推進計画に位置づけ整備する必要がある。また、発生頻度が低い津波に対応するものであるため、後背地の状況等を踏まえ、道路・鉄道等の施設を活用できる場合に、当該施設管理者の協力を得ながら、これらの施設を活用して小規模盛土や開門を設置するなど効率的に整備し一体的に管理していくことが適当である。なお、推進計画区域内の道路・鉄道等の施設が、人的災害を防止・軽減するため有用であると認めるときは、当該施設の所有者の同意を得て、指定津波防護施設に指定できることとしており、指定の考え方等については国が助言するものとする。

同号ハの一団地の津波防災拠点市街地形成施設の整備に関する事業、土地区画整理事業、市街地再開発事業その他の市街地の整備改善のための事業は、津波が発生した場合においても都市機能の維持が図られるなど、津波による災害を防止・軽減できる防災性の高い市街地を形成するためのものであり、住宅、教育施設、医療施設等の居住者の共同の福祉又は利便のために必要な公益的施設、公共施設等の位置について十分勘案して実施する必要がある。「その他の市街地の整備改善のための事業」としては、特定利用斜面保全事業、密集市街地の整備改善に関する事業等が含まれる。また、同号ホにより、住民の生命、身体及び財産を保護することを目的に集団移転促進事業について定めることができ、推進計画に定めた場合には、津波による災害の広域性に鑑み、都道府県が計画の策定主体となることも可能である。

同号ニの避難路、避難施設、公園、緑地、地域防災拠点施設その他の津波の発生時における円滑な避難の確保のための施設は、最大クラスの津波が海岸保全施設等を乗り越えて内陸に来襲してきたときに、住民等の命をなんとしても守るための役割を果たすものであり、津波浸水想定を踏まえ、土地利用の状況等を十分

に勘案して適切な位置に定める必要がある。また、警戒区域内では、法第五十六条第一項、第六十条第一項及び第六十一条第一項に基づく指定避難施設及び管理協定の制度により、市町村が民間建築物等を避難施設として確保することができることから、当該制度の積極的な活用を図ることが適当である。特に、人口が集中する地域など多くの避難施設が必要な地域にあっては、指定避難施設等の制度のほか、法第十五条の津波避難建築物の容積率規制の緩和などの支援施策を活用し、民間の施設や既存の施設を活用して、必要な避難施設を効率的に確保するよう努める必要がある。

同号への地籍調査は、津波による災害の防止・軽減のための事業の円滑な施行等に寄与するために行うものであり、また、法第九十五条により、国は、推進計画区域における地籍調査の推進を図るため、その推進に資する調査を行うよう努めることとしている。

同号トは、同号イからへまでに掲げられた事業等を実施する際に、民間の資金、経営能力等を活用するための事項を記載することを想定した項目である。例えば、民間資金等の活用による公共施設等の整備等の促進に関する法律（平成十一年法律第百十七号）（PFI法）に基づく公共施設の整備、指定管理者制度の活用等が考えられる。なお、具体的な事業名を記載することができない場合においても、民間資金等を積極的に活用するという方針そのものを掲げることも含めて検討することが望ましい。

なお、法第五章第一節の土地区画整理事業に関する特例及び同章第三節の集団移転促進事業に関する特例を適用するためには、本事項に関係する事業を推進計画に記載する必要がある。

オ 推進計画における期間の考え方について

津波防災地域づくりは、発生頻度は低いが地域によっては近い将来に発生する確率が高まっている最大クラスの津波に対応するものであるため、中長期的な視点に立ちつつ、近い将来の危険性に対しては迅速に対応するとともに、警戒避難体制の整備については常に高い意識を持続させていくことが必要である。

このため、それぞれの対策に必要な期間等を考慮して、複数の選択肢の中から効果的な組み合わせを検討することが必要である。例えば、ハード整備に先行して警戒避難体制の整備や特別警戒区域の指定等のソフト施策によって対応するといったことが想定される。

なお、津波防災地域づくりを持続的に推進するため、推進計画には計画期間を設定することとしていないが、個々の施策には実施期間を伴うものがあるため、

適時適切に計画の進捗状況を検証していくことが望ましい。
  3　関係者との調整について
　　推進計画を作成する際には、推進計画の実効性を確実なものとする観点から、計画に定めようとする事業・事務を実施することになる者と十分な調整を図るとともに、市町村マスタープランとの調和を図る観点から、当該市町村の都市計画部局と十分な調整を図る必要がある。事業・事務を実施することになる者の範囲については、推進計画の策定主体である市町村において十分に検討し、協議等が必要となるかどうか当事者に確認することが望ましい。

　　また、推進計画を作成しようとするときには、津波防災地域づくりの推進のための事業・事務等について、推進計画の前提となる津波浸水想定の設定や、推進計画と相まって津波防災地域づくりの推進を図る警戒区域及び特別警戒区域の指定を行う都道府県と協議を行う必要がある。なお、この場合には、第十条第五項及び第十一条第二項第二号の都道府県には都道府県公安委員会も含まれていることに留意が必要である。

　　法第十条第六項から第八項までの規定は、海岸保全施設、港湾施設、漁港施設、河川管理施設、保安施設事業に係る施設等の施設について、市町村と、これらの施設の関係管理者等との調整方法について定めている。その趣旨は、津波防災地域づくりを円滑に推進する観点から、関係する施設の管理者が作成する案に基づくこととし、市町村の方針とこれらの施設の事業計画との調整を図ろうというものである。各施設の管理者は、予算上の制約や隣接する地域の事情、関係する事業との関係等を総合的に勘案して事業計画を作成する必要があるが、市町村から申出があった場合には可能な限り尊重することが求められるものである。
  4　協議会の活用について
　　関係者との調整を円滑かつ効率的に行うため、法第十一条第一項の協議会の活用を検討することが望ましい。特に、複数の市町村が共同で作成する場合には、協議会を活用する利点は大きいと考えられる。

　　また、協議会には、学識経験者、住民の代表、民間事業者、推進計画に定めようとする事業・事務の間接的な関係者（例えば、兼用工作物である津波防護施設の関係者）等、策定主体である市町村が必要と考える者を構成員として加えることができる。

五　警戒区域及び特別警戒区域の指定について指針となるべき事項
  1　警戒区域及び特別警戒区域の位置づけ
　　警戒区域は、最大クラスの津波が発生した場合の当該区域の危険度・安全度を津

参考資料

波浸水想定や法第五十三条第二項に規定する基準水位により住民等に「知らせ」、いざというときに津波から住民等が円滑かつ迅速に「逃げる」ことができるよう、予報又は警報の発令及び伝達、避難訓練の実施、避難場所や避難経路の確保、津波ハザードマップの作成等の警戒避難体制の整備を行う区域である。

　また、特別警戒区域は、警戒区域のうち、津波が発生した場合に建築物が損壊・浸水し、住民等の生命・身体に著しい危害が生ずるおそれがある区域において、防災上の配慮を要する住民等が当該建築物の中にいても津波を「避ける」ことができるよう、一定の建築物の建築とそのための開発行為に関して建築物の居室の高さや構造等を津波に対して安全なものとすることを求める区域である。

　なお、これらの区域の指定は、推進計画に定められたハード施策等との整合性に十分に配意して行う必要がある。

2　警戒区域の指定について

　警戒区域は、最大クラスの津波に対応して、法第五十四条に基づく避難訓練の実施、避難場所や避難経路等を定める市町村地域防災計画の拡充、法第五十五条に基づく津波ハザードマップの作成、法第五十六条第一項、第六十条第一項及び第六十一条第一項に基づく指定及び管理協定による避難施設の確保、第七十一条に基づく防災上の配慮を要する者等が利用する施設に係る避難確保計画の作成等の警戒避難体制の整備を行うことにより、住民等が平常時には通常の日常生活や経済社会活動を営みつつ、いざというときには津波から「逃げる」ことができるように、都道府県知事が指定する区域である。

　このような警戒区域の指定は、都道府県知事が、津波浸水想定を踏まえ、基礎調査の結果を勘案し、津波が発生した場合には住民等の生命又は身体に危害が生ずるおそれがあると認められる土地の区域で、当該区域における人的災害を防止するために上記警戒避難体制を特に整備すべき土地の区域について行うことができるものである。警戒区域における法第五十三条第二項に規定する基準水位（津波浸水想定に定める水深に係る水位に建築物等への衝突による津波の水位の上昇を考慮して必要と認められる値を加えて定める水位）は、指定避難施設及び管理協定に係る避難施設の避難上有効な屋上その他の場所の高さや、特別警戒区域の制限用途の居室の床の高さの基準となるものであり、警戒区域の指定の際に公示することとされている。これについては、津波浸水想定の設定作業の際に併せて、津波浸水想定を設定するための津波浸水シミュレーションで、想定される津波のせき上げ高を算出しておき、そのシミュレーションを用いて定めるものとし、原則として地盤面からの高さで表示するものとする。

警戒区域の指定に当たっては、法第五十三条第三項に基づき、警戒避難体制の整備を行う関係市町村の長の意見を聴くこととされているが、警戒避難体制の整備に関連する防災、建築・土木、福祉・医療、教育等の関係部局、具体の施策を実施する市町村、関係者が緊密な連携を図って連絡調整等を行うとともに、指定後においても継続的な意思疎通を図っていくことが必要である。

　なお、警戒区域内における各種措置を効果的に行うために、市町村長等が留意すべき事項については、以下のとおりである。

ア　市町村地域防災計画の策定

　市町村防災会議（市町村防災会議を設置しない市町村にあっては、当該市町村の長）は、法第五十四条により、市町村地域防災計画に、警戒区域ごとに、津波に関する予報又は警報の発令及び伝達、避難場所及び避難経路、避難訓練等、津波による人的災害を防止するために必要な警戒避難体制に関する事項について定めることとなるが、その際、高齢者等防災上の配慮を要する者への配慮や住民等の自主的な防災活動の育成強化に十分配意するとともに、避難訓練の結果や住民等の意見を踏まえ、適宜適切に実践的なものとなるよう見直していくことが望ましい。また、特に、地下街等又は防災上の配慮を要する者が利用する施設については、円滑かつ迅速な避難の確保が図られるよう、津波に関する情報、予報又は警報の発令及び伝達に関する事項を定める必要がある。

イ　津波ハザードマップの作成

　市町村の長は、法第五十五条により、市町村地域防災計画に基づき、津波に関する情報の伝達方法、避難施設その他の避難場所及び避難路その他の避難経路等、住民等の円滑な警戒避難を確保する上で必要な事項を記載した津波ハザードマップを作成・周知することとなるが、その作成・周知に当たっては、防災教育の充実の観点から、ワークショップの活用など住民等の協力を得て作成し、説明会の開催、避難訓練での活用等により周知を図る等、住民等の理解と関心を深める工夫を行うことが望ましい。また、津波浸水想定や市町村地域防災計画が見直された場合など津波ハザードマップの見直しが必要となったときは、できるだけ速やかに改訂することが適当である。併せて、市町村地域防災計画についても、必要な事項は平時から住民等への周知を図るよう努めるものとする。

ウ　避難施設

　法第五十六条第一項の指定避難施設は、津波に対して安全な構造で基準水位以上に避難場所が配置等されている施設を、市町村長が当該施設の管理者の同意を得て避難施設に指定し、施設管理者が重要な変更を加えようとするときに市町村

参考資料

長への届出を要するもの、法第六十条第一項又は第六十一条第一項の管理協定による避難施設は、市町村と上記と同様の基準に適合する施設の施設所有者等又は施設所有者等となろうとする者が管理協定を締結し、市町村が自ら当該施設の避難の用に供する部分の管理を行うことができるものである。

　これらの避難施設は、津波浸水想定や土地利用の現況等地域の状況に応じて、住民等の円滑かつ迅速な避難が確保されるよう、その配置、施設までの避難経路・避難手段等に留意して設定することが適当である。また、避難訓練においてこれらの避難施設を使用するなどして、いざというときに住民等が円滑かつ迅速に避難できることを確認しておく必要がある。なお、法第十五条の容積率の特例の適用を受ける建築物については、当該指定又は管理協定の制度により避難施設として位置づけることが望ましい。

　エ　避難確保計画

　　避難促進施設（市町村地域防災計画に定められた地下街等又は一定の防災上の配慮を要する者が利用する施設）の所有者又は管理者は、法第七十一条第一項により、避難訓練その他当該施設の利用者の津波の発生時における円滑かつ迅速な避難の確保を図るために必要な措置に関する計画（避難確保計画）を作成することとなるが、市町村長は、当該所有者又は管理者に対して、避難確保計画の作成や避難訓練について、同条第三項に基づき、助言又は勧告を行うことにより必要な支援を行うことが適当である。

3　特別警戒区域の指定について

　特別警戒区域は、都道府県知事が、警戒区域内において、津波から逃げることが困難である特に防災上の配慮を要する者が利用する一定の社会福祉施設、学校及び医療施設の建築並びにそのための開発行為について、法第七十五条及び第八十四条第一項に基づき、津波に対して安全なものとし、津波が来襲した場合であっても倒壊等を防ぐとともに、用途ごとに定める居室の床面の高さが基準水位以上であることを求めることにより、住民等が津波を「避ける」ため指定する区域である。

　また、法第七十三条第二項第二号に基づき、特別警戒区域内の市町村の条例で定める区域内では、津波の発生時に利用者の円滑かつ迅速な避難を確保できないおそれが大きいものとして条例で定める用途（例えば、住宅等の夜間、荒天時等津波が来襲した時間帯等によっては円滑な避難が期待できない用途）の建築物の建築及びそのための開発行為について、法第七十五条及び第八十四条第二項に基づき、上記と同様、津波に対して安全なものであること、並びに居室の床面の全部又は一部の高さが基準水位以上であること（建築物内のいずれかの居室に避難することで津波

を避けることができる。）又は基準水位以上の高さに避難上有効な屋上等の場所が配置等されること（建築物の屋上等に避難することで津波を避けることができる。）のいずれかの基準を参酌して条例で定める基準に適合することを地域の選択として求めることができる。

　このような特別警戒区域は、都道府県知事が、津波浸水想定を踏まえ、基礎調査の結果を勘案し、警戒区域のうち、津波が発生した場合には建築物が損壊し、又は浸水し、住民等の生命又は身体に著しい危害が生ずるおそれがあると認められる土地の区域で、上記の一定の建築物の建築及びそのための開発行為を制限すべき土地の区域について指定することができるものである。その指定に当たっては、基礎調査の結果を踏まえ、地域の現況や将来像等を十分に勘案する必要があるとともに、法第七十二条第三項から第五項までの規定に基づき、公衆への縦覧手続、住民や利害関係人に対する意見書提出手続、関係市町村長の意見聴取手続により、地域住民等の意向を十分に踏まえて行うことが重要であり、また、住民等に対し制度内容の周知、情報提供を十分に行いその理解を深めつつ行うことが望ましい。

　また、その検討の目安として、津波による浸水深と被害の関係について、各種の研究機関や行政機関等による調査・分析が行われており、これらの結果が参考になる。なお、同じ浸水深であっても、津波の到達時間・流速、土地利用の状況、漂流物の存在等によって人的災害や建物被害の発生の程度が異なりうることから、地域の実情や住民等の特性を踏まえるよう努める必要がある。

　特別警戒区域の指定に当たっては、制限の対象となる用途等と関連する都市・建築、福祉・医療、教育、防災等の関係部局、市町村や関係者が緊密な連携を図って連絡調整等を行うとともに、指定後においても継続的な意思疎通を図っていくことが必要である。

4　警戒区域及び特別警戒区域の指定後の対応

　警戒区域及び特別警戒区域を指定するときは、その旨や指定の区域等を公示することとなるが、津波ハザードマップに記載するなど様々なツールを活用して住民等に対する周知に万全を期するよう努めるものとする。

　また、地震等の影響により地形的条件が変化したり、新たに海岸保全施設や津波防護施設等が整備されたりすること等により、津波浸水想定が見直された場合など、警戒区域又は特別警戒区域の見直しが必要となったときには、上記の指定の際と同様の考え方により、これらの状況の変化に合わせた対応を図ることが望ましい。

参考資料

〔参考資料2（2）〕

○津波防災地域づくりに関する法律等の施行について

平成24年3月9日
府 政 防 第 256 号
国 総 参 社 第 5 号
国 土 企 第 48 号
国 都 計 第 138 号
国 水 政 第 102 号
国 住 街 第 226 号
国 住 指 第 3755 号

内閣府政策統括官（防災担当）
総 合 政 策 局 長
土地・建設産業局長
各都道府県知事　あて　国土交通省　都　市　局　長　から
水管理・国土保全局長
住　宅　局　長

　平成23年3月11日に発生し甚大な被害を引き起こした東北地方太平洋沖地震の津波を受け、平成23年12月7日に津波防災地域づくりに関する法律（平成23年法律第123号。以下「法」という。）が成立した。今後は、最大クラスの津波に備えるため、全国において法等を活用した津波防災地域づくりの推進が求められることになる。
　今般、法等が津波災害特別警戒区域に関連する規定を除き施行されたことから、その施行に当たって、下記の事項に十分留意し、適切な運用に努められるとともに、速やかに関係事項を貴管内関係市町村に周知方取り計らわれるようお願いする。
　なお、本通知は、地方自治法（昭和22年法律第67号）第245条の4第1項に規定する技術的助言とする。

記

第1　法の施行について
　　平成23年12月27日に津波防災地域づくりに関する法律施行令（平成23年政令第426号。以下「施行令」という。）、津波防災地域づくりに関する法律施行規則（平成23年国土交通省令第99号。以下「施行規則」という。）及び津波浸水想定を設定する際に想定した津波に対して安全な構造方法等を定める件（平成23年12月27日国土交通省告示第1318号。以下「告示」という。）等が法とともに施行されたところ

である。
　法の施行に当たっては、これらの関係法令のほか、津波防災地域づくりの推進に関する基本的な指針（平成24年1月16日国土交通省告示第51号。以下「基本指針」という。）に基づき適切な運用を図るとともに、本通知についても参照されたい。
　また、法の対象は、最大クラスの津波により被害が及ぶおそれのある地域である。沿岸域を有していない地方公共団体においても、津波が河川を遡上することによって法の対象になりうることに留意されたい。
　なお、本通知のうち第9の5の指定避難施設及び管理協定が締結された避難施設に係る部分（技術的基準を除く。）は内閣府及び国土交通省の共管となっている。

第2　国及び地方公共団体の責務、施策における配慮について

1　国及び地方公共団体の責務（第4条関係）

　津波防災地域づくりを効果的に推進するためには、ハード・ソフトの施策を地域の実情に応じて適切に組み合わせるとともに、官民が一体となって取り組む必要がある。
　このため、法においては、国及び地方公共団体は、津波による災害の防止又は軽減が効果的に図られるようにするため、津波防災地域づくりに関する施策を、民間の資金、経営能力及び技術的能力の活用に配慮しつつ、地域の実情に応じ適切に組み合わせて一体的に講ずるよう努めるものとしている。

2　施策における配慮（第5条関係）

　津波防災地域づくりの推進は、国と地方公共団体のみによって行えるものではなく、津波災害警戒区域における警戒避難体制の整備や津波災害特別警戒区域における一定の建築物の建築とそのための開発行為の制限をはじめとして、地域住民、民間事業者等の理解と協力が不可欠である。
　また、防災の観点を重視するあまり、地域の発展を阻害するような対策に偏ることなく、地域の創意工夫を活かすとともに、住民の生活の安定や地域経済の活性化に配慮する必要がある。
　このため、法においては、国及び地方公共団体は、法に規定する津波防災地域づくりを推進するための施策の策定及び実施に当たっては、地域における創意工夫を尊重し、並びに住民の生活の安定及び福祉の向上並びに地域経済の活性化に配慮するとともに、地域住民、民間事業者等の理解と協力を得るよう努めるものとしている。

第3　基礎調査について

1　本制度の概要

参考資料

国土交通大臣及び都道府県が、基本指針の「二　法第六条第一項の基礎調査について指針となるべき事項」に基づき、津波による災害の発生のおそれがある地域を対象に、法第8条第1項に規定する津波浸水想定の設定又は変更のために必要な基礎調査を、法第6条及び第7条に基づき実施するものである。

2　留意事項

海域や陸域の地形は津波の伝播や遡上に大きく影響を与えるため、こうした津波の挙動を予測するためには地形に関する情報が不可欠である。

このため、基本指針の二の2の「ア　海域、陸域の地形に関する調査」においては、都道府県が津波浸水シミュレーションを実施する際に用いる格子状の数値情報からなる地形データを作成することとしている。

津波浸水想定の設定又は変更に当たっては、津波浸水シミュレーションによって得られる浸水の区域や水深が基となるため、本調査の結果が浸水の広がりや深さに影響を与えることとなることから、最新の地形データとなるよう努めるとともに、東北地方太平洋沖地震等による地盤変動等についてもできる限り考慮する必要がある。

地形データの基となる海域の水深データ（海底地形データ）については、日本海洋データセンターや財団法人日本水路協会が提供している各種データのほか、海岸管理者、港湾管理者及び漁港管理者等が保有する測量成果や工事用図面等を活用されたい。また、陸域の標高データについては、国土交通大臣等による航空レーザ測量の結果や国土地理院が提供している数値地図等を活用されたい。

これらのデータから格子状の数値情報からなる地形データを作成するに当たっては、実際の地形や地図と比較して不自然なものとなっていないか留意する必要がある。

第4　津波浸水想定の設定について

1　本制度の概要

都道府県が、基本指針の「三　法第八条第一項に規定する津波浸水想定の設定について指針となるべき事項」に基づき、法第6条の基礎調査の結果を踏まえ、最大クラスの津波を対象に、津波浸水シミュレーションにより予測される浸水の区域及び水深を、法第8条第1項の津波浸水想定（津波があった場合に想定される浸水の区域及び水深）として設定するものである。

2　留意事項

(1)　精度の確保

津波浸水シミュレーションに用いる格子状の数値情報からなる地形データにつ

いては、外洋においては津波の伝播が速いことから比較的大きな格子間隔で十分だが、沿岸部や陸域においては局所的な地形等を考慮する必要があることから格子間隔も小さいものが要求される。このため、シミュレーションから得られる結果の精度とシミュレーションに要する時間等を総合的に検討した上で、適切な格子間隔を設定するものとする。

また、予測のための津波浸水シミュレーションを実施する前に、過去に発生した津波による痕跡等を用いて、シミュレーションモデルの再現性を考察されたい。

(2) 各種条件設定

対象とする最大クラスの津波やそれを引き起こす断層モデルの設定に当たっては、隣接する都道府県間等で齟齬が生じないよう留意する必要がある。

また、最大クラスの津波を発生させる海溝型巨大地震により想定される地盤変動については、特に地盤沈下が大きい場合にはこれを考慮されたい。

海岸堤防や河川堤防等の条件については、東北地方太平洋沖地震による津波のような最大クラスの津波で見られたように、各管理者が想定している設計レベルを超過した場合には施設が破壊されないことが担保できないと考えられることから、越流した場合には破壊されることを基本設定とすることとする。なお、この際、津波防波堤を有する港湾のみならず、三大湾等の港湾の海岸管理者の意見を聴くものとする。

なお、津波浸水シミュレーションにおいては、津波浸水想定で定める津波があった場合に想定される浸水の区域及び水深のほか、津波の到達時間や到達経路、法第53条第1項の基準水位等についても計算結果として得ることができることから、避難計画等の検討にこれらを十分活用するよう留意する必要がある。

第5 推進計画の作成について

1 本制度の概要

市町村が、基本指針の「四　法第十条第一項に規定する推進計画の作成について指針となるべき事項」に基づき、かつ、津波浸水想定を踏まえ、単独で又は共同して、当該市町村の区域内について、津波防災地域づくりを総合的に推進するための計画（以下「推進計画」という。）を作成することができることとしたものである。

推進計画を作成する意義は、最大クラスの津波を想定してどのように津波防災地域づくりを進めていくのか、市町村が地域の実情に応じてその具体の姿を総合的に描き、住民をはじめ地域全体で共有することにある。このため、推進計画の作成に当たっては、避難路や避難施設等の整備といったハード施策や警戒避難体制の整備や一定の建築物の建築及びそのための開発行為の制限といったソフト施策を地域の

参考資料

実情に応じて適切に組み合わせ、かつ、計画の内容を住民等にわかりやすく示すことに十分に配慮する必要がある。

また、推進計画の区域においては、津波防災地域づくりを推進するための特例措置が適用されることとなる。各種の特例措置を含めた様々なハード・ソフト施策を適切に組み合わせることにより、効果的な津波防災地域づくりが実現されることが期待される。

2　推進計画の作成に当たっての留意事項等
(1)　推進計画区域（法第10条第2項関係）

推進計画には、推進計画区域を必ず定める必要がある。この区域は、市町村単位で設定することを基本とするが、地域の実情に応じて柔軟に定めることができる。ただし、推進計画区域を定める際には、浸水想定区域外において行われる事業等もあること、推進計画の区域内において、土地区画整理事業に関する特例、津波避難建築物の容積率の特例及び集団移転促進事業に関する特例が適用されること、津波防護施設の整備に関する事項を推進計画に定めることができることに留意するとともに、推進計画に定める事業・事務の範囲がすべて含まれるようにする必要がある。

(2)　推進計画に記載する事業・事務（法第10条第3項第3号関係）

津波防災地域づくりの推進のために行う事業・事務に関する事項（法第10条第3項第3号イからへまで）には、実施する事業等の位置、規模、実施時期、期待される効果等を記載し、津波防災地域づくりの全体像と各事業等がもつ意義が分かるように記載することとする。また、他の事業・事務との関係性についても記載することが望ましい。

ただし、事業・事務についての詳細が固まっていない段階においては、必要に応じて関係者と調整の上、記載する事項を判断することとなる。

また、推進計画には、推進計画の作成主体となる市町村以外の者が実施する事業・事務についても記載できるが、記載する場合は、あらかじめ、これらの者と協議を行う必要がある。（協議については「(4)関係者との調整（法第10条及び第11条関係）」及び「(5)協議会（法第11条関係）」を参照されたい。）

このほか、各事業・事務について記載する場合の留意すべき事項として、以下の事項が挙げられる。

○　避難路、避難施設、公園、緑地、地域防災拠点施設その他の津波の発生時における円滑な避難の確保のための施設の整備及び管理に関する事項を記載する場合には、夜間や荒天時といった悪条件下においても津波の発生のおそれがあ

ることにも留意しつつ定めることが望ましい。
○ 地籍調査の実施に関する事項を記載する場合には、国土調査法（昭和26年法律第180号）第６条の３第２項の規定により定める事業計画等と十分に整合を図るよう留意する必要がある。

等

(3) 推進計画の期間

　津波防災地域づくりを持続的に推進するため、推進計画には計画期間を設定することとしていないが、個々の施策には実施期間を伴うものがあるため、定期的にフォローアップを行うなど適時適切に計画の進捗状況を検証し、ハード・ソフトの施策の組み合わせを必要に応じて見直していくことが望ましい。

(4) 関係者との調整（法第10条及び第11条関係）

　推進計画を作成する際には、推進計画の実効性を確実なものとする観点から、関係者との十分な調整を図る必要がある。このため、市町村は推進計画の作成に当たって、関係管理者等（関係する海岸管理者、港湾管理者、漁港管理者、河川管理者、保安施設事業を行う農林水産大臣若しくは都道府県又は津波防護施設管理者をいう。）や民間事業者を含めた計画に定めようとする事業・事務を実施することになる者と協議しなければならないこととしている。

　また、都道府県との協議は、事業・事務を実施することになる者である都道府県とは別途、必要となることに留意するものとする。なお、津波防災地域づくりにおける避難誘導等の重要性に鑑み、ここでいう都道府県には、知事部局だけでなく、都道府県公安委員会が含まれることにも留意する必要がある（「(5) 協議会（法第11条関係）」において同じ。）。

　また、市町村マスタープランとの調和を図る観点から、当該市町村の都市計画部局と十分な調整を図る必要があることにも留意が必要である。

　なお、市町村は、協議の円滑化・効率化を図るため、推進計画の作成前の構想の段階から、関係者と十分に相談することが望ましい。

　法第10条第６項においては、市町村の方針とこれらの施設の事業計画の調整を図るため、推進計画のうち、海岸保全施設、港湾施設、漁港施設、河川管理施設、保安施設事業に係る施設及び津波防護施設の整備に関する事項については、関係管理者等の案に基づいて定めることとしているため、十分な時間的余裕をもってこれらの関係管理者等と相談する必要がある。この際、市町村は、必要に応じて、関係管理者等に対し、津波防災地域づくりを総合的に推進する観点から配慮すべき事項を申し出ることができる。申出を受けた関係管理者等は、予算上の制約や

参考資料

隣接する地域の事情、各施設の整備計画等との整合性等を総合的に勘案しつつ、可能な限り申出を尊重することが求められる。
(5) 協議会（法第11条関係）
　推進計画を作成しようとする市町村は、関係者との協議等を円滑かつ効率的に進めるための場として協議会を活用することができる。この協議会では、推進計画の作成に関する協議とともに実施に係る連絡調整も行うことができる。
　協議会の構成員には、①推進計画の作成主体となる市町村、②市町村の区域を含む都道府県、③関係管理者等の推進計画に記載しようとしている事業・事務の実施主体のほか、④学識経験者や住民の代表者等の市町村が必要と判断した者を加えることができることとしている。なお、④としては、津波によって被災した場合、周辺地域の被害を拡大させるおそれのある施設（石油コンビナート等）の管理者等を加えることも検討することが望ましい。
　また、協議会において協議を行う場合は、あらかじめ、定足数、議決等の協議会の運営に必要となる事項を協議会で定めておくものとする。
(6) 推進計画の公表・送付（法第10条第9項から第12項まで関係）
　市町村は、推進計画を作成したときは、遅滞なく、これを公表するものとする。公表に当たっては、市町村の広報、インターネット等を活用し十分に周知されるよう努めるとともに、計画の内容をわかりやすく示すように配慮するものとする。
　また、作成した推進計画の写しを国土交通大臣、都道府県及び関係管理者等をはじめとする事業・事務の実施主体に書面で送付するものとする。なお、国土交通大臣、都道府県が事業・事務の実施主体となっている場合には、事業・事務の実施主体としての送付とは別途、国土交通大臣（総合政策局参事官（社会資本整備）室）、都道府県への送付が必要となる。このため、都道府県は事業・事務の実施主体としての送付先とは別途、送付を受けることとなる担当部局を定めるとともに、関係市町村に対して当該担当部局を速やかに周知するものとする。
　なお、推進計画の送付を受けた都道府県は、市町村に対して、事業実施に当たっての助成制度の紹介や近隣の地方公共団体の取組に関する情報提供等の必要な助言を行うことができる。
　また、推進計画を変更した際の扱いも、上記に準ずることとする。

第6　推進計画区域における特別の措置について
1　土地区画整理事業の特例（津波防災住宅等建設区）（法第12条から第14条まで関係）
　(1) 本制度の概要
　　本制度は、津波による災害の発生のおそれが著しく、かつ、当該災害を防止し、

又は軽減する必要性が高いと認められる区域内の土地を含む土地（推進計画区域内にあるものに限る。）の区域において津波による災害を防止し、又は軽減することを目的とする土地区画整理事業の事業計画において、盛土、嵩上、高台切土による措置など施行地区内の津波による災害の防止又は軽減のための措置が講じられた又は講じられる土地の区域における住宅及び居住者の生活の基盤となる公益的施設（教育施設、医療施設、官公庁施設、購買施設その他の施設で、居住者の共同の福祉又は利便のために必要なものをいう。）の建設を促進するため特別な必要があると認められる場合には、津波防災住宅等建設区を定めることができるとするものである。

津波防災住宅等建設区が定められたときは、施行地区内の住宅又は公益的施設の用に供する宅地の所有者は、施行者に対し、換地計画において当該宅地についての換地を当該建設区内に定めるべき旨の申出をすることができ、当該申出が法第13条第1項各号に掲げる要件に該当する場合は、当該申出に係る宅地は、津波防災住宅等建設区内に換地されることとなるものであり、本制度は、防災性の高い市街地の整備に資するものである。

(2) 留意事項

津波防災住宅等建設区の設定に当たっては、あらかじめ施行予定地区内の需要の動向、土地の所有者等の意向等を十分調査することにより、住宅及び公益的施設が建設される見込みを把握することが必要である。また、津波防災住宅等建設区に定められる換地の概ねの総面積に、事業計画において定める津波防災住宅等建設区の宅地の面積が相応しない場合には、施行者は速やかに事業計画の変更を行い、津波防災住宅等建設区の区域等の変更を行う必要がある。

2 津波からの避難に資する建築物の容積率の特例（法第15条関係）

(1) 本制度の概要

本特例は、津波防災地域づくりを推進するため、推進計画区域内（津波災害警戒区域である区域に限る。）において、津波からの避難に資する一定の基準を満たす建築物の、防災上有効な災害用備蓄倉庫、自家発電設備室等の部分について、建築審査会の同意が不要な特定行政庁の認定により、当該部分の床面積を容積率算定の基礎となる延べ面積から不算入とすることができることとし、容積率制限の特例の適用について、認定による手続き迅速化を図り、災害用備蓄倉庫等を備えた津波からの避難に資する建築物の建築を推進するものである。

なお、東日本大震災の被災地については、東日本大震災復興特別区域法（平成23年法律第122号）第76条第2項により、一定の復興整備計画の区域を推進計画

参考資料

区域とみなして、本特例を適用することもできる。
(2) 運用の方針

本特例は、法第56条第1項第1号及び第2号に掲げる基準に適合する建築物に設けられる、防災上有効な災害用備蓄倉庫、自家発電設備室等の、津波防災地域づくりを総合的に推進する観点から、防災上有効で設置の必要性が高いと判断される施設・設備を対象とするものである。各特定行政庁におかれては、本特例が津波からの避難に資する建築物の建築を推進するものであることを踏まえ、下記①及び②について、遺漏なきよう適切に運用されたい。

①本特例の対象

本特例の対象となる施設・設備は、津波災害が発生した際に防災上有効な機能が確保されるものに限られることから、基準水位以上に配置されること又は密閉性の高い地下室に設けること等の配慮が必要である。また、災害時に避難スペース等となるが、通常時において体育館や集会場等の用途に供するスペースについては、居住、執務、作業、集会、娯楽等の目的のために継続的に使用される部分であるため、本特例の対象とはならない。本特例は、容積率規制の趣旨に鑑み、公共施設に対する負荷の増大のないものを対象とすること。

②本特例の適用方法

本特例は、災害用備蓄倉庫や自家発電設備等を設置するスペースに供される部分の床面積相当分について、特定行政庁が、交通上、安全上、防火上及び衛生上支障がないことを認定し容積率制限の特例を適用するものであるが、当該認定の際には、法の趣旨に基づき、周辺市街地環境に十分留意の上運用すること。なお、本特例の適用に際しては、当該建築物の所有者、管理者に対し、本特例の趣旨の周知に努めるとともに、他の用途への転用がなされることのないよう、必要に応じ、報告を求め、又は立入検査等により実態の把握や違法状態の是正に努めること。

3 集団移転促進事業に関する特例（法第16条関係）

推進計画区域内に存する防災のための集団移転促進事業に係る国の財政上の特別措置等に関する法律（昭和47年法律第132号）第2条第1項に規定する移転促進区域に係るものであって、住民の生命、身体及び財産を津波による災害から保護することを目的とする集団移転促進事業について、都道府県は市町村から一の市町村の区域を超える広域の見地からの調整を図る必要があることにより集団移転促進事業計画を定めることが困難である旨の申し出を受けた場合においては、例外的に当該申出に係る集団移転促進事業計画を定めることができる。

第7 一団地の津波防災拠点市街地形成施設について（法第17条関係）

都市計画運用指針（平成12年12月28日付け建設省都計発第92号建設省都市局長通知）を参照されたい。

第8 津波防護施設等について

1 津波防護施設（法第18条から第49条まで関係）

(1) 本制度の概要

津波防護施設とは、盛土構造物（津波による浸水を防止する機能を有するものに限る。）、護岸、胸壁及び閘（こう）門（海岸保全施設、港湾施設、漁港施設及び河川管理施設並びに保安施設事業に係る施設であるものを除く。）であって、法第8条第1項に規定する津波浸水想定を踏まえて津波による人的災害を防止し、又は軽減するために都道府県知事又は市町村長が管理するものをいう。

津波防護施設は、比較的発生頻度の高い一定程度の津波高に対して整備される海岸保全施設等を代替するものではなく、発生頻度が極めて低い最大クラスの津波が、陸上に遡上した場合に、その浸水の拡大を防止するために内陸部に設ける施設である。

発生頻度が極めて低い津波に対応するものであるため、法第71条第1項の避難促進施設や住家の立地状況等背後地の市街地の状況等を踏まえ、道路・鉄道等の施設を活用できる場合に、当該施設管理者の協力を得ながら、これらの施設を活用して延長の短い小規模盛土や閘門を設置するなど、効率的に整備し、一体的に管理していくことが適当である。なお、津波防護施設の技術上の基準については、法第29条及び施行規則第18条並びに別途定める技術的助言を参照されたい。

(2) 津波防護施設管理者（法第18条関係）

津波防護施設は、広域的な効果が期待できるものであること、津波浸水想定を踏まえて整備・管理するものであることから、法第18条第1項により、その管理は、原則都道府県知事が行うこととしている。

また、津波防護施設の管理は、当該津波防護施設の存する都道府県の知事が行うことが原則であるが、二以上の都府県にわたる場合においてその境界に係る部分については、関係都府県知事が相互に協議し、その管理方法を定め、合理的区分により統一的管理を行うことが適当であるため、法第20条第1項に境界に係る津波防護施設の管理の特例を設けている。

なお、小規模な津波防護施設については、地域づくりと一体で整備される場合等市町村長が管理することが適切な場合があることから、法第18条第2項により、都道府県知事が指定したものについては、市町村長が管理を行うこととしている。

参考資料

(3) 推進計画への位置づけ

　　津波防護施設の整備に関する事項を市町村が定める推進計画に記載する場合には、当該施設は、ソフト施策との組み合わせによる津波防災地域づくり全体の将来的なあり方の中で、地域の選択として、推進計画に位置づけられるものであることから、津波浸水想定を踏まえた上で、法第71条第1項の避難促進施設や住家の立地状況等背後地の市街地の状況等を考慮して定めることとする。

　　なお、既存の道路や鉄道を津波防護施設との兼用工作物として推進計画に位置付けようとする場合には、津波防護施設管理者が案を作成する際に、あらかじめ当該道路や鉄道の管理者とも十分に協議を行うこととする。協議を実施するに当たっては、できる限り早い段階から協議を行い、道路や鉄道の整備の計画や管理等に支障を来さないように配慮するものとする。

　　なお、東日本大震災の被災地については、推進計画に代えて、東日本大震災復興特別区域法第76条第1項により、一定の復興整備計画の区域内において、当該復興整備計画に即して、津波防護施設の新設又は改良を行うことができる。

(4) 津波防護施設区域の指定（法第21条関係）

　　津波防護施設は、地域における津波災害を防止し、又は軽減するために重要な機能を果たすものであるため、その保全に支障を及ぼすおそれがある行為を制限し施設を適切に管理するため、法第21条により、津波防護施設区域を指定するものとしている。

　　なお、当該施設に隣接する土地の区域については、権利を過度に制限することがないよう十分配慮しつつ、施設の保全上必要な最小限度に限り津波防護施設区域に指定することができる。また、当該土地の区域を指定しようとする場合には、津波防護施設管理者と当該土地の所有者・管理者との間で、あらかじめできる限りの調整を行うことが望ましい。

(5) 津波防護施設区域の占用（法第22条及び第37条関係）

　　法第22条第1項の規定による占用の許可は、津波防護施設区域内の土地（津波防護施設管理者以外の者がその権原に基づき管理する土地を除く。）については、津波防護施設の保全に著しい支障を及ぼすおそれがないと認められる場合に限り許可するようにする必要がある。

　　また、許可には、管理上必要があると認められる場合に条件を付することができる。

　　なお、ある行為が法第22条及び第23条に該当する場合は、法第22条及び第23条の許可をそれぞれ受ける必要がある。

(6) 津波防護施設区域における行為の制限（法第23条及び第37条関係）

　法第23条第1項各号に掲げる行為を許可するに当たっては、区域内の地形、地質並びに掘削等の行為の態様を十分に考慮し、当該行為が津波防護施設の保全に支障を及ぼすおそれがないと認められる場合に限り許可するようにする必要がある。

　また、許可には、管理上必要があると認められる場合に条件を付することができる。

　なお、施行令第6条第1項の規定により指定する津波防護施設を損壊するおそれがある行為としては、例えば、土石、竹木等を堆積し、設置する行為等が想定されるが、津波防護施設が設置される地形、地質等の状況を踏まえて、必要な行為を指定することが望ましい。

(7) 兼用工作物の協議（法第30条関係）

　道路や鉄道等の既存施設を津波防護施設との兼用工作物とする場合には、法第30条第1項により、管理方法等に関して協議して定めることとしているが、協議に際しては、可能な限り早期の段階から他の施設等の管理者と調整を行うとともに、他の施設等が有する本来の目的を阻害しないよう調整を行うといった点に配慮するものとする。また、津波防護施設が発生頻度の極めて低い最大クラスの津波に対してその効果を発現する施設であることに鑑み、できる限り効率的に施設の管理を行うものとする。

(8) 津波防護施設台帳（法第36条関係）

　津波防護施設台帳の調製及び記載事項等は、施行規則第20条に規定するところであるが、当該津波防護施設台帳は、津波防護施設及び津波防護施設区域を把握する唯一のものであり、津波防護施設の保全及び国民の権利に重大な関係があるので、その正確性を期するとともに、速やかに調製する必要がある。

2　指定津波防護施設（法第50条から第52条まで関係）

(1) 本制度の概要

　指定津波防護施設とは、推進計画区域内の浸水想定区域において、津波による人的災害を防止し、又は軽減するために有用であると認める施設（海岸保全施設、港湾施設、漁港施設、河川管理施設、保安施設事業に係る施設及び津波防護施設であるものを除く。）について、法第50条第1項に基づき都道府県知事が指定するものである。

　なお、東日本大震災の被災地については、東日本大震災復興特別区域法第76条第2項により、一定の復興整備計画の区域を推進計画区域とみなして、本措置を

参考資料

適用することができる。
(2) 指定津波防護施設の指定の考え方

　　指定津波防護施設の指定に当たっては、津波浸水想定を踏まえ、当該施設の有無により浸水範囲、浸水深等に有意な差があり、当該施設が浸水拡大の防止に有用であると認められる場合に、避難促進施設や住家の立地状況等背後地の市街地の状況等を考慮し、当該施設の所有者の同意を得て指定するものである。また、指定に当たり指定津波防護施設の形状等を確認する際は、法第29条及び施行規則第18条に定める津波防護施設の技術上の基準並びに別途定める技術的助言を目安として参照するものとする。

(3) 指定津波防護施設の標識（法第51条関係）

　　指定津波防護施設の指定を受けた施設は、法第51条第1項により、国土交通省令で定める基準を参酌して都道府県の条例で定めるところにより、標識を設けなければならないこととされている。なお、道路、鉄道が指定津波防護施設に指定された場合には、交通安全上、盛土上の道路、鉄道の敷地内に避難すると危険な場合には、その旨を記載することが望ましい。

(4) 指定津波防護施設に係る届出（法第52条関係）

　　法第52条により、指定津波防護施設について土地の掘削等や施設の改築等の一定の行為をしようとする者は、都道府県知事に届け出なければならないこととされている。当該届出を要しない通常の管理行為、軽易な行為等として施行令第17条で定める指定津波防護施設の維持管理のためにする行為には、指定津波防護施設の修繕、電線、水道管等の埋設、信号、防風壁等の設置等のために行うものが該当する。

　　なお、都道府県知事は、届出があった場合に、法第52条第3項に基づき必要な助言又は勧告をすることができるが、当該助言又は勧告の内容は、届出をした者が通常行っている管理行為の範囲内で対応できるものであることが望ましい。また、当該助言又は勧告に対し、届出をした者による対応が困難である場合は、津波防護の観点から代替的な対応の要否について十分に検討することが望ましい。

　　さらに、指定津波防護施設の管理者から同条に基づく届出に先立って事前に相談がなされた場合には、都道府県知事は必要な助言を行うことが望ましい。

第9　津波災害警戒区域について
1　本制度の概要

　　法第53条第1項により、都道府県知事が、基本指針の「第四　警戒区域及び特別警戒区域の指定について指針となるべき事項」に基づき、かつ、津波浸水想定を踏

まえ、津波が発生した場合には住民、勤務する者、観光旅客その他の者（以下「住民等」という。）の生命又は身体に危害が生ずるおそれがあると認められる土地の区域で、当該区域における津波による人的被害を防止するために警戒避難体制を特に整備すべき土地の区域を、津波災害警戒区域（以下「警戒区域」という。）として指定することができることとしたものである。

警戒区域の指定に当たっては、津波浸水想定に定める浸水の区域を基本とするが、地域の津波への警戒避難体制の確立のため、周辺の地形、土地利用状況等を考慮し、隣接する区域もその対象に含めて検討することが適当である。

2　基準水位

警戒区域の指定に当たっては、法第53条第4項により、当該指定の区域のほか、同条第2項の基準水位を公示することとしている。

基準水位は、津波浸水想定に定める水深に係る水位に建築物等への衝突による津波の水位の上昇を考慮して必要と認められる値を加えて定める水位であり、来襲した津波が建築物等に衝突する時点で有しているエネルギーの大きさによるものであることから、津波浸水シミュレーションを活用してこれを算定することとする。この基準水位が、5の指定避難施設及び管理協定が締結された避難施設の避難場所の高さの基準となる。

具体的には、都道府県知事が津波浸水想定を設定するための津波浸水シミュレーションを実施する際、最大浸水深の算定と同時に、基準水位に相当する比エネルギー（地盤面を基準面に、運動エネルギー等を含む津波の有する全エネルギーを水位に換算したもの）の最大値を計算格子ごとに予め算定しておき、警戒区域の指定時にこの平面分布を、原則として地盤面からの高さで公示することとする。

3　市町村地域防災計画に定めるべき事項等（法第54条、第57条及び第66条関係）

市町村防災会議（市町村防災会議を設置しない市町村にあっては、当該市町村の長）は、警戒区域の指定があったときは、災害対策基本法（昭和36年法律第223号）の特例として、市町村地域防災計画において、当該警戒区域ごとに、法第54条に規定する警戒避難体制に関する事項を定めるものとしている。

法第69条により、市町村防災会議の協議会が設置されているときは、当該協議会が市町村相互間地域防災計画で定めることとなる。

市町村地域防災計画又は市町村相互間地域防災計画（以下「市町村地域防災計画等」という。）に定めるべき事項は、以下のとおりである。

第一に、人的災害を生ずるおそれがある津波に関する情報の収集及び伝達並びに予報又は警報の発令及び伝達に関する事項である。当該事項を定めるに当たっては、

参考資料

昼間及び夜間における予報・警報の伝達に用いる具体的な手段を定めることが適当である。

　第二に、避難施設その他の避難場所及び避難路その他の避難経路に関する事項である。当該事項を定めるに当たっては、高台にある広場・公園や避難施設などの避難場所と当該避難場所までの避難経路の名称や所在地を定めることが適当である。また、法第57条及び第66条により、指定避難施設及び管理協定が締結された避難施設については、これらの避難施設に関する事項を定めるものとしている。

　第三に、災害対策基本法第48条第１項の防災訓練として市町村長が行う津波避難訓練の実施に関する事項である。当該事項を定めるに当たっては、津波避難訓練の具体的な実施内容やその実施時期を定めることが適当である。また、当該津波避難訓練は、地理的条件、時間帯等様々な条件を考慮し、かつ、津波浸水想定、津波浸水シミュレーションで算定した津波の到達時間等を踏まえ、具体的かつ実践的な訓練を行うとともに、高齢者等の災害時要援護者に十分に配慮するよう努める必要がある。

　なお、水防法（昭和24年法律第193号）第32条の３により、警戒区域に係る水防団、消防機関及び水防協力団体は、この津波避難訓練が行われるときは、これに参加しなければならないこととされているので、市町村長は、これらの者に津波避難訓練の実施について連絡するとともに、その役割分担等について協議されたい。

　第四に、警戒区域内に、地下街等又は社会福祉施設、学校、医療施設その他の主として防災上の配慮を要する者が利用する施設であって、当該施設の利用者の津波の発生時における円滑かつ迅速な避難を確保する必要があるものがあると認められる場合における、これらの施設の名称及び所在地である。市町村地域防災計画等に定められたこれらの施設が、６の避難確保計画の策定等が義務づけられる避難促進施設となる。

　第五に、第一から第四までの事項のほか、警戒区域における津波による人的災害を防止するために必要な警戒避難体制に関する事項であり、避難誘導体制等について定めることが望ましい。

　なお、上記の警戒避難体制については、より一層の津波防災への安全性を確保するため、地形的状況や町丁目界などを参考に警戒区域の周辺地域もその対象に含めて検討することが望ましい。

4　住民等に対する周知のための措置（法第55条関係）

　法第55条により、警戒区域をその区域に含む市町村の長は、市町村地域防災計画等に基づき、人的被害を生ずるおそれがある津波に関する情報の伝達方法、避難施

設その他の避難場所及び避難路その他の避難経路に関する事項その他警戒区域における円滑な警戒避難を確保する上で必要な事項を住民等に周知するため、これらの事項を記載した印刷物の配布その他の必要な措置を講じなければならないこととしている。これは、いわゆる「津波ハザードマップ」の作成について規定したものである。

「津波ハザードマップ」には、警戒区域及び当該区域における最大浸水深を表示した図面に法第55条に規定する事項を記載したものを、印刷物の配布その他の適切な方法により、各世帯に提供すること、当該図面に表示した事項及び記載した事項に係る情報を、インターネットの利用その他の適切な方法により、住民等がその提供を受けることができる状態に置くものとしている。

また、その作成・周知に当たっては、防災教育の充実の観点から、ワークショップの活用など住民等の協力を得て作成し、説明会の開催、避難訓練での活用等により周知を図る等、住民等の理解と関心を深める工夫を行うことが望ましい。また、津波浸水想定や市町村地域防災計画等が見直された場合など「津波ハザードマップ」の見直しが必要となったときは、できるだけ速やかに改訂することが適当である。

なお、水防法第15条第4項により、警戒区域をその区域に含む市町村において同項に基づくいわゆる「洪水ハザードマップ」を作成する場合には、一覧性の観点から、「津波ハザードマップ」に記載する事項を併せ記載することとしていることに留意する必要がある。

5 指定避難施設及び管理協定が締結された避難施設
(1) 指定避難施設（法第56条から第59条まで及び第70条関係）

法第56条により、市町村長は、警戒区域において津波の発生時における円滑かつ迅速な避難の確保を図るため、警戒区域内に存する施設（当該市町村が管理する施設を除く。）であって、次の施設の基準に適合するものを、当該施設の管理者の同意を得て指定避難施設として指定することができることとしている。

施設の基準は、以下のとおりである。

第一に、当該施設が津波に対して安全な構造のものとして施行規則第31条に定める技術的基準に適合するものであることである。

第二に、基準水位以上の高さに避難上有効な屋上その他の場所が配置され、かつ、当該場所までの避難上有効な階段その他の経路があることである。

第三に、当該施設の管理方法について、津波の発生時において当該施設が住民等に開放されること及び指定避難施設の管理及び協定避難施設の管理協定に関す

参考資料

る命令（平成23年内閣府令・国土交通省令第8号）で定める基準に適合するものであることである。

　また、指定に当たっては、避難上有効な屋上その他の場所及び当該場所までの避難上有効な階段その他の経路について、階数、部屋番号等によりそれぞれの位置（階数、部屋番号等）や面積等を明確にしておく必要があるとともに、図面等により確認できるようにしておくことが適当である。

　このとき、建築主事を置かない市町村の市町村長においては、あらかじめ、都道府県知事と協議しなければならないこととしている。協議を受けた都道府県知事におかれては、主として第一に掲げる基準に適合しているかどうかについて確認することとされたい。

　さらに、法第70条により、指定避難施設の管理者は、津波避難訓練が行われるときは、これに協力しなければならないこととされており、その際、住民等が円滑かつ迅速に避難できることを確認しておく必要がある。

　また、指定避難施設が津波発生時にその役割を果たすことができるためには、当該施設の管理者の協力が不可欠であり、指定後も施設の管理者が引き続き管理すること、施設の管理者は津波避難訓練に協力する義務があること、施設の現状に重要な変更を加えようとする場合に届け出なければならないこと等から、指定の前に、制度について管理者に十分に説明した上で、管理者と平時及び津波発生時における施設の管理方法について十分な協議・調整を行うとともに、指定後は日頃より緊密な意思疎通を図ることが重要である。

　なお、第6の2の法第15条の容積率の特例の適用を受ける建築物については、本指定避難施設又は(2)の管理協定の制度により避難施設として位置づけることが望ましい。

(2)　管理協定が締結された避難施設（法第60条から第68条まで関係）

　法第60条により、市町村は、警戒区域において津波の発生時における円滑かつ迅速な避難の確保を図るため、警戒区域内に存する施設（当該市町村が管理する施設を除く。）であって、施設の基準に適合するものについて、その避難用部分（津波の発生時における避難の用に供する部分）を自ら管理する必要があると認めるときは、施設所有者等（当該施設の所有者、その敷地である土地の所有者又は当該土地の使用及び収益を目的とする権利を有する者）との間において、管理協定を締結して当該施設の避難用部分の管理を行うことができることとしている。

　また、法第61条により、市町村長は、警戒区域内において建設が予定されている施設又は建設中の施設であって、施設の基準に適合する見込みのもの（当該市

町村が管理する施設を除く。）について、上記と同様に、施設所有者となろうとする者（当該施設の敷地である土地の所有者又は当該土地の使用及び収益を目的とする権利を有する者を含む。以下「予定施設所有者等」という。）との間において、管理協定を締結して建設後の当該施設の避難用部分の管理を行うことができることとしている。このため、区分所有権が設定されるマンション等について、完成後に管理協定を締結する場合は区分所有権を有する者全員と管理協定を締結する必要があるが、マンションの販売前にデベロッパーとの間であらかじめ管理協定を締結しておけば、法第68条に規定する承継効により、管理協定の締結後に区分所有者となる者に対しても管理協定が適用されることとなる。

　このとき、建築主事を置かない市町村の市町村長においては、あらかじめ、都道府県知事と協議しなければならないこととしている。協議を受けた都道府県知事におかれては、主として第一に掲げる基準に適合しているかどうかについて確認することとされたい。

　施設の基準は、以下のとおりである。

　第一に、当該施設が津波に対して安全な構造のものとして施行規則第31条に定める技術的基準に適合するものであることである。

　第二に、基準水位以上の高さに避難上有効な屋上その他の場所が配置され、かつ、当該場所までの避難上有効な階段その他の経路があることである。

　また、市町村は、施設所有者等の協力の下、津波避難訓練において管理協定が締結された避難施設を使用するなどして、住民等が円滑かつ迅速に避難できることを確認しておく必要がある。

　なお、協定避難施設が津波発生時にその役割を果たすためには、施設所有者等の協力が不可欠であり、また、避難用部分を市町村が自ら管理すること、管理協定の公告後において施設所有者等又は予定施設所有者等となった者に対してもその効力が及ぶこと等から、協定締結の前に、制度についてこれらの者に十分に説明した上で、これらの者と平時及び津波発生時における施設の管理方法について十分な協議・調整を行うとともに、協定締結後も日頃より緊密な意思疎通を図ることが重要である。

　管理協定に記載する必要がある事項は、以下のとおりである。

　第一に、管理協定の目的となる協定避難用部分である。当該事項を定めるに当たっては、協定避難用部分を明確にするよう避難場所の階数、部屋番号、面積等の事項を記載するとともに、図面等を添付することが適当である。

　第二に、協定避難用部分の管理の方法に関する事項であり、津波の発生時にお

参考資料

いて協定避難用部分が住民等に開放されること、協定避難用部分について物品の設置等により避難上の支障を生じさせないことその他津波の発生時において円滑かつ迅速な避難を確保するために必要な事項及び協定避難用部分の維持修繕その他協定避難用部分の適切な管理に必要な事項について定めなければならないこととしている。また、市町村が協定避難用部分を自ら管理するものであることに十分留意して当該事項を定める必要がある。

第三に、管理協定の有効期間であり、5年以上20年以下としなければならない。なお、避難施設の重要性にかんがみれば、できるだけ有効期間は長期となるよう設定することが適当である。また、法第67条の規定により管理協定の延長も可能である。

第四に、管理協定に違反した場合の措置であり、例えば、協定の有効期間中に施設所有者等が正当な事由がなく協定避難用部分の返還を申し出た場合、管理協定に基づく市町村の管理行為を妨害する場合などの違反行為に対し、管理協定に定められた義務の履行の請求を定めることなどが考えられる。

なお、第6の2の法第15条の容積率の特例の適用を受ける建築物については、本管理協定又は(1)の指定避難施設の制度により避難施設として位置づけることが望ましい。

(3) 施行規則第31条に定める技術的基準

施行規則第31条に定める技術的基準は、告示において、以下のとおりとしている。

①津波浸水想定を設定する際に想定した津波の作用に対して安全な構造方法（施行規則第31条第1号・告示第1関係）

第一に、建築物等に水平方向に作用する圧力である津波による波圧について、堤防等による軽減効果が見込まれるか否か、当該効果が見込まれる場合における海岸及び河川からの距離が500m以上か否かに応じて、その計算方法を規定している。ここで、津波による波圧は、津波の進行方向が、シミュレーション等による浸水想定の予測分布や海岸線の形状から想定できる場合を除き、実情に応じて引き波も考慮し、すべての方向から生じることとする。また、ピロティ等の開放部分を有し、津波が通り抜けることにより建築物等の部分に津波が作用しない構造を有する建築物等については、当該開放部分（柱、はりその他の部分を除くことに留意すること。）に津波による波圧は作用しないものとすることができる。加えて、開口部（開放部分を除く。）を有する建築物等については、建築物等に水平方向に作用する力である津波による波力（津波によ

る波圧が作用する建築物等の受圧面積に、津波による波圧を乗じたものをいう。）を計算するに当たって、当該津波による波力を、開口部の面積を考慮して、7割を下限に減じて計算することができることを規定している。なお、津波による波力の低減については、津波による波圧が建築物等の内部に強く作用することのないよう、水流の通り道や出口となるような部分が内部や受圧面の反対側の外壁等にも存在することを前提とするものである。さらに、建築物等における津波による波圧が作用する受圧部分が著しく偏在し、当該津波による波圧の作用により建築物等にねじれが生じるおそれがあるなど、建築物等の実況を考慮する必要がある場合は、当該ねじれによる影響も踏まえて安全性を確認することとする。

　第二に、津波の作用時に、建築物等の構造耐力上主要な部分に生ずる力の計算方法を規定し、当該構造耐力上主要な部分に生ずる力が、それぞれ建築基準法施行令（昭和25年政令第338号）第3章第8節第4款の規定による材料強度によって計算した当該構造耐力上主要な部分の耐力を超えないことを確かめなければならないことを規定している。具体的な構造計算の方法としては、保有水平耐力の検証と同様に、津波による波力によって計算した各階に生ずる力が、建築物等の水平耐力を超えないことを確かめる方法等を用いて安全性を確かめることとする。この場合においても、外壁等の津波による波圧が直接作用する構造耐力上主要な部分が破壊を生じないことを確かめることが必要である。ただし、同等以上に安全性を確かめる構造計算の方法として、例えば、建築基準法（昭和25年法律第201号）第20条第3号に適合する鉄筋コンクリート造の建築物の場合については、津波による波力によって計算した各階に生ずる力が、建築基準法施行令第36条の2第5号の国土交通大臣が指定する建築物を定める件（平成19年国土交通省告示第593号）第2号イ(1)に定める式の左辺により計算した各階の耐力を超えないことを確かめる方法によることなども可能である。また、構造耐力上主要な部分に生ずる力の計算に当たっては、津波による浮力の影響その他の事情を勘案することとし、この場合において、津波による浮力は、水位上昇に応じた開口部及び開放部分からの水の流入を考慮して算定する場合を除き、津波に浸かった建築物等の体積（建築物等の内部の空間の容積を含む。）に応じて計算することとする。

　第三に、第二によるほか、津波の作用時に、津波による浮力の影響その他の事情を勘案し、建築物等が転倒し、又は滑動しないことが確かめられた構造方法を用いることを規定している。構造耐力上主要な部分である基礎ぐい等自体

参考資料

が破壊を生じないことについては、第二により確かめることとしているが、当該規定については、例えば、基礎ぐいを用いる構造の場合、転倒モーメントによる力が基礎ぐいの引き抜き耐力を超えないことなどを確かめることとする。ただし、地盤改良等を行うことにより建築物等が転倒し、又は滑動しないことが確かめられたときは、この限りではない。

第四に、津波により洗掘のおそれがある場合にあっては、基礎ぐいを使用することを規定している。ただし、地下室の設置や十分な深さの基礎根入を行うこと、地盤改良や周辺部の舗装等を行うことにより、建築物等が転倒し、滑動し、又は著しく沈下しないことが確かめられたときは、この限りではない。

第五に、漂流物の衝突により想定される衝撃が作用した場合においても建築物等が容易に倒壊、崩壊等するおそれのないことが確かめられた構造方法を用いることを規定している。当該規定は、あらゆる漂流物を想定し、その衝撃に対し部材が損傷しないことを確かめることは困難であることから、漂流物の衝撃によって一部の柱等が破壊しても、当該柱等が支持していた鉛直荷重を他の柱等で負担することにより、建築物等が容易に倒壊、崩壊等しないことを確かめることなどを想定している。

②地震に対する安全性に係る建築基準法並びにこれに基づく命令及び条例の規定又は地震に対する安全上これらに準ずる基準（施行規則第31条第2号・告示第2関係）

地震に対する安全性という観点から、新築の建築物については、地震に対する安全性に係る建築基準法令の規定によることとし、既存の建築物については、これによらない場合（建築基準法第3条の適用を受けている既存不適格建築物である場合）は、建築物の耐震改修の促進に関する法律（平成7年法律第123号）第8条第3項第1号の国土交通大臣が定める基準（地震に対する安全上耐震関係規定に準ずるものとして定める基準（平成18年国土交通省告示第185号）。昭和56年6月1日における建築基準法令の規定（構造耐力に係る部分（構造計算にあっては、地震に係る部分に限る。）に限る。いわゆる「新耐震基準」をいう。）を含む。）に適合しなければならない。

6 避難確保計画の策定等（第71条関係）

3の第四のとおり、市町村地域防災計画等には、地下街等及び一定の社会福祉施設、学校、医療施設その他の主として防災上の配慮を要する者が利用する施設であって、当該施設の利用者の津波の発生時における円滑かつ迅速な避難を確保する必要があるものの名称及び所在地を定めることとしているが、法第71条第1項によ

り、その名称及び所在地が定められたもの（以下「避難促進施設」という。）の所有者又は管理者は、単独で又は共同して、避難訓練その他当該避難促進施設の利用者の津波発生時における円滑かつ迅速な避難を確保するために必要な措置に関する計画（以下「避難確保計画」という。）を作成し、これを市町村長に報告するとともに、公表しなければならないこととしている。

なお、社会福祉施設、学校、医療機関その他の主として防災上の配慮を要する者が利用する施設として施行令第19条に定める児童相談所には、児童相談所に設置する一時保護施設を含むものとする。また、同条に定めるその他これらに類する施設には、小規模多機能型居宅介護事業の用に供する施設、盲人ホーム、日中一時支援事業の用に供する施設、社会事業授産施設、認可外保育施設等が該当する。

避難確保計画に定める事項は、以下のとおりであり、避難確保計画への具体的な記載内容については、施設の規模や入院患者の有無等各施設の実情に応じて適切に定める必要がある。

第一に、津波の発生時における避難促進施設の防災体制に関する事項である。当該事項を定めるに当たっては、所有者・管理者及び従業員の職務分担並びに指揮命令系統について定めることが適当である。

第二に、津波の発生時における避難促進施設の利用者の避難の誘導に関する事項である。当該事項を定めるに当たっては、避難場所及び避難経路を示す図面等の施設内への掲示、津波発生時における利用者及び従業員に対する避難場所等への誘導方法等について定めることが適当である。

第三に、津波の発生時を想定した避難促進施設における避難訓練及び防災教育の実施に関する事項である。当該事項を定めるに当たっては、避難訓練の実施内容、実施回数等や、避難誘導方法や避難訓練の内容の周知等について定めることが適当である。また、避難訓練は、それぞれの施設、施設利用者等の特性を踏まえ、津波から逃げるための具体的かつ実践的な訓練を行うことが適当である。

第四に、上記のほか、避難促進施設の利用者の津波の発生時の円滑かつ迅速な避難を確保するために必要な措置に関する事項である。当該事項を定めるに当たっては、他の機関が実施する避難訓練や津波防災に関する講習会への参加等を定めることが想定される。

また、避難促進施設の所有者又は管理者は、法第71条第１項及び第２項により、避難確保計画及び避難訓練の結果を市町村長に報告しなければならないとされており、これらの報告を受けた市町村長は、同条第３項により、必要な助言又は勧告を行うことにより円滑かつ迅速な避難の確保が図られるよう支援することが適当であ

参考資料

る。
　なお、避難促進施設について、他の法令に基づき防災上の避難の確保等の計画（以下「他法令計画」という。）を作成することとされている場合には、負担軽減の観点から、他法令計画と重複する記載事項がある場合には、重複しない記載事項の部分を避難確保計画として定めた上で、重複する部分については当該他法令計画の該当部分を添付するなどにより、避難確保計画の記載事項として他法令計画の記載事項を流用できるものとして取り扱うことも可能である。
　また、地方公共団体は、警戒区域内では、市町村地域防災計画等に主として防災上の配慮を要する者が利用する施設の所在地を定めること等から、当該市町村地域防災計画等に記載する事項も活用して救助・救急活動に努めるものとする。

第10　その他
1　監視区域の指定（法第94条関係）
　推進計画区域において地価が急激に上昇し、又は上昇するおそれがある場合には、適正かつ合理的な土地利用の確保が困難となるおそれがあることから、推進計画区域内のうち地価が急激に上昇している等の区域を国土利用計画法（昭和49年法律第92号）による監視区域として指定するよう努めることとしたものである。
　監視区域については、「国土利用計画法に基づく土地取引の規制に関する措置等の運用指針について」（平成20年11月10日国土利第55号）別添Ⅷ-一を参考にして地価の動向、土地取引の状況等を綿密に精査し、その指定の要否を判断するものとする。

2　地籍調査の推進に資する調査を行う努力義務（法第95条関係）
　推進計画区域において地籍調査の推進に資する調査としては、国土調査法第2条の規定に基づいて地籍調査の基礎とするために国が行う基本調査等があり、具体的には、地区の骨格となる官民境界（道路等の官有地と民有地の間の境界）の明確化を図る都市部官民境界基本調査等を想定している。
　市町村が行う地籍調査等に先行して国が都市部官民境界基本調査等を実施すれば、その成果は円滑な公共事業の着手や地籍調査の促進に貢献できる。特に津波による浸水被害が想定される地域において地籍調査が未実施である場合には、速やかに土地境界の明確化を推進する必要があるため、このような地域を中心として、国が都市部官民境界基本調査を実施するよう努めることとしている。

〔参考資料2（3）〕

○津波防災地域づくりに関する法律（第9章関係）の施行について

```
平成24年7月31日
国 都 計 第 41 号
国 水 政 第 50 号
国 住 指 第1577号
```

各都道府県知事　あて　　国土交通省　都　市　局　長
　　　　　　　　　　　　　　　　　　水管理・国土保全局長　から
　　　　　　　　　　　　　　　　　　住　宅　局　長

　平成23年3月11日に発生し甚大な被害を引き起こした東北地方太平洋沖地震による津波を受け、平成23年12月7日に津波防災地域づくりに関する法律（平成23年法律第123号。以下「法」という。）が成立し、一部については、既に施行されているところである。

　今般、法第9章の津波災害特別警戒区域に関連する規定について施行されたことから、その施行に当たって、下記の事項に十分留意し、適切な運用に努められるとともに、速やかに関係事項を貴管内関係市町村に周知方取り計らわれるようお願いする。

　なお、本通知は、地方自治法（昭和22年法律第67号）第245条の4第1項に規定する技術的助言とする。

記

第1　法の施行について

　　法第9章の津波災害特別警戒区域に関連する規定が平成24年6月13日に施行され、これに併せ、津波防災地域づくりに関する法律の一部の施行に伴う関係政令の整備に関する政令（平成24年政令第158号。以下「整備政令」という。）、津波防災地域づくりに関する法律施行規則及び都市計画法施行規則の一部を改正する省令（平成24年国土交通省令第58号）が施行されたところである。

　　法の施行に当たっては、これらの関係法令のほか、津波防災地域づくりの推進に関する基本的な指針（平成24年1月16日国土交通省告示第51号。以下「基本指針」という。）に基づき適切な運用を図るとともに、本通知についても参照されたい。

第2　津波災害特別警戒区域について

参考資料

1　本制度の概要

　　法第72条第1項により、都道府県知事が、基本指針の「五　警戒区域及び特別警戒区域の指定について指針となるべき事項」に基づき、かつ、津波浸水想定を踏まえ、法第53条に基づき都道府県知事が指定した津波災害警戒区域(以下「警戒区域」という。)のうち、津波が発生した場合には建築物が損壊し、又は浸水し、住民、勤務する者、観光旅客その他の者(以下「住民等」という。)の生命又は身体に著しい危害が生ずるおそれがあると認められる土地の区域で、一定の開発行為及び一定の建築物の建築又は用途の変更の制限をすべき土地の区域を、津波災害特別警戒区域(以下「特別警戒区域」という。)として指定することができることとしたものである。

　　警戒区域は、いざというときに津波から住民等が円滑かつ迅速に「逃げる」ことができるよう、人的災害を生ずるおそれがある津波に関する予報又は警報の発令及び伝達、津波避難訓練の実施、避難施設その他の避難場所や避難路その他の避難経路の確保、津波ハザードマップの作成、市町村地域防災計画に記載された地下街等や社会福祉施設、学校、医療施設その他の主として防災上の配慮を要する者が利用するものとして整備政令による改正後の津波防災地域づくりに関する法律施行令(平成23年政令第426号。以下「施行令」という。)第19条に規定する施設における避難確保計画の作成など警戒避難体制の整備を図る区域である。このうち、避難確保計画の作成に当たっては、地域の実情等を踏まえ避難の実現性に十分配慮した実践的な計画を検討する必要がある。

　　一方、特別警戒区域は、高齢者、障害者、乳幼児等津波から逃げることが困難である特に防災上の配慮を要する者があらかじめ津波を「避ける」ことができるよう、法第75条及び第84条第1項に基づき、施行令第21条に規定する用途の建築物の建築とそのための開発行為に関して建築物の居室の高さや構造等に対して制限する区域である。

　　また、施行令第21条に規定する用途の他、特別警戒区域内の市町村は、条例で区域を限って、津波の発生時における利用者の円滑かつ迅速な避難を確保することができないおそれが大きいものとして、条例で制限用途を定めて、当該利用者が、夜間、荒天時等来襲した時間帯等によっては円滑な避難が期待できない津波であってもあらかじめ「避ける」ことができるよう、当該用途の建築物の建築とそのための開発行為を制限することができる。

2　特別警戒区域の指定(法第72条関係)

(1)　関係部局等との連絡調整等

津波防災地域づくりに関する法律（第9章関係）の施行について

　　特別警戒区域の指定に当たっては、地域の現況や将来像等を十分に勘案する必要があるとともに、制限の対象となる用途等と関連する都市・建築、福祉・医療、教育、防災等の関係部局、市町村や医師会等の福祉・医療、教育関係団体等が緊密な連携を図って連絡調整等を行うことが必要である。

　　なお、警戒区域や特別警戒区域が指定される市町村については、法第10条に基づく推進計画の事務・事業と特別警戒区域制度等との連携や整合性を図るため、法第11条に規定する協議会に医師会等の福祉・医療、教育関係団体等も参画させることが望ましい。

(2) 住民及び利害関係者への周知等

　　特別警戒区域の指定をしようとするときは、あらかじめ、法第72条第3項から第5項までの規定に基づき、公衆への公告・縦覧手続、住民や利害関係者による意見書提出手続、関係市町村長の意見聴取手続により、住民等の意向を十分踏まえて行うことが重要であり、また、住民等に対し制度内容の周知、情報提供を十分に行いその理解を深めつつ行うことが望ましい。

　　上記公告等の手続が終了し、特別警戒区域の指定をするときは、法第72条第6項及び第7項の規定に基づき、特別警戒区域の指定の公示手続、関係市町村が縦覧に供することとなる図書の送付手続を速やかに行い、住民等に周知する必要がある。

　　また、特別警戒区域の公告又は公示に当たっては、警戒区域及び基準水位に関する情報との一覧性に配慮するとともに、都道府県の公報への掲載、インターネットの利用その他の適切な方法により、住民等が容易かつ確実にその提供を受けることができる状態に置くことが重要である。

第3　特別警戒区域における特定開発行為の制限等について

1　特定開発行為の制限（法第73条関係）

　　法第73条により、特別警戒区域において、施行令第20条に定める土地の形質の変更を伴う開発行為で当該開発行為をする土地の区域内において建築が予定されている建築物（以下「予定建築物」という。）の用途が法第73条第2項に規定する制限用途であるもの（以下「特定開発行為」という。）をしようとする者は、あらかじめ、都道府県知事（指定都市、中核市又は特例市の区域内にあっては、それぞれの長。以下「都道府県知事等」という。）の許可を受けなければならない。

　　制限用途とは、予定建築物の用途で、法第73条第2項各号に掲げる用途以外の用途でないものをいう。同項第1号の用途は、高齢者、障害者、乳幼児その他の特に防災上の配慮を要する者が利用する社会福祉施設、学校及び医療施設として施行令

参考資料

第21条に列挙する用途である。同条第1号に定める「その他これらに類する施設」には、小規模多機能型居宅介護事業の用に供する施設、認可外保育施設、盲人ホーム、日中一時支援事業の用に供する施設、児童相談所（児童一時保護施設を有するもの）などが該当する。

また、法第73条第2項第2号の用途は、同号に基づき、特別警戒区域内の市町村の条例で定める区域内において、津波の発生時における利用者の円滑かつ迅速な避難を確保することができないおそれが大きいものとして条例で定める用途、例えば、住宅等の夜間、荒天時等津波が来襲した時間帯等によっては円滑な避難が期待できない用途である。

なお、法第73条第2項の「次に掲げる用途以外の用途でないもの」という二重否定の規定の趣旨は、同項各号に掲げる用途に該当する場合のみならず、開発段階では当該用途を含むか含まないかが未定である場合にあっても、当該用途に該当しないことが確定していない限り都道府県知事等の許可を受けなければならないことを意味するものであり、十分留意されたい。

また、複数の建築物の建築を目的とした一体的な開発が行われる場合において、法第73条第1項に規定する土地の区画形質の変更が、制限用途の建築物とそれ以外の建築物の敷地に連続的にまたがる場合は、制限用途でない建築物も含む一団の土地を特定開発行為をする土地の区域（以下「開発区域」という。）とすることとする。

2　特定開発行為の許可の基準（法第75条関係）
　(1)　概要
　　　特定開発行為を行うときは、津波発生時に開発区域内の土地が遡上した津波による洗掘又は侵食により崩壊等をすると、その上に建設された制限用途の建築物を利用する者の生命・身体に被害が生じるおそれがあるので、これを防止するため、開発区域内の土地を津波に対し安全なものとする必要がある。このため、特定開発行為の許可に当たっては、法第74条第1項第3号の特定開発行為に関する工事の計画について、崖面の保護その他の津波が発生した場合における開発区域内の土地の安全上必要な措置を、法第75条の技術的基準として定める津波防災地域づくりに関する法律施行規則（平成23年国土交通省令第99号。以下「施行規則」という。）第39条から第44条までに定める技術的基準に従い講じるものであることが求められる。
　(2)　施行規則第39条から第42条までに定める技術的基準
　　　施行規則第39条に定める地盤について講ずる措置に関する技術的基準について

は、特定開発行為により造成される地盤や特定開発行為によって生じる崖については、都市計画法（昭和43年法律第100号）の開発行為の場合と同等の安全上必要な措置が講じられる必要があるという趣旨であり、当該措置は遡上した津波による洗掘や侵食の作用に対しても基本的に有効である。

　なお、施行規則第42条については、特定開発行為によって生ずる崖の崖面を擁壁で覆わない場合の保護措置として芝張りのみが例示され、石張りやモルタルの吹付けについては例示されていない。これは、石張りやモルタルの吹付けを行う場合については、津波浸水想定を設定する際に想定する津波の発生頻度に照らし、施工してから当該津波が来襲するまでの長期にわたって、背後の地盤との一体性が失われないようこれらの適正な維持管理を継続していく必要がある一方、芝等の植生で覆う場合については、当該津波に対する耐力が十分確かめられているのみならず、適正な維持管理に係る負担が少なく、当該津波に対する永続的な保護措置としてより適当であることによるものである。ただし、石張りやモルタルの吹付けについても、津波浸水想定を設定する際に想定する津波の発生頻度に照らし十分な期間適切な維持管理を継続できる場合には、それらによる保護も可能である。また、これは都市計画法の開発行為の場合においても同様である。

(3)　施行規則第43条に定める技術的基準

　施行規則第43条に定める崖の上端の周辺の地盤等について講ずる措置に関する技術的基準については、津波特有の作用を考慮した基準である。

　特定開発行為によって生ずる崖の上端の周辺の地盤面については、施行規則第43条第1項により、当該崖の上端が基準水位より高い場合を除き、津波の越流による侵食に対して保護されるように、石張り、芝張り、モルタルの吹付け等の措置を講ずることとしており、この措置は当該崖の崖面の保護と同じ工種を用いるのが望ましいので留意されたい。

　特定開発行為によって生ずる崖の崖面の下端の周辺の地盤面については、流水が集中する崖の隅角部から洗掘が進み、崖面のすべり破壊や擁壁の倒壊が懸念されることから、同条第2項により、根固め、根入れ等の措置を講ずることとしている。なお、当該崖の崖面の下端に道路等を配置する場合には、アスファルト等の道路舗装（路盤までの厚さが薄い簡易舗装を除く。）によることも可能である。また、地盤の安定計算により崖面等の安全性が確かめられた場合又は津波による洗掘を前提として盛土若しくは切土上の建築物のセットバックが行われた場合には、人的災害が生ずるおそれがないため、この措置は不要である。

(4)　施行規則第44条に定める技術的基準

参考資料

　　　施行規則第44条に定める排水施設の設置に関する技術的基準については、想定される特定開発行為の規模にかんがみて、特定開発行為により造成される敷地において崖崩れや土砂災害の発生を防止する観点から、排除すべき雨水その他の地表水又は地下水を支障なく流下させることができるよう排水施設が設置される必要があるという趣旨である。

3　許可の特例（法第76条関係）

　　　国又は地方公共団体が行う特定開発行為については、都道府県知事等との協議が成立すれば、法第73条第1項の許可を受ける必要はない。また、特定開発行為を行う可能性のある独立行政法人及び地方独立行政法人についても、整備政令により改正された各独立行政法人法等の施行令の規定により同様の特例が適用される。

　　　また、都市計画法に基づく開発行為の許可が必要な場合については、同法第33条第1項第7号の規定において、同法の開発区域内の土地の全部又は一部が特別警戒区域内の土地であるときは、当該土地における特定開発行為に関する工事は、本法と同様の技術的基準に適合することを求めることとしているため、都市計画法に基づく開発行為の許可を受けたものについては、法第73条第1項の許可を受けることは要しない。

4　工事完了の検査（法第79条関係）

　　　特定開発行為の許可を受けた者は、特定開発行為に関する工事の全てを完了したときは都道府県知事等に届け出なければならないものとし、都道府県知事等は、検査の結果、法第75条の技術的基準に適合していると認めたときは、検査済証を当該者に交付することとしている。

　　　都道府県知事等は、工事が完了した旨を公告するときには、当該工事に係る開発区域に地盤面の高さが基準水位以上である土地の区域があるときはその区域を公告しなければならない。これは、特定開発行為に関する工事により地盤面の高さが基準水位以上である土地の区域の有無が、当該区域における法第82条の特定建築行為の許可の要否を決める重要な情報となることから、工事完了の公告と併せて当該区域の公告を行うものである。なお、特定開発行為として、複数の建築物の建築を目的とした一体的な開発が行われる場合には、特定開発行為に関する工事の全体に一挙に着手するのではなく、工区ごとに工事を進行させることが考えられることから、工区が設定された場合には、工区ごとに工事完了の届出を行わせ、検査及び公告を行うことも可能である。

第4　特別警戒区域における特定建築行為の制限等について

1　特定建築行為の制限（法第82条関係）

津波防災地域づくりに関する法律（第9章関係）の施行について

　法第82条により、特別警戒区域内において、法第73条第2項各号に掲げる用途の建築物の建築（建築基準法（昭和25年法律第201号）第2条第13号に規定する建築をいい、既存の建築物を変更して制限用途の建築物とすることを含む。以下「特定建築行為」という。）をしようとする者は、あらかじめ、都道府県知事等の許可を受けなければならない。
2　特定建築行為の申請の手続（法第83条関係）
　特定建築行為の許可を受けようとする者は、申請書を提出する際に、当該特定建築行為が特定開発行為の許可又は都市計画法の開発許可を受けた土地の上に行うものであるときは、施行規則第54条により、法第79条第2項に規定する検査済証の写し若しくは都市計画法第36条第2項に規定する検査済証の写し又はこれらに準ずる書面を添付することとしている。工事完了の検査後に交付される検査済証の写しの提出を原則としているのは、特定開発行為又は都市計画法に基づく開発行為に関する工事が無許可で行われることを防止する必要があるという趣旨のみならず、当該工事が法第75条の技術的基準に適合しているかどうかを確認することが特定建築行為の安全な施行を期す上で極めて重要であるという趣旨によるものである。
　なお、本制度の運用に当たっては、許可の申請から許可その他の処分までの期間が長引かないよう努められたい。
3　特定建築行為の許可の基準（法第84条関係）
　(1)　概要
　　特定建築行為を行うときは、法第73条第2項各号に掲げる用途の建築物が津波により損壊又は浸水等をすると、当該建築物を利用する者の生命・身体に被害が生じるおそれがあるため、当該建築物を津波に対し安全なものとする必要がある。このため、特定建築行為の許可に当たっては、当該建築物が、法第73条第2項各号に掲げる用途に応じ、それぞれ法第84条第1項又は第2項に定める基準に適合するものであることが求められる。
　　法第73条第2項第1号に定める用途の建築物に係る法第84条第1項の許可の基準は、以下のとおりである。
　　①　津波に対して安全な構造のものとして施行規則第55条に定める技術的基準に適合するものであること。
　　②　施行令第24条で定める居室の床面の高さ（当該居室の構造その他の事由を勘案して都道府県知事等が津波に対して安全であると認める場合にあっては、当該居室の床面の高さに都道府県知事等が当該居室について指定する高さを加えた高さ）が基準水位以上であること。

参考資料

　また、法第73条第2項第2号に基づき、特別警戒区域内の市町村の条例で定める区域内では、津波の発生時における利用者の円滑かつ迅速な避難を確保することができないおそれが大きいものとして条例で定める用途の建築物に係る法第84条第2項の許可の基準は、以下のとおりである。
① 津波に対して安全な構造のものとして施行規則第55条に定める技術的基準に適合するものであること。
② 次のいずれかに該当するものであることとする基準を参酌して市町村の条例で定める基準に適合するものであること。
　　イ　居室（共同住宅その他の各戸ごとに利用される建築物にあっては、各戸ごとの居室）の床面の全部又は一部の高さが基準水位以上であること。
　　ロ　基準水位以上の高さに避難上有効な屋上その他の場所が配置され、かつ、当該場所までの避難上有効な階段その他の経路があること。
　特定開発行為の許可により地盤の安全性が確認された基準水位以上である土地の区域については、法第79条第3項により工事完了の公告と併せて公告することとしているが、当該区域については、法第73条第2項各号に掲げる用途の建築物の建築であっても、当該建築物の居室の高さが基準水位以上となることは明らかであるため、当該区域における特定建築行為に係る許可は要しない。
　なお、特定建築行為のうち増築の場合は、施行令第24条で定める居室の床面の高さに係る都道府県知事等の審査を要するのは増築部分に限られることに留意されたい。
　また、特定建築行為の許可の事務に当たっては、申請者の負担軽減の観点にも鑑み、建築基準法の建築確認を行う建築主事等とも十分連携し、関係部局においては、地震に対する安全性に係る審査について建築確認における審査内容の活用を、また、津波に対する構造耐力上の安全性に係る審査について民間の専門機関の活用を検討するなど審査体制の充実を図る等、手続の効率化・円滑化に配慮されたい。
(2)　施行規則第55条に定める技術的基準
　　法第73条第2項各号に掲げる用途の建築物の建築の許可に当たっては、法第84条第1項第1号又は第2項第1号に定めるとおり、当該建築物が、津波に対して安全な構造のものとして施行規則第55条に定める技術的基準に適合するものであることが求められる。
　　施行規則第55条に定める技術的基準は、法第56条第1項第1号に定める指定避難施設の技術的基準と同様の基準としている。この技術的基準については、津波浸水想定を設定する際に想定した津波に対して安全な構造方法等を定める件（平

成23年国土交通省告示第1318号）に定めており、施行に当たっての留意点等については、津波防災地域づくりに関する法律等の施行について（平成24年３月９日付け府政防第256号、国総参社第５号、国土企第48号、国都計第138号、国水政第102号、国住街第226号、国住指第3755号各都道府県知事あて内閣府政策統括官（防災担当）、国土交通省総合政策局長、土地・建設産業局長、都市局長、水管理・国土保全局長、住宅局長通知）第９．５．(3)を参照されたい。

(3) 法第73条第２項第１号に掲げる用途の建築物に係る基準

　特別警戒区域内において、法第73条第２項第１号に掲げる用途の建築物の建築を許可するに当たっては、施行規則第55条に定める技術的基準と併せて、当該建築物に存する施行令第24条で定める居室の床面の高さ（当該居室の構造その他の事由を勘案して都道府県知事等が津波に対して安全であると認める場合にあっては、当該居室の床面の高さに都道府県知事等が当該居室について指定する高さを加えた高さ）が基準水位以上であることを確認する必要がある。

　法第73条第２項第１号に掲げる用途に係る特定建築行為の制限は、一定の居室を基準水位以上に設けることにより、特に防災上の配慮を要する者が津波を避けることができるようにするための措置である。

　居室の床面の高さを基準水位以上の高さにすべき居室は、施行令第24条各号に列挙されている。第２号の「日常生活に必要な便宜の供与」は、食事の提供、入浴、排泄、食事の介護等の日常生活上必要な便宜を供与することを想定しており、「その他これらに類する目的のために使用されるもの」は、教養の向上やレクリエーションのための便宜の供与等を想定している。第３号の「教室」は、幼稚園については、保育室、遊戯室等教育の用に供する居室を想定している。第４号の「その他これに類する居室」は、助産所の妊婦、産婦、じょく婦の収容施設を想定している。

　また、施行令第24条の規定に基づき、都道府県知事等は、同条各号に掲げる用途の建築物の基準水位以上の高さに避難上有効な場所として他の居室があって、当該居室まで避難上有効な経路があり、津波の発生時において同条各号に定める居室の利用者等に開放される場合には、同条各号に定める居室に代えて、当該他の居室を法第84条第１項第２号に適合するものとして認めることが可能であるので、当該建築物全体の利用状況等を踏まえて、当該他の居室について適切に判断されたい。なお、都道府県知事等が当該他の居室を認めるに当たっては、施行令第24条第１号及び第４号に定めた用途の施設については、例えば、常駐する職員数、車椅子等の搬送器具の常備状況、エレベーター等の非常用電源の設置状況な

参考資料

どから、夜間就寝時も含めて迅速な避難を行う態勢が確保されていると認められる必要があることに留意されたい。また、老人デイサービスセンターと有料老人ホームが上下の階に併設されている施設など、一つの建築物内に複数の用途が存在する施設で、建築物全体が一体として利用されている場合等であって、いずれかの用途の上層階の居室の床面の高さが基準水位以上となるときは、当該建築物全体の利用状況等を踏まえて、当該上層階の居室を避難上有効な他の居室とするかどうか適切に判断することが望ましい。

なお、「当該居室の構造その他の事由を勘案して都道府県知事等が津波に対して安全であると認める場合」としては、居室の床面の一部の高さが基準水位未満となるものの、居室の出入口や窓の高さが基準水位以上であり、居室の出入口や窓以外から浸水するおそれがない場合などが該当する。

(4) 法第73条第2項第2号に掲げる用途の建築物に係る基準

特別警戒区域内の区域であって、法第73条第2項第2号に基づき市町村の条例で定める区域において、津波の発生時における利用者の円滑かつ迅速な避難を確保することができないおそれが大きいものとして同号に基づき市町村の条例で定める用途の建築物の建築を許可するに当たっては、施行規則第55条に定める技術的基準と併せて、当該建築物が法第84条第2項第2号イ又はロに規定するいずれかの基準を参酌して市町村の条例で定める基準に適合するものであることを確認する必要がある。

同号イの基準によれば、例えば、住宅の2階の高さが基準水位を超える地域においては、2階部分の居室の高さが基準水位以上である2階建ての戸建て住宅は許可できることとなる。しかし、共同住宅その他の各戸ごとに利用される建築物については、全体として2階建てであっても、それぞれの各戸に基準水位以上の居室がなければならず、メゾネット形式のように各戸の中で2階に上がれるような構造であって、当該2階部分の居室が基準水位以上であることが求められる。同号ロの基準によれば、例えば、基準水位が高いために同号イを満たさない住宅又は共同住宅であっても、避難上有効な屋上が設置され、当該場所までの階段などの経路が利用可能な状態に管理されている場合には許可できることとなる。

市町村においては、これらの基準を参酌し、地域の実情に応じて同号イに類似する基準を設定したり、又は同号ロに類似する基準を設定したりするほか、戸建て住宅については同号イに類似する基準とし、共同住宅については同号ロに類似する基準とするといった様々な組み合わせが可能であるので、地域の実情を勘案して条例で適切に基準を定められたい。

4 許可の特例（法第85条関係）

　国又は地方公共団体が行う特定建築行為については、都道府県知事等との協議が成立すれば、法第82条の許可を受ける必要はない。また、特定建築行為を行う可能性のある独立行政法人及び地方独立行政法人についても、整備政令により改正された各独立行政法人法等の施行令の規定により同様の特例が適用される。

参考資料

〔参考資料2（4）〕

○津波浸水想定を設定する際に想定した津波に対して安全な構造方法等を定める件

$$\begin{pmatrix}平成23年12月27日\\国土交通省告示第1318号\end{pmatrix}$$

改正　平成24年6月12日国土交通省告示第707号

　津波防災地域づくりに関する法律施行規則（平成二十三年国土交通省令第九十九号）第三十一条第一号及び第二号並びに第五十五条第一号及び第二号の規定に基づき、津波浸水想定を設定する際に想定した津波の作用に対して安全な構造方法並びに地震に対する安全上地震に対する安全性に係る建築基準法（昭和二十五年法律第二百一号）並びにこれに基づく命令及び条例の規定に準ずる基準を次のように定める。

第一　津波防災地域づくりに関する法律施行規則（以下「施行規則」という。）第三十一条第一号に規定する津波浸水想定（津波防災地域づくりに関する法律（平成二十三年法律第百二十三号）第八条第一項に規定する津波浸水想定をいう。以下同じ。）を設定する際に想定した津波（以下単に「津波」という。）の作用に対して安全な構造方法は、次の第一号及び第二号に該当するものとしなければならない。ただし、特別な調査又は研究の結果に基づき津波の作用に対して安全であることが確かめられた場合にあっては、これによらないことができる。

一　次のイからニまでに定めるところにより建築物その他の工作物（以下「建築物等」という。）の構造耐力上主要な部分（基礎、基礎ぐい、壁、柱、小屋組、土台、斜材（筋かい、方づえ、火打材その他これらに類するものをいう。）、床版、屋根版又は横架材（はり、けたその他これらに類するものをいう。）で、建築物等の自重若しくは積載荷重、積雪荷重、風圧、土圧若しくは水圧又は地震その他の震動若しくは衝撃を支えるものをいう。以下同じ。）が津波の作用に対して安全であることが確かめられた構造方法

　イ　津波の作用時に、建築物等の構造耐力上主要な部分に生ずる力を次の表に掲げる式によって計算し、当該構造耐力上主要な部分に生ずる力が、それぞれ建築基準法施行令（昭和二十五年政令第三百三十八号）第三章第八節第四款の規定による材料強度によって計算した当該構造耐力上主要な部分の耐力を超えないことを確かめること。ただし、これと同等以上に安全性を確かめることができるときは、この限りでない。

津波浸水想定を設定する際に想定した津波に対して安全な構造方法等を定める件

荷重及び外力について想定する状態	一般の場合	建築基準法施行令第八十六条第二項ただし書の規定により特定行政庁(建築基準法第二条第三十五号に規定する特定行政庁をいう。)が指定する多雪区域における場合	備考
津波の作用時	G + P + T	G + P + 0.35S + T	建築物等の転倒、滑動等を検討する場合においては、津波による浮力の影響その他の事情を勘案することとする。
		G + P + T	

この表において、G、P、S及びTは、それぞれ次の力(軸方向力、曲げモーメント、せん断力等をいう。)を表すものとする。
　G　建築基準法施行令第八十四条に規定する固定荷重によって生ずる力
　P　建築基準法施行令第八十五条に規定する積載荷重によって生ずる力
　S　建築基準法施行令第八十六条に規定する積雪荷重によって生ずる力
　T　ロに規定する津波による波圧によって生ずる力

ロ　津波による波圧は、津波浸水想定に定める水深に次の式に掲げる水深係数を乗じた高さ以下の部分に作用し、次の式により計算するものとしなければならない。

$qz = \rho g (ah - z)$

この式において、qz、ρ、g、h、z及びaは、それぞれ次の数値を表すものとする。
　　qz　津波による波圧(単位　一平方メートルにつきキロニュートン)
　　ρ　水の単位体積質量(単位　一立方メートルにつきトン)
　　g　重力加速度(単位　メートル毎秒毎秒)
　　h　津波浸水想定に定める水深(単位　メートル)
　　z　建築物等の各部分の高さ(単位　メートル)
　　a　水深係数(三とする。ただし、他の施設等により津波による波圧の軽減が見込まれる場合にあっては、海岸及び河川から五〇〇メートル以上離れているものについては一・五と、これ以外のものについ

参考資料

しては二とする。)」

ハ　ピロティその他の高い開放性を有する構造(津波が通り抜けることにより建築物等の部分に津波が作用しない構造のものに限る。)の部分(以下この号において「開放部分」という。)を有する建築物等については、当該開放部分に津波による波圧は作用しないものとすることができる。

ニ　開口部(常時開放されたもの又は津波による波圧により破壊され、当該破壊により建築物等の構造耐力上主要な部分に構造耐力上支障のある変形、破壊その他の損傷を生じないものに限り、開放部分を除く。以下この号において同じ。)を有する建築物等について、建築物等の各部分の高さにおける津波による波圧が作用する建築物等の部分の幅(以下この号において「津波作用幅」という。)にロの式により計算した津波による波圧を乗じた数値の総和(以下この号において「津波による波力」という。)を用いてイの表の津波による波圧によって生ずる力を計算する場合における当該津波による波力を計算するに当たっては、次の(1)又は(2)に定めるところによることができる。この場合において、これらにより計算した当該津波による波力を用いてイの表の津波による波圧によって生ずる力を計算するに当たっては、建築物等の実況を考慮することとする。

(1)　津波作用幅から開口部の幅の総和を除いて計算すること。ただし、津波作用幅から開口部の幅の総和を除いて計算した津波による波力を、津波作用幅により計算した津波による波力で除して得た数値が〇・七を下回るときは、当該数値が〇・七となるように津波作用幅から除く開口部の幅の総和に当該数値に応じた割合を乗じて計算することとする。

(2)　津波による波圧が作用する建築物等の部分の面積(以下この号において「津波作用面積」という。)から開口部の面積の総和を除いた面積を津波作用面積で除して得た数値を乗じて計算すること。ただし、当該数値が〇・七を下回るときは、当該数値を〇・七として計算することとする。

二　次のイからハまでに該当する構造方法

イ　前号に定めるところによるほか、津波の作用時に、津波による浮力の影響その他の事情を勘案し、建築物等が転倒し、又は滑動しないことが確かめられた構造方法を用いるものとすること。ただし、地盤の改良その他の安全上必要な措置を講じた場合において、建築物等が転倒し、又は滑動しないことが確かめられたときは、この限りでない。

ロ　津波により洗掘のおそれがある場合にあっては、基礎ぐいを使用するものとすること。ただし、地盤の改良その他の安全上必要な措置を講じた場合において、

津波浸水想定を設定する際に想定した津波に対して安全な構造方法等を定める件

　　　建築物等が転倒し、滑動し、又は著しく沈下しないことが確かめられたときは、この限りでない。
　　ハ　漂流物の衝突により想定される衝撃が作用した場合においても建築物等が容易に倒壊、崩壊等するおそれのないことが確かめられた構造方法を用いるものとすること。
第二　施行規則第三十一条第二号に規定する地震に対する安全上地震に対する安全性に係る建築基準法並びにこれに基づく命令及び条例の規定に準ずる基準は、建築物の耐震改修の促進に関する法律（平成七年法律第百二十三号）第四条第二項第三号に掲げる建築物の耐震診断及び耐震改修の実施について技術上の指針となるべき事項に定めるところにより耐震診断を行った結果、地震に対して安全な構造であることが確かめられることとする。
第三　施行規則第五十五条第一号に規定する津波の作用に対して安全な構造方法は、第一第一号及び第二号（この場合において、第一第一号中「建築物その他の工作物（以下「建築物等」という。）」とあるのは「特定建築行為に係る建築物」と、第一第一号及び第二号中「建築物等」とあるのは「特定建築行為に係る建築物」と読み替えるものとする。）に該当するものとしなければならない。ただし、特別な調査又は研究の成果に基づき津波の作用に対して安全であることが確かめられた場合にあっては、これによらないことができる。
第四　施行規則第五十五条第二号に規定する地震に対する安全上地震に対する安全性に係る建築基準法並びにこれに基づく命令及び条例の規定に準ずる基準は、第二に定めるところによる。
　　　附　則
この告示は、公布の日から施行する。
　　〔附　則　省略〕

参考資料

〔参考資料2（5）〕

○津波防護施設の技術上の基準について

$$\begin{pmatrix}\text{平成24年3月28日}\\\text{国 水 海 第 76 号}\end{pmatrix}$$

　　　　　　　各都道府県知事　あて　国土交通省水管理・国土保全局長から
　本通知は、津波防災地域づくりに関する法律（平成23年法律第123号。以下「法」という。）第29条第1項及び第2項の規定並びに同法施行規則（平成23年国土交通省令第99号。以下「規則」という。）第18条に関し、適切な運用を図るためのものであり、都道府県（法第18第2項の規定により市町村長が津波防護施設を管理する場合にあっては、当該市町村長が統括する市町村）においては、規則第18条で定める技術上の基準を参酌するとともに、下記の事項に十分留意して津波防護施設の形状、構造及び位置についての適切な技術上の基準を条例で定めるようお願いする。
　また、速やかに貴管内関係市町村に周知方取り計らわれるようお願いする。
　なお、本通知は、地方自治法（昭和22年法律第67号）第245条の4第1項に規定する技術的な助言とする。

　　　　　　　　　　　　　　　　　記

1．総論
　(1)　本通知の性格
　　　本通知は、津波防護施設に係る最低限の要件としての技術上の基準の基本的な考え方を示したものである。
　　　また、本通知では性能規定を基本としており、津波防護施設が満足すべき「目的」、「機能」、「性能」と、その性能の「照査法」について現時点での知見に基づいて記述している。
　(2)　設計に当たっての基本的な考え方
　　　津波防護施設の形状、構造及び位置は、目的、機能及び性能への適合性に加え、対象とする津波の発生頻度を踏まえ、経済性、維持管理の容易性、施工性、近傍の土地利用状況、洪水時・内水氾濫時の影響等を総合的に考慮して適切に定めるものとする。
　　　また、道路や鉄道等との兼用工作物として津波防護施設を設置する場合の設計に

当たっては、道路、鉄道等の計画等に支障が生じないよう配慮するものとする。
　なお、盛土構造物については、道路や鉄道等の施設を活用できる場合に、当該施設の管理者の協力を得ながら、当該施設を活用していくことが想定されることから、津波による作用以外については、当該施設に係る既存の技術基準を参照できることとする。
　また、胸壁及び閘門については、海岸保全施設の技術上の基準を参照できるものとする。

2．設計条件

(1) 総説
　津波防護施設は、地震、津波等による作用が盛土構造物、閘門などの構造物ごとに異なることを考慮し、求められる機能を満たし、考慮すべき作用に対して構造的に安全でなければならない。
　設計に際しては、津波、地盤、地震等の設計条件を考慮するものとする。

(2) 津波
　設計に用いる津波は、発生頻度がまれな最大クラスの津波を考慮して、津波浸水想定をもとに、陸域に遡上して一定程度進行した後に津波防護施設に到達すると想定される津波を定めるものとする。

(3) 地盤
　設計に用いる地盤条件は、原則として地盤調査及び室内試験を行って決定するものとする。

(4) 水圧
　設計に用いる水圧は、津波浸水想定に定める水深に津波防護施設への衝突による津波の水位の上昇（以下「せき上げ」という。）等を加えた津波防護施設の前面における水位を考慮して適切な算定式により算定するものとする。

(5) 地震

① 総説
　津波防護施設については、当該施設が所要の耐震性能を満足することを適切に照査するものとする。

② 津波防護施設の耐震性能
　津波防護施設の耐震設計は、施設の供用期間中に1、2度発生する確率を有する地震動（レベル1地震動）に対して所要の構造の安全を確保し、かつ、施設の機能を損なわないものとする。
　さらに、現在から将来にわたって当該地点で考えられる最大級の強さを持つ地震

参考資料

動(レベル2地震動)に対して生じる被害が軽微であり、かつ、地震後の速やかな機能の回復が可能なものとする。
(6) 漂流物による振動及び衝撃
　津波による漂流物の作用を受けることが想定される場合には、それらによる振動及び衝撃を考慮するものとする。
　なお、漂流物としては、陸域に存在する自動車、流木(木造家屋が倒壊等した場合に生じるもの)等を対象とする。

3．設計
(1) 総説
① 目的と機能
　津波防護施設は、発生頻度がまれな最大クラスの津波に対して人的被害を防止又は軽減することを目的とするものであり、内陸部において背後の市街地への津波による浸水を防止する機能を有するものとする。
② 要求性能
　津波防護施設は、所定の機能が発揮されるよう、適切な目的達成性能を有するものとする。また、津波防護施設は、津波、地震及びその他の作用に対して安全な性能を有する構造とするものとする。
③ 照査において考慮すべき条件
　津波防護施設の構造型式や構造諸元の決定に当たり考慮すべき自然条件は、津波、地盤及び地震とする。
④ 目的達成性能の照査
　津波防護施設の設置目的を達成するための性能は、原則として天端高又は閘門のゲートの閉鎖時における上端の高さ(以下「天端高等」という。)により評価するものとする。天端高等は、地震動の作用により地盤等の沈下が想定される場合はその予測量を考慮するものとする。
　性能の照査に当たっては、津波到達時において、天端高等が津波浸水想定に定める水深にせき上げ等を加えた値以上であることを照査するものとする。
　照査手法は、津波浸水シミュレーション等信頼性のある適切な手法を用いるものとする。
⑤ 安全性能の照査
　津波防護施設は、津波や地震力等の作用に対して安全な構造とする。また、津波の流れにより、盛土構造物の法面の侵食及び法尻洗掘による法面崩壊並びに胸壁の基礎地盤の洗掘が発生する可能性があることから、津波の継続時間や法面の

植生の状況等を十分に考慮し、護岸設置や洗掘対策の必要性を照査するものとする。

照査手法は、信頼性のある適切な手法を用いるものとする。

ただし、構造の細目については実績ある適切な例を参考にして設定することができるものとする。

⑥ 経済性

津波防護施設の設計に当たっては、コスト縮減を図るものとする。

⑦ 維持管理の容易性

津波防護施設の設計に当たっては、所定の機能及び要求性能を確保するため適切な維持管理が行えるよう考慮するものとする。

(2) 設計の方針

① 盛土構造物

所定の機能が発揮されるよう、護岸設置の必要性を含め、盛土構造物の構造型式や構造諸元を定めるものとする。

なお、道路や鉄道等との兼用工作物として盛土構造物を設置する場合の設計に当たっては、道路、鉄道等の計画等に支障が生じないよう配慮するものとする。また、近傍の土地利用状況や洪水時・内水氾濫時を考慮し、排水等に支障が無いようにすることとする。

② 胸壁

所定の機能が発揮されるよう、胸壁の構造型式や構造諸元を定めるものとする。

なお、道路や鉄道等の施設を活用して胸壁を設置する場合の設計に当たっては、道路、鉄道等の計画等に支障が生じないよう配慮するものとする。

③ 閘門

所定の機能が発揮されるよう、閘門の構造型式や構造諸元を定めるものとする。

また、発生頻度がまれな津波を対象とすることから、経済性、操作性、維持管理の容易性等を考慮した上で、水密性や材質等の具体的な設計を行うものとする。

なお、道路や鉄道等の施設を活用して閘門を設置する場合の設計に当たっては、道路、鉄道等の計画等に支障が生じないよう配慮するものとする。

〔参考資料3（1）〕

○津波防災まちづくりの考え方

社会資本整備審議会・交通政策審議会交通体系分科会
計画部会　緊急提言

（平成23年7月6日）

目次

1　基本認識
（1）検討にあたり留意すべき事項
（2）検討にあたっての問題意識

2　津波防災まちづくりについての考え方

3　上記考え方に照らし今後解決すべき課題
（1）国の役割
（2）災害に対する情報共有、相互意思疎通と、具体的な避難計画の策定等
（3）土地利用・建築構造規制
（4）津波防災のための施設の整備等
（5）早期の復旧・復興を図るための制度
（6）津波防災まちづくりを計画的、総合的に推進するための仕組み

4　持続可能で安全な国土や生活、地域等を維持するための社会資本整備のあり方に関する検討の視点

参考資料

津波防災まちづくりの考え方

1　基本認識

(1)　検討にあたり留意すべき事項

　今回の東日本大震災は、我が国の観測史上最大のマグニチュード9.0という巨大な地震と津波により、広域にわたって大規模な被害が発生するという、未曾有の災害となった。「災害には上限がない」ことを、多くの国民が改めて認識することとなり、想定を超える大規模な災害が発生しても、避難を誘導すること等を通じて、とにかく人命を救う、ということが重要であるにもかかわらず、それは容易なことではない、という問題意識が共有されつつある。当部会としても、今回の震災を教訓とし、「国民の安全・安心を守る」という社会資本整備の使命を踏まえ、大震災を踏まえた今後の津波防災まちづくりの考え方について、早期に方向性を示すことが求められている。

　我が国の防災対策と社会資本整備の歩みを振り返ると、時代の要請に応じて、その理念や手法を変化させてきた。現代の防災対策は、昭和34年の伊勢湾台風を契機に制定された災害対策基本法及び同法に基づく防災基本計画において、その基本が定められた。防災の目的は「国土並びに国民の生命、身体及び財産を災害から保護する」ものとされ、防災行政を総合的かつ計画的に推進することとされた。なお、いつどこで発生するか分からない地震災害については、予防よりも応急対策、事後対策に重点が置かれ、「事前」対策は、国土保全事業としての治水対策等が中心であった。

　高度経済成長期に入ると、市街化の進展に対応し、社会資本整備とまちづくりの調和が一層求められるようになった。例えば、都市計画法において市街化区域・市街化調整区域の区分や、開発許可制度が定められるとともに、郊外の宅地開発の進展に伴い、急傾斜地の崩壊対策など土砂災害対策の重要性が一層増していった。

　平成7年に発生した阪神・淡路大震災は、地震対策における「減災」対策の重要性が強く認識される契機となった。道路、港湾などの公共施設や、鉄道・ライフラインなどの公益施設が多数破壊され、暮らしや経済活動をおびやかすとともに、数多くの建築物が一斉に倒壊し多くの死傷者を生んだことから、建築物の耐震化の重要性が認識され、公共施設・公益施設の耐震化が強力に進められるとともに、住宅の耐震改修に対しても公的な支援制度が創設されるきっかけとなった。

　「減災」を重視する考え方は、その手法とともに更に発展し、ハード事業だけでなくソフト事業も組み合わせた総合的な防災対策が制度的に取り組まれるようになってきた。

　例えば、土砂災害については、宅地開発の一層の進展に伴い土砂災害の発生する恐れのある危険な箇所が年々増加していく中で、これらの全てを対策工事により安全な状態にしていくには膨大な時間と費用が必要となってきたこと、また、都市水害については、

津波防災まちづくりの考え方

　市街化の進展に伴い、河道等の整備による浸水被害の防止が困難な都市部において、降水の地中浸透が弱まることで短時間にピーク流量に達するなどの課題が顕在化してきたことなどから、平成12年には土砂災害防止法が、平成15年には特定都市河川浸水被害対策法が制定され、土砂災害警戒区域の指定やハザードマップの整備による警戒避難体制の整備など、ソフト施策をより重視する取組が行われるようになった。

　さらに、中央防災会議は、大規模地震について、事前対策を一層加速させ、被害の軽減を図るため、被害想定をもとに人的被害、経済被害の軽減について「減災目標」を定めるという方針を決定した。この方針に基づき、平成17年3月には、東海地震、東南海・南海地震の「地震防災戦略」を策定し、今後10年で死者数、経済被害額を半減することを目標に掲げ、目標を達成するために住宅の耐震化率を90％に引き上げることとした。

　他方、社会資本整備については、公共事業に対する批判の高まり等を背景に、公共事業の透明性をそれまで以上に確保することが求められるようになったことなどから、事業評価を通じた公共事業の効率性及び透明性向上に向けた取組みが進められた。

　さらに、政策課題への重点的な取組や、より低コストで質の高い事業を実現するといった時代の要請に応じ、一層重点的、効果的かつ効率的に推進していくことが求められる中で、「社会資本整備重点計画」を策定することにより、社会資本整備に係る計画の重点を、国民が享受する成果の重視に転換するとともに、事業間の連携を一層深める努力がなされた。

　また、地方分権が進む中で、平成17年に成立した国土形成計画法においては、全国計画だけでなく、地方ブロックごとの広域地方計画をつくることとされ、国と地方の協働によりビジョンが策定されることとなった。さらに、厳しい財政状況の下で公共事業費が削減される中で、社会資本の老朽化と維持管理の問題などが注目されるようになり、「選択と集中」が重要な要素となってきている。

　これまで、我が国では被災した三陸地方をはじめ、巨大津波による災害が繰り返されてきた歴史があるが、津波災害の経験と教訓を次世代にも継承し、将来の被害をできる限り軽減するためには、防災・減災のための具体的な取り組みを、世代を超えて持続させることが必要であり、そのための仕組みが求められている。

　以上を踏まえると、これまで津波対策については、一定頻度の津波レベルを想定し、主に海岸堤防などのハードを中心とした対策を行って来たが、今回のような低頻度ではあるが大規模な津波災害に対する減災の考え方を明確にするとともに、以下のような点に留意し、具体的な取り組みを進める必要がある。

　　　・自助・共助・公助を踏まえた国の役割

参考資料

　　　　・ハード・ソフトの連携（組み合わせ）
　　　　・限られた財源等の中での効果的な施策展開
　(2)　検討にあたっての問題意識
　5月18日の当計画部会において、国土交通大臣から以下の問題意識が示されており、これに答える必要がある。
　　1）被災地による地域ごとの特性を踏まえた復興プランの作成に資するため、津波防災とまちづくりの考え方を国が提示することが求められている。
　　2）東海・東南海・南海地震等の発生も懸念される中、被災地のみならず津波による大きな被害が想定される地域においては、津波災害に強いまちづくりを進める必要がある。
　　3）「津波防災まちづくり」の具体的な施策の検討に資するため、そのための社会資本整備のあり方、ハード・ソフト連携のあり方を整理して示す必要がある。
2　津波防災まちづくりについての考え方

○　津波災害に対しては、今回のような大規模な津波災害が発生した場合でも、なんとしても人命を守るという考え方に基づき、ハード・ソフト施策の適切な組み合わせにより、減災（人命を守りつつ、被害を出来る限り軽減する）のための対策を実施する。
○　このうち、海岸保全施設等の構造物による防災対策については、社会経済的な観点を十分に考慮し、比較的頻度の高い一定程度の津波レベルを想定して、人命・財産や種々の産業・経済活動を守り、国土を保全することを目標とする。
○　以下のような新たな発想による津波防災まちづくりのための施策を計画的、総合的に推進する仕組みを構築する。
　　1）地域ごとの特性を踏まえ、ハード・ソフトの施策を柔軟に組み合わせ、総動員させる「多重防御」の発想による津波防災・減災対策。
　　2）従来の、海岸保全施設等の「線」による防御から、「面」の発想により、河川、道路や、土地利用規制等を組み合わせたまちづくりの中での津波防災・減災対策。
　　3）避難が迅速かつ安全に行われるための、実効性のある対策。
　　4）地域住民の生活基盤となっている産業や都市機能、コミュニティ・商店街、さらには歴史・文化・伝統などを生かしつつ、津波のリスクと共存することで、地域の再生・活性化を目指す。
○　防災・減災対策の計画や施設の設計にあたっては、被災時の事業継続及び迅速

な応急対応や、被災後の国民生活と産業活動の早期復旧が可能なものとなるよう、配慮することが重要。
○ 沿岸低平地の土地利用が多い我が国の特性を踏まえ、地域の特性に応じ、想定される津波被害に応じた適切な対策を講ずることで、津波災害に強い国土構造への再構築を目指す。

3　上記考え方に照らし今後解決すべき課題
(1) 国の役割
① 国は、国土並びに国民の生命、身体及び財産を災害から保護する使命を有することに鑑み、国民の防災意識を高めるとともに、津波災害に強いまちづくりの推進を国の政策として確実に実施することを明確にするため、そのための制度的基盤を整備するとともに、その基本的な指針を、地方の実情を踏まえ、国が定めることとすべき。
② 地域ごとの津波防災まちづくりの実施については市町村によることが基本だが、要請等を踏まえ、技術的な面については、都道府県とともに国が積極的に支援すべき。
(2) 災害に対する情報共有、相互意思疎通と、具体的な避難計画の策定等
① 自助・共助・公助の考えのもと、それぞれの主体が日常的に防災・減災のための行動と安全のための投資を持続させることが重要。そこで、正しい防災知識を普及させ、例えば物資の備蓄や耐震補強など安全への投資に対するインセンティブが働くよう、防災教育の普及・啓発を推進すべき。
② 地域ごとに津波防災の方針、避難人数、避難時間、避難路・避難場所等を想定した具体的な避難計画及び備蓄等の計画を検討すべき。
③ 上記を推進するため、科学的知見に基づいて想定される津波浸水区域・浸水深等の設定、それに基づく津波ハザードマップの作成及び周知、避難をはじめとする防災訓練の実施、情報収集・伝達体制の確保、事業者ごとの避難計画の策定、地域が一体となった防災教育等を徹底・推進すべき。ハザードマップ等による津波危険性の住民への周知状況や訓練の実施状況の確認も適宜実施すべき。
④ 上記を実行する際には、まちづくり、土地利用のあり方について、住民や行政などの関係者間で話し合いを進め、十分な合意形成を図ることが重要である。
⑤ 津波検知システムや観測情報の伝達システムの高度化、避難誘導支援システム、施設の被害に関するモニタリング手法等に係る技術の開発、整備を推進すべき。
⑥ 「災害には上限がない」ことを教訓に、本提言に示すような各種の対策を講じ

参考資料

たとしても、油断せず、防災・減災のための取り組みを持続させることが重要である。

(3) 土地利用・建築構造規制
① 津波災害によるリスクを回避するために、津波災害により大きな被害を受けるおそれがある区域において建築に関する制限をするには、基本的な制度である建築基準法に基づく災害危険区域制度の活用を図ることが考えられる。
② 一方、土砂災害防止法（土砂災害警戒区域等における土砂災害防止対策の推進に関する法律）は、土砂災害の発生のおそれのある区域では警戒避難体制の整備、そのうち著しい危害を生じるおそれのある地域では、一定の開発行為に対する制限、建築物の構造規制等を行うなど、想定される災害の被害の度合いに応じた区域指定・解除や区域内での規制内容を法令に定めており、全国で20万箇所以上の指定実績がある。津波防災に関しても、これを参考にした制度導入を検討すべき。
③ 津波被害が想定される沿岸地域は、一般的に市街化が進んだ都市的機能が集中するエリアであることから、今後検討する土地利用規制については、一律的な規制でなく、立地場所の津波に対する安全度等を踏まえて、市街化や土地利用の現状、地域の再生・活性化の方向性を含めたまちづくりの方針など多様な地域の実態・ニーズに適合し、また、津波防災のための施設整備等の進捗状況に応じた見直し（解除や制限緩和等）も可能となるような制度とすることが求められる。

(4) 津波防災のための施設の整備等
① 海岸保全施設、港湾施設、河川管理施設等については、社会経済的な観点や、まちづくりやソフト施策との組み合わせを踏まえながら整備等を行う。その際には、施設に過度に依存した防災対策には限界があることを認識しつつ、低頻度ではあるが大規模な外力に対しても粘り強さを発揮する構造とすることについても検討すべき。
② 上記の海岸保全施設や港湾施設等による防御効果に加え、例えば、二線堤（浸水の拡大を防止する機能を持つ道路等の盛土等）、宅地、公共施設の盛土等、津波防護（津波被害の軽減）に寄与する施設を「津波防護施設（仮称）」として位置づけ、活用すること等について検討すべき。
③ 過去の津波災害でも高台への移転が行われ、一定の効果を上げた例があるが、被害が広範囲に渡る場合の移転先の高台には限りがあり、また、暮らしを元に戻すために平地を利用したまちづくりを求める意見も多い。そこで、津波防災まちづくりにおいては、防災・減災対策を充実させることはもちろん、地域コミュニティ・商店街や歴史・伝統・文化などを大切にしつつ、生活基盤となる住居や地

域の産業、都市機能等が確保され、地域の再生と活性化が展望できるまちづくりとすることが重要である。このため、例えば、公共公益施設・生活利便施設・交通インフラを含む市街地の整備・集団的移転や、住宅の中高層化、土地区画整理事業等における街区の嵩上げ、津波防災に資する緑地の整備などの手法についても、検討すべき。

④ (2)の具体的な避難計画等に基づき、安全で迅速な避難を可能とするため、ソフト施策の充実を図るとともに、それをハード面でも支援する避難路、避難場所等の計画的確保策を講ずべき。地域・地形条件等によっては避難時の自動車の利用も想定し、避難路やＩＣＴを十分活用した避難システムの整備を検討すべき。

⑤ 津波の被災によって、地域が相当の期間孤立することを防ぐことが重要であり、そのために、道路網や港湾等のネットワークとしての信頼性を評価し、選択的に対策を講じることが必要である。

(5) 早期の復旧・復興を図るための制度

① 被災地の早期復興に資する特例的施策（農地と住宅地の一体的整備に係る手続のワンストップ化、所有者の所在不明土地の取扱、復興を先導する拠点的な市街地の整備手法等）を検討し、今災害から速やかに適用すべき。

② 被災時のがれき処理の方法、仮設住宅の設置場所、物資の流通の確保のための方策等を事前に定める等、被災しても国民生活と産業活動の早期の復旧・復興を可能とする事前の取り組みを有効活用すべき。

③ 国土交通大臣がＴＥＣ－ＦＯＲＣＥの派遣等を通じて行っている被災状況調査、湛水排除等の被災地方公共団体への支援活動を引き続き円滑かつ確実に実施できるよう制度上も明確に位置づけることについて検討すべき。

(6) 津波防災まちづくりを計画的、総合的に推進するための仕組み

① 上記(1)～(5)を含め、地域ごとの特性を踏まえ、津波防災・減災に関する多様な事業・施策を事業の縦割りを排して柔軟に組み合わせるとともに、国と地方公共団体とが適切に連携することで、「総力戦」により進めることが必要。そのため、従来の発想をこえて、津波防災・減災の事業・施策をまちづくりと一体となって実施することを可能とするような仕組みについて検討すべき。

② 具体的には、津波防災・減災に関する多様な事業・施策を、地域の特性、風土、実情に応じて選択し、地方公共団体の計画に位置づけることで、計画的、総合的に推進する仕組みとして検討すべき。また、今般の震災に関して、各地域間において高規格道路などにより連絡性を高め、地域間の連携と役割分担をしながら復興を進めることが重要である。

参考資料

③ 今般の津波災害を踏まえ、今回の被災地以外でも津波により大きな被害を受ける可能性のある地域において、津波対策の実施状況等の点検を速やかに行うとともに、必要な対策を迅速に行うようにすべき。

4 持続可能で安全な国土や生活、地域等を維持するための社会資本整備のあり方に関する検討の視点

　今回の大震災により、我が国は地震・津波の大きなリスクにさらされていること、何よりも社会資本整備の最も重要な使命が「国民の命と暮らしを守る」ことにあることを、国民の多くが改めて認識した。

　また、個々の社会資本は、本来その施設が求められる機能を十分に発揮するだけでなく、他の施設やソフト施策との組み合わせにより、総合的かつ多様な効果を発揮することが期待される。

　社会資本整備に求められる使命を十分に果たすためには、今後もこのような大災害が発生しうることを念頭に、津波対策の考え方の中で明らかにしてきた、低頻度で大規模な災害に対する「減災」の考え方について、他の災害対策にどのように反映されるか等について検討し、以下の視点から、限られた財源の中で最も合理的かつ効率的に、持続可能で安全な国土や生活、地域等を維持するための社会資本整備のあり方について検討すべきである。

　なお、これらの取り組みを一過性でなく着実なものとするため、施策に位置づけて、計画的に推進することが必要である。

　　○　災害への対応力を高めるための構造物の耐力向上

　　　今後発生すると想定されている首都直下地震、東海・東南海・南海地震等の大規模地震や、台風等による風水害、土砂災害などの災害においても、大規模な被害の発生を防止するため、ソフト施策との連携を図りつつ、構造物の災害への対応力の向上などにより、強靱な国土基盤の構築を図ることが重要である。

　　　そのため、個々の構造物について、その機能を十分に発揮し続けることができるよう適切に維持管理・更新を行うことが重要である。また、必要に応じて個々の構造物の耐震性・耐浪性を確保するほか、外力に対してできる限り粘り強く作用するよう検討すべきである。

　　○　災害の発生により損なわれる機能をカバーするシステムの構築

　　　今回の大震災のような未曾有の大災害が生じた場合であっても、国民の安全・安心を確保するためには、それぞれの機能に応じ、国土全体や、地域全体で支え合える体制を構築する等、災害に強いしなやかなシステムを持つ国土への再構築を図ることが重要である。

そのため、相互ネットワーク化を通じたバックアップ体制の強化に向け、特に災害発生時の緊急輸送路等の確保に向けた代替性・多重性の確保について検討すべきである。また、避難や救援活動の拠点として、例えば道の駅やＳＡ／ＰＡ、駅前広場等を計画的、積極的に活用するための方策についても検討すべきである。

○ 地域の産業・経済を支える都市・交通基盤等の形成

地域の産業が甚大な被災を受けたことにより我が国産業全体ひいては世界へも影響が及んだ。従って、大災害による日本経済、国際競争力の低下を防止するため、インフラ整備全体の「選択と集中」を図る中で、我が国の基幹産業、地域産業を支える都市・交通基盤を災害に強いものにすることが重要である。

○ 災害に強く、暮らしの安全・安心を守り、環境と調和したまちづくりの実現

人口減少や高齢化の進展に伴い、地縁型のコミュニティが弱体化し、地域社会の防災力の低下が懸念される。そのため、高齢者等に配慮し、住民相互や地縁型コミュニティの中で助け合う共助を進められるよう、住民間の交流の場づくりや相互扶助など地域コミュニティを維持・再生し、住民相互のコミュニケーションを通じた防災意識の強化を図ることが重要である。

また、災害に強いまちづくりを進める際には、コンパクトなまちづくり、再生可能エネルギーの導入など低炭素社会の実現や、災害廃棄物のリサイクルなど循環型社会の実現、自然との調和などの視点のほか、日常生活を支えるモビリティの確保等にも十分配慮すべきである。

さらに、社会資本整備を効果的・効率的に進めるための取組として、以下の事項について留意する必要がある。

○ 地域主体の災害に強いまちづくり

社会資本の計画や整備にあたっては、地域住民、ＮＰＯなど、まちづくりの活動を行う主体と連携・協働して進める必要がある。

また、民間の能力・資金の活用についても積極的に検討する必要がある。

○ 防災技術に関する技術研究開発

今回の震災の教訓を踏まえ、ハード・ソフト両面で防災・減災効果の向上に資する技術研究開発を進めることが重要である。

計画部会では、「大震災を踏まえた今後の社会資本整備のあり方」について、今夏を目途に「中間とりまとめ」を行うこととしているが、上記の視点から、持続可能で安全な国土や生活、地域等を維持するための具体的な施策や事業について、今後の検討を進めることとする。

参考資料

〔参考資料3（2）〕

○津波防災地域づくりに関する法律案及び津波防災地域づくりに関する法律の施行に伴う関係法律の整備等に関する法律案に対する附帯決議

(平成23年12月6日参議院国土交通委員会)

　政府は、両法の施行に当たり、次の諸点について適切な措置を講じ、その運用に遺憾なきを期すべきである。
　一　両法の施行に当たっては、本年六月二十四日に施行された、津波対策に関する基本法ともいうべき「津波対策の推進に関する法律」に定められた施策が推進されるよう十分配慮すること。
　二　東日本大震災の被災地の復興及び東海・東南海・南海地震など津波による大規模な被害の発生が懸念される地域における津波防災地域づくりを促進するため、本法に基づく政省令、基本指針等を早急に制定するとともに、関係者及び国民に対して本法に基づく制度を周知徹底すること。
　三　本法に基づき、地域ごとの特性を踏まえたハード・ソフトの施策を組み合わせた津波防災地域づくりを推進する中で、海岸堤防の整備も着実に推進すること。
　四　市町村が津波防災地域づくりの推進のための事業を実施するに当たっては、地域の実情に応じた自主的な取組が可能となるよう、市町村の要望を踏まえ制度の弾力的な運用に努めるとともに、情報の提供、技術的な助言その他必要な支援措置を積極的に講ずること。
　五　津波浸水想定の設定に当たっては、国が責任を持って、都道府県に対し、情報の提供、技術的な助言その他必要な支援措置を積極的に講ずること。
　六　津波災害特別警戒区域の指定に当たっては、地域住民の意向を十分に踏まえるとともに、地域の現況や将来像を十分に勘案すること。
　七　津波避難建築物の容積率規制の緩和を行った際には、要件とされている用途に利用されていることを随時確認するとともに、法律違反があれば、立入検査等を含めて適切に対応するよう、特定行政庁に対し、明確な運用基準を示すこと。
　八　津波による人的災害を防止・軽減するため、避難施設・避難路等の確保を積極的に支援するとともに、夜間における情報伝達体制や避難経路の確保に十分配慮すること。

津波防災地域づくりに関する法律案及び津波防災地域づくりに関する法律の施行に伴う関係法律の整備等に関する法律案に対する附帯決議

九　津波による浸水が想定される地域の住民の円滑な避難を確保するため、津波観測体制の整備を図るとともに、住民のより迅速な避難につながる津波警報の在り方について検討を行うこと。

十　国土交通大臣が実施する特定緊急水防活動が設けられた趣旨を踏まえ、一層の水防団員の確保に努めるとともに、水防団員の安全性の確保、財源の確保など所要の措置を講ずること。

右決議する。

津波防災地域づくりに関する法律の解説

2014年4月28日　第1版第1刷発行

編　　著	津波防災地域づくりに関する法律研究会
発行者	松　林　久　行
発行所	株式会社 大成出版社

東京都世田谷区羽根木1－7－11
〒156-0042　電話(03)3321－4131(代)
http://www.taisei-shuppan.co.jp/

Ⓒ2014　津波防災地域づくりに関する法律研究会　　印刷　亜細亜印刷
　　　落丁・乱丁はお取替えいたします

ISBN978-4-8028-3136-9